光伏发电系统及其应用

贵州电网有限责任公司　组编

中国水利水电出版社
www.waterpub.com.cn
·北京·

内 容 提 要

本书全面系统地介绍了光伏发电系统组成、原理、相关技术及其实际应用，主要包括概述、光伏发电技术、光伏储能技术、光伏发电 MPPT 技术、光伏功率预测技术、光伏并网控制技术、分布式（光储）微网实验系统研究及设计、分布式微网实验系统并离网检测及调试等 8 章内容。

本书可供从事相关专业研究人员参考，也可供高等院校相关专业学生和老师使用。

图书在版编目（CIP）数据

光伏发电系统及其应用 / 贵州电网有限责任公司组编. -- 北京 : 中国水利水电出版社, 2019.12
ISBN 978-7-5170-8365-8

Ⅰ. ①光… Ⅱ. ①贵… Ⅲ. ①太阳能光伏发电—研究 Ⅳ. ①TM615

中国版本图书馆CIP数据核字(2019)第296013号

书　　名	**光伏发电系统及其应用** GUANGFU FADIAN XITONG JI QI YINGYONG
作　　者	贵州电网有限责任公司　组编
出版发行	中国水利水电出版社 （北京市海淀区玉渊潭南路 1 号 D 座　100038） 网址：www.waterpub.com.cn E-mail：sales@waterpub.com.cn 电话：（010）68367658（营销中心）
经　　售	北京科水图书销售中心（零售） 电话：（010）88383994、63202643、68545874 全国各地新华书店和相关出版物销售网点
排　　版	中国水利水电出版社微机排版中心
印　　刷	清淞永业（天津）印刷有限公司
规　　格	184mm×260mm　16 开本　13.5 印张　329 千字
版　　次	2019 年 12 月第 1 版　2019 年 12 月第 1 次印刷
印　　数	0001—2000 册
定　　价	**68.00** 元

本书编委会

主　　编　谢百明　文贤馗

副 主 编　吕黔苏　范强　刘文霞

参编人员　肖　永　李博文　王志强　陈园园　林呈辉　古庭赟　祝建杨　刘　君　徐梅梅　彭　文　唐赛秋　李鑫卓　冯起辉　徐长宝　桂军国　高吉普　张　迅　顾　威　徐玉韬　龙秋风　李　卓　高　勇　向治华

前言

随着经济的快速增长，全球能源减少、环境污染等问题日益突出，发展清洁、高效、方便的电力显得尤为重要。太阳能以其清洁、无污染以及可再生等优势，受到越来越多的重视。深入开展光伏发电特性、控制技术、并网技术和经济运行的理论研究和工程应用，能够为下一步研究新能源接入电网的影响和控制提供指导，将有力促进绿色清洁能源的推广应用和智能电网建设，同时对节能减排和环境保护工作具有重要的学术价值和现实意义。

本书以贵州电网有限责任公司承担的国家科技支撑计划课题为基础，以贵州电网光伏发电仿真及试验平台为依托，通过光伏发电原理、光伏储能技术、光伏发电最大功率追踪技术、光伏发电功率预测技术、光伏发电控制技术等方面的关键技术研究，以及光伏发电系统设计、安装、调试等应用实践经验，全面系统地从理论研究、工程应用等多角度、全方位开展，为光伏发电与电网的协调发展提供技术参考及指导。

本书由谢百明、文贤馗任主编，吕黔苏、范强、刘文霞任副主编，肖永、李博文、王志强、陈园园、林呈辉、古庭赟、祝建杨、刘君、徐梅梅、彭文等主要参加了本书的编写。

与本书相关的研究工作得到了国家科技支撑计划课题《规模化小水电群与风光气发电联合运行控制关键技术研究及示范》（课题编号：2013BAA02B02）、中国南方电网有限责任公司科技配套项目（项目编号：K－GZ2013－215）的资助，在此表示感谢。

本书得到了贵州电网有限责任公司各级领导及同仁的大力支持与帮助，并得到了贵州大学、华北电力大学、贵州电网有限责任公司研究生工作站等单位的大量帮助，在此一并表示感谢。

限于作者水平和时间仓促，书中难免存在错误和不妥之处，恳请读者批评指正。

编者

2019年7月

目录

第 1 章

概　　述

传统的集中式发电主要是建立在化石能源的基础之上的，化石燃料的消耗产生大量CO_2，其作为温室气体的重要组成部分，是全球气候变暖的主要成因之一。同时，化石燃料不可再生，随着化石燃料逐渐耗竭，这种发展模式必然是不可持续的。

在世界范围内，化石能源已不足以支撑全球经济的持续发展，世界各国将发展可能生能源作为保证未来能源供应的主要途径。在我国，环境保护压力与日俱增，能源安全问题亟待解决，能源成为制约我国社会与经济可持续发展的重大瓶颈，对能源结构进行调整，规模化开发可再生的清洁能源势在必行。20 世纪 70 年代起连续爆发的能源危机以及当前的环境污染加快了人们探索新型可持续能源的步伐，掀起了新型能源研发和利用的热潮。

从地球形成开始，地球上的万物就依靠太阳提供的光和热生存。由于太阳能清洁、无污染以及可再生等优良品质，使其受到越来越多的重视。太阳能利用目前有光热转换和光电转换两种方式。光热转换是利用光热材料将太阳辐射能量收集起来并转换为热能进行利用。光电转换主要包括光热电转换和光电直接转换：光热电转换先将光转换成热，然后利用热能发电；而光电直接转换应用光伏效应将太阳辐射能量直接转换成电能。

1.1　太阳能及光伏发电

1.1.1　太阳能

太阳能代表了一种巨大的、尚未完全开发的可再生能源。太阳辐射是地球与大气系统中最重要的能量来源，人类从地面所能采集到的能源中，99.98%来自太阳的能源。太阳光在穿过大气层到达地表的过程中，一部分被大气层反射回宇宙，一部分被大气层吸收，最终传递到地表的太阳光不超过 50%。但即使如此，太阳能也是可再生能源中最有前途的能源。太阳能可转换为 1.77×10^7MW 的电能，相当于目前世界平均消费电能的几十万倍，入射到地球表面的太阳能的数量比当前全球总能源需求还要大 4 个数量级。地球上接收的平均太阳辐射大约为 162000TW，而这些能量中只有小部分被用于发电。因此，研究和发展太阳能利用技术以满足人类的能源需求是一项重要任务。

1.1.2　光伏发电及分类

光伏发电是指根据光生伏打效应原理，利用光伏电池直接将太阳能转化成电能。其利用的是半导体释放电子构成PN结的特性，当日光照射在半导体上时，在PN结处将产生电流，并且光照强度越大，产生的电流也越大。目前，光伏发电是利用太阳能发电的最主要的形式。自1839年法国物理学家A. E. Becqurel发现光生伏打效应和1954年Charbin等人第一次研制出实用光伏电池以来，光伏发电取得了长足的进步。

1. 光伏发电的优势

(1) 取之不尽用之不竭。地球表面接受的太阳辐射能是人类能源需求的1万倍，地表每平方米的面积平均每年受到的太阳能辐射可生产1700kW·h电能。国际能源署数据显示，在全球4%的沙漠上安装太阳能光伏发电系统就足以满足全球能源需求。

(2) 清洁无污染。太阳能在开发利用时不额外消耗燃料，不会产生废渣、废水、废气，也没有噪声，不会造成环境污染和公害，更不会影响生态平衡。

(3) 资源普遍，无地域限制。太阳能随处可得，可以就地开发利用，只存在地区之间是否丰富之分。我国约有2/3的地区拥有较丰富的太阳能资源。

(4) 安装简单，维护方便。太阳能发电系统是模块化集成，容量可大可小。而且光伏发电系统无需燃料，无机械转动部件，寿命长，无需或极少需要维护。

(5) 分布式电力系统将提高整个能源系统的安全性和可靠性，特别是从抗御自然灾害和战备的角度看，它更具有明显的意义。

(6) 光伏建筑集成(Building Integrated Photovoltaic，BIPV)，将建筑结合节能，可节省发电系统占掉的土地面积，并可使建筑具有节能环保的作用。

2. 光伏发电在实际应用中的问题

(1) 光伏发电受地理位置、光照强度、环境温度等因素的制约。在夜间或者阴雨天不能发电或者不能大功率发电，发出电能与负荷不能良好匹配，需要存储或者调度。

(2) 能量密度较低。在大规模使用时，需要铺设大面积的光伏电池。而且由于各地的辐射强度和时间不同，在使用时需要根据当地条件进行较复杂的计算和前期设计。

(3) 光伏电池转换效率低。虽然经过不断的技术进步和产业优化，晶体硅电池的产业化效率仍然没超过20%。三五族元素的转化效率很高，实验室效率可达到45%以上，但是当前的产业化规模较少，成本仍很高。

(4) 成本需要持续降低。虽然在行业的快速发展和政府的大力支持下，光伏产业成本迅速降低。但是，与传统火电、水电相比，其成本仍达不到可与之匹敌的程度。

(5) 系统设计及控制还存在一些问题。包括系统输出谐波的问题、系统在电网非正常状态下的运行及保护、大规模系统的优化控制等，仍需要学术界不断努力解决。

3. 光伏发电系统的分类

(1) 地面大型光伏电站。地面大型光伏电站主要建于沙漠和戈壁，是国家的一种主力电源。我国干旱地区幅员辽阔，太阳能资源丰富，在这些区域很适合建设MW级甚至GW级的大规模并网光伏电站。

图1-1为光伏并网发电系统结构图，主要包括光伏电池、DC-DC变换器和DC-AC逆变器。光伏电池通过电路实现最大功率点跟踪(Maximum Power Point Tracking，MPPT)，输出稳定的直流电压，再通过并网逆变器实现同相、同频并网。并网光伏发电系统可分布并网或集中并网，充分利用太阳能分布广泛的特点，太阳能的利用不再局限于

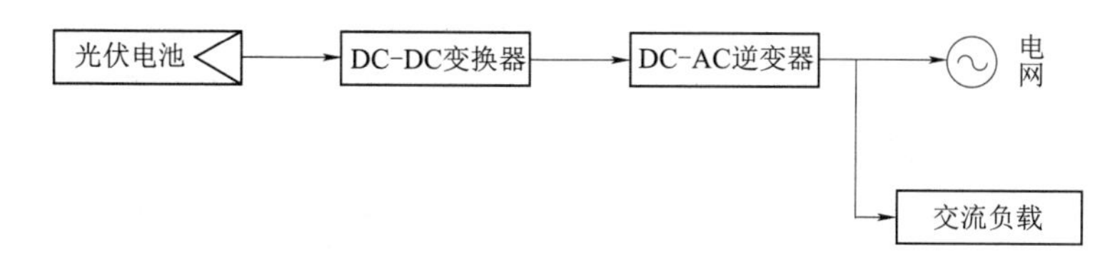

图 1-1 光伏并网发电系统结构

偏远地区，真正实现太阳能作为新型能源在人们生活工作中广泛利用。

地面大型光伏电站的技术特点包括：①在发电侧并网，电流是单方向的，没有储能系统；②并入高压电网；③功率很大，MW 级以上；④一般远离负荷中心；⑤自动跟踪或聚光电池一般都是在该类电站；⑥对光伏阵列的遮挡主要来自于云、鸟的排泄物或积雪的遮挡。

（2）分布式光伏发电系统。分布式光伏发电系统又称为分散式发电系统或分布式供能系统，是指靠近用电现场且配置容量较小的光伏发电系统，用以满足特定用户的需求，支持现存配电网的经济运行。光伏建筑集成是典型的分布式光伏发电系统，适合在城镇发展，欧美发达国家多采用此种发电供电模式。光伏建筑集成不仅使发电量得到充分利用，同时也能节省大量电网配套设施的投资以及在输电过程中的能源损耗，应用潜力很大。

图 1-2 为独立光伏发电系统结构图，主要包括光伏电池、DC-DC 变换器、蓄电池、DC-AC 逆变器、直流负荷和交流负荷。电路用来实现电压调整及 MPPT，其后可接蓄电池或直流负荷，蓄电池也可作为电源直接向直流负荷供电，或者经过 DC-AC 逆变器向交流负荷供电。独立光伏发电系统一般是单独运行，用于电网不易进入的偏远地区或者有特殊供电要求的设备等。

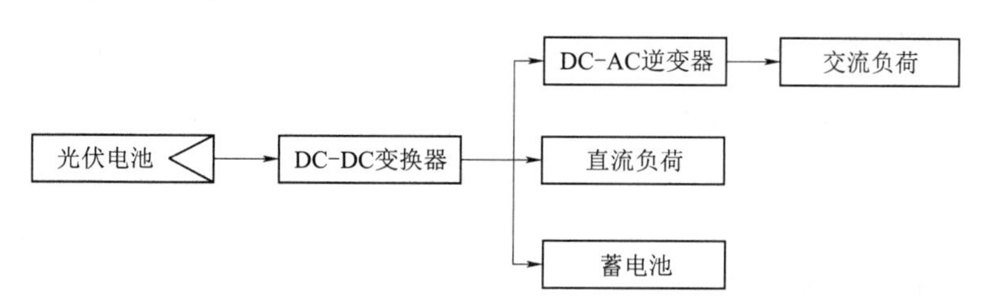

图 1-2 独立光伏发电系统结构

分布式光伏发电系统的特点包括：①光伏电源处于用户侧，可以有效减少对电网供电的依赖，减小了电能传输与分布的成本和损失；②充分利用建筑物表面，有效减少光伏电站的占地面积；③与智能电网和微电网接口，运行灵活，适当条件下可以脱离电网独立运行；④满足建筑美学；⑤绿色环保；⑥所用光伏组件需要比普通组件具有更高的力学性能；⑦光伏阵列安装受建筑物制约，往往不能按最佳倾角和朝向安装；⑧光伏阵列容易受到遮挡。

（3）民用光伏发电系统。光伏电池初始由于价格昂贵且三极管的耗电功率较大而未得到广泛应用，随着半导体集成电路的发展，电子产品的耗电功率大幅度降低，低成本光伏电池制造成功，光伏电池在民用上得到越来越广泛的应用，主要包括太阳能计算器、太阳能钟表、太阳能充电器（手机、汽车等）、太阳能路灯、交通指示用光伏发电系统等。

民用光伏发电系统的特点包括：①不需要与电网连接；②需要储能装置；③功率等级较小，一般为几瓦到几百瓦；④集充放电控制、逆变、储能于一体，集成度较高；⑤体积小、重量轻、方便携带或运输、便于使用。

（4）互补型发电系统又称混合发电系统，是将光伏发电系统与风力、燃料电池、生物质能、水能、潮汐能、热能等其他发电系统组成的多能源发电系统。使用互补型发电系统的目的就是因地制宜地综合使用各种发电技术的优点，避免其缺点，提高能源的综合使用效率。互补型发电系统的使用为创造环境友好型、能源节约型社会提供了条件。图 1－3 为风光互补发电系统的结构图。

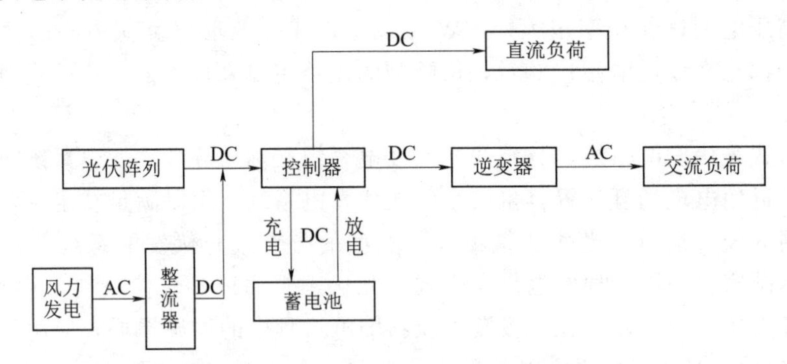

图 1－3　风光互补发电系统结构

1.2　光伏发电的现状及发展

1.2.1　国外光伏发电的现状及发展

自 20 世纪起，迫于两次石油危机及环保压力的加大，美国及欧洲、日本等世界各主要发达国家和地区意识到延续传统的能源利用结构已不能满足未来发展的要求，研究和发展新型清洁能源势在必行。太阳能作为一种环境友好型可再生能源，得到了青睐，各国政府都加大了对太阳能研究力度。

20 世纪以前，由于光伏电池成本高昂以及光伏发电技术的不成熟，光伏发电的成本远远高于传统发电成本，竞争力的不足导致光伏发电并未能够在市场普及，而仅仅应用于有特殊供电需求的地区和装置上。为了加大太阳能普及，各国政府相继出台了一系列政策法规和资金支持来推动光伏发电的应用和推广。

美国作为传统能源消耗大国，对光伏发电的研究和应用一直走在前列，早在 1996 年，在能源部的提议下，美国政府推出了 20 亿美元的“光伏建筑物计划”；1997 年又相继推出了“百万太阳能屋顶计划”并配套提供了巨额财政支持，计划在 2010 年前，在全国主要城市的住宅、学校、政府大楼等建筑场所屋顶安装 100 万套光伏发电系统；为了更广泛在加利福尼亚州发展和普及光伏发电，在 2009 年 1 月，美国加利福尼亚州政府更是提出了本州的“百万屋顶太阳能计划”，投入 32 亿美元，到 2016 年前建立 3000MW 的光伏发电系统。

日本作为能源极其短缺的国家，对于光伏发电产业也极为重视，早在1974年，日本政府就推出了包括太阳能在内的新型能源技术研发项目"阳光计划"；为了更长期和全面地研究和发展太阳能，1993年日本政府又发起了"新阳光计划"，极大促进了日本光伏发电工业化；1994年确立了"朝日七年计划"，使得光伏发电容量达到了185MW；为了扩大阳光屋顶计划，于1997年又出台了"太阳能发电普及行动计划""办公室普及太阳能屋顶计划"等；在2008年，日本政府更是宣布到2030年将实现1200万套家庭屋顶光伏发电系统计划；在发生福岛核电事故后，针对于绿色环保无污染的光伏发电项目的研究和推广更加得到日本政府的重视，并计划到2014年实现日本的光伏发电容量达到10GW。

德国作为光伏技术强国，其光伏发电的应用也走在前列。为了发展光伏发电，1990年德国政府推出了"一千太阳能屋顶计划"；在计划实施后取得良好效果的基础上，到了1998年，德国政府又进一步推出了"十万太阳能屋顶计划"；到2013年1月为止，德国的光伏总安装容量为32.6GW。

此外，英国、加拿大、印度、澳大利亚等国家都在加大对光伏发电的推广力度，以缓解能源短缺和环境污染问题。随着光伏发电技术逐渐成熟，设备成本逐渐降低，在世界范围内将会有越来越多的光伏发电项目落地实施。

根据国际可再生能源机构（IRENA）最新数据，2018年全球新增并网光伏装机容量94.3GW，2018年全球所有可再生能源新增装机容量171GW，太阳能新增装机容量占可再生能源装机容量的一半以上，累计光伏装机容量占全球可再生能源的1/3左右。光伏发电从2013年的135.76GW逐步增长到2017年的386.11GW，再飞跃到2018年的480.36GW，短短5年时间，实现了3.5倍的增长。2011—2018年全球新增及累计光伏装机容量如图1-4所示。

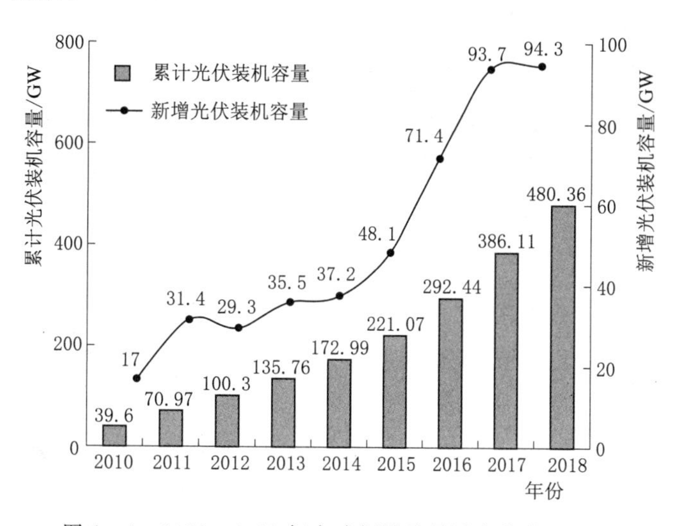

图1-4 2011—2018年全球新增及累计光伏装机容量

2018年亚洲地区以64.6GW的并网新增光伏装机容量独占鳌头，累计光伏装机容量从2017年的210GW增长到了2018年的274.6GW，成为全球光伏行业发展的明显推动力。其中，中国累计光伏装机容量176.1GW，日本56GW，印度32.9GW，韩国

7.9GW，巴基斯坦 1.5GW，上述五个国家的累计光伏装机容量已达到 274.4GW，约占亚洲整体光伏装机容量的 97%。

根据 IRENA 公布的数据显示，2018 年全球新增光伏装机容量前十名分别是：中国、印度、美国、日本、澳大利亚、德国、墨西哥、韩国、土耳其、荷兰，其中，中国以 45.0GW 的新增光伏装机容量和 176.1GW 的累计光伏装机容量遥遥领先，见表 1-1。

表 1-1　**2018 年全球光伏装机容量前十国家**　单位：GW

排名	新增装机容量		累计装机容量	
	国家	容量	国家	容量
1	中国	45.0	中国	176.1
2	印度	10.8	美国	62.2
3	美国	10.6	日本	56.0
4	日本	6.5	德国	45.4
5	澳大利亚	3.8	印度	32.9
6	德国	3.0	意大利	20.1
7	墨西哥	2.7	英国	13.0
8	韩国	2.0	澳大利亚	11.3
9	土耳其	1.6	法国	9.0
10	荷兰	1.3	韩国	7.9

1.2.2　国内光伏发电的现状及发展

我国国土面积广阔，幅员辽阔，地理位置优越，有着极为丰富的太阳能资源，据统计，每年我国陆地接受的太阳能辐射量相当于 2.4 万亿吨标煤量。其中全国总面积 2/3 的地区年日照时间都超过 2000h，日照能量超过了 500kJ/(m^2·a)，尤其是青藏高原地区，具有世界第二高的太阳辐射量，开发潜力巨大。

表 1-2 为我国不同地区光照年辐射总量的分布情况。

表 1-2　**我国不同地区光照年辐射总量分布**

地区类别	全年日照时间/h	光照年辐射总量/(MJ·m^2)	地　区
Ⅰ	3200～3300	6700～8400	青藏高原、甘肃北部、宁夏北部和新疆南部等地
Ⅱ	3000～3200	5900～6700	河北北部、山西北部、内蒙古南部、宁夏南部、甘肃中部、青海东部、西藏东南部和新疆南部等地
Ⅲ	2800～3000	5000～5900	山东、河南、河北东南部、山西南部、新疆北部、吉林、辽宁、云南、陕西北部、甘肃东南部、广东南部、福建南部、江苏北部和安徽北部等地
Ⅳ	1400～2200	4200～5000	长江中下游、福建、浙江和广东部分地区
Ⅴ	1000～1400	3400～4200	四川、贵州

虽然太阳能资源充足，但光伏发电在我国传统经济发展能源结构中只占很小的一部分，还主要是以燃煤发电为主。即使我国在1958年就研究出了单晶硅，但主要是为太空项目服务，地面应用很少，只在海岛及偏远地区电网不能够到达的地方有少量光伏发电项目。我国的光伏发电应用始于20世纪70年代，直到1982年以后方真正发展起来，在1983—1987年短短几年内，先后从美国、加拿大等国引进了7条光伏电池生产线，使我国光伏电池的生产能力从1984年以前的年产200kW跃到1988年的4.5MW。

在1995年西藏的无水力无电县中，已建成2个功率分别为10kW和20kW的光伏电站。就地区而言，当时我国光伏发电的重点在青海、西藏、新疆、内蒙古、甘肃等无电和严重缺电的农牧区。据不完全统计，在这些地区已建成10～100kW光伏电站40多座，推广家用光伏电源15万台，总功率达2.9MW。

1998年，我国开始投资建立了第一套3MW多晶硅电池及应用系统示范项目，光伏发电开始得到政府的高度重视。21世纪以来，考虑到我国能源短缺及未来可持续发展的需要，我国实施了多项光伏发电举措，我国的光伏发电项目迎来了大发展时期。在2002年，我国推动了“送电到乡”工程，通过利用西藏、四川、青海、新疆等地丰富的太阳能，应用光伏发电技术建立独立光伏发电系统，改变偏远地区农牧民无电可用的历史。到2002年年底，已经累计投资26亿元，建立了585座太阳能光伏发电站，大规模解决了农村无电的情况。“送电到乡”工程极大带动了光伏产业，促进了我国光伏制造和技术开发的发展。

近年来，受到欧洲市场光伏电池需求的影响，我国光伏电池制造业快速增长，到2007年年底，我国光伏电池产量已经位居世界第一位。同时，我国政府机构也相继出台了许多扶持政策来促进光伏发电行业的大力发展。2009年，国家财政部推出了《太阳能光电建筑应用财政补助资金管理暂行办法》，加快太阳能光电技术在城乡建筑领域的应用；同年，多部委还联合发布了《金太阳示范工程》，促进产业技术升级与规模发展；2010年，国务院颁布的《关于加快培育和发展战略性新兴产业的决定》中明确提出“开拓多元化太阳能光伏光热发电市场”；2012年，由工业和信息化部颁布的《太阳能光伏产业“十二五”发展规划》继续加大对光伏发电产业的政策扶持；2016年年末，我国正式发布了《可再生能源发展“十三五”发展规划》，明确我国在“十三五”期间可再生能源领域的新增投资将达到2.5万亿元，比“十二五”期间增长近39%，其中新增各类太阳能发电装机投资约1万亿元。

根据中国循环经济协会可再生能源专业委员会（Chinese Renewable Energy Industries Association，CREIA）、中国光伏行业协会（China Photovoltaic Industry Association，CPIA）等多家单位联合发布的《2016年中国光伏发展报告》，截至2015年年底，我国太阳能发电（包括光伏电站、分布式光伏和光热发电）累计备案（核准）容量为11565.56万kW。内蒙古太阳发电累计备案（核准）容量为1599.8万kW，居全国之首，青海和新疆位居全国第二、第三位，累计备案（核准）容量分别为785.33万kW和745万kW，见表1-3。

根据全国光伏发电发展规划、各地区2014年度建设情况、电力市场条件及各方面意见，国家能源局于2015年3月16日发布《国家能源局关于下达2015年光伏发电建设实

表1-3 2015年全国各省（自治区、直辖市）太阳能发电量累计备案（核准）容量统计表

序号	省（自治区、直辖市或地区）	累计备案（核准）/万kW	占比/%
1	内蒙古	1599.8	13.83
2	青海	785.33	6.79
3	新疆	745	6.44
4	山东	711	6.15
5	江西	701	6.06
6	河北	690	5.97
7	甘肃	676	5.84
8	宁夏	602.3	5.21
9	陕西	592	5.12
10	江苏	550	4.76
11	河南	514	4.44
12	浙江	433	3.74
13	湖北	401	3.47
14	山西	386	3.34
15	广东	334	2.89
16	新疆生产建设兵团	325	2.81
17	云南	311	2.69
18	辽宁	178	1.54
19	安徽	143	1.24
20	湖南	120	1.04
21	福建	117	1.01
22	天津	109	0.94
23	四川	109	0.94
24	广西	94	0.81
25	吉林	65	0.56
26	北京	64	0.55
27	西藏	47	0.41
28	上海	46	0.40
29	贵州	45	0.39
30	黑龙江	39	0.34
31	海南	33	0.28
32	重庆	0.12	0.00
合　计		11565.55	100.00

注：港澳台数据未列入。

施方案的通知》（国能新能〔2015〕73 号），下达 2015 年全国新增光伏电站建设规模 1780 万 kW，见表 1-4。各省/（自治区、直辖市）2015 年计划新开工的集中式光伏电站和分布式光伏电站项目的总规模不得超过下达的新增光伏电站建设规模，对屋顶分布式光伏发电项目及全部自发自用的地面分布式光伏发电项目不限制建设规模。

表 1-4　2015 年全国新增光伏电站建设实施方案

序号	省（自治区、直辖市或地区）	建设规模/万 kW	备　注
1	河北	120	其中 30 万 kW 专门用于光伏扶贫试点县的配套光伏电站项目
2	山西	65	其中 20 万 kW 专门用于光伏扶贫试点县的配套光伏电站项目
3	内蒙古	80	
4	辽宁	30	
5	吉林	30	
6	黑龙江	30	
7	江苏	100	
8	浙江	100	
9	安徽	100	其中 40 万 kW 专门用于光伏扶贫试点县的配套光伏电站项目
10	福建	40	
11	江西	60	
12	山东	80	
13	河南	60	
14	湖北	50	
15	湖南	40	
16	广东	90	
17	广西	35	
18	海南	20	
19	四川	60	
20	贵州	20	
21	云南	60	
22	陕西	80	
23	甘肃	50	其中 25 万 kW 专门用于光伏扶贫试点县的配套光伏电站项目
24	青海	100	其中 15 万 kW 专门用于光伏扶贫试点县的配套光伏电站项目
25	宁夏	100	其中 20 万 kW 专门用于光伏扶贫试点县的配套光伏电站项目
26	新疆	130	
	新疆生产建设兵团	50	

2015 年全国光伏项目上网电量 420 亿 kW·h。青海、甘肃、内蒙古三省（自治区）2015 年上网电量最多，分别为 75.2 亿 kW·h、59.1 亿 kW·h、52 亿 kW·h，占市场份额分别为 17.9%、14.1%和 12.4%。如果以光伏项目上网 1kW·h，节约 0.32kg 标准煤、减少 0.837kg CO_2 排放量计，2015 年全国光伏发电的运行共节约标准煤约 1345 万 t，减少 CO_2 排放量约 3518 万 t，为全社会节能减排做出了较大贡献，见表 1-5。

表 1-5　　2015 年各省（自治区、直辖市）光伏项目上网电量统计表

序号	省（自治区、直辖市）或地区	上网电量 /(万 kW·h)	市场份额 /%	节约标准煤 /万 t	减少 CO_2 排放量 /万 t
1	青海	751636	17.9	241	629
2	甘肃	591100	14.1	189	495
3	内蒙古	520000	12.4	166	435
4	新疆	458000	10.9	147	383
5	宁夏	327043	7.8	105	274
6	江苏	265320	6.3	85	222
7	河北	200000	4.8	64	167
8	湖南	160000	3.8	51	134
9	新疆生产建设兵团	131770	3.1	42	110
10	浙江	93887	2.2	30	79
11	四川	80839	1.9	26	68
12	山西	74400	1.8	24	62
13	陕西	70000	1.7	22	59
14	云南	65000	1.5	21	54
15	广东	61900	1.5	20	52
16	山东	57334	1.4	18	48
17	江西	55000	1.3	18	46
18	安徽	50000	1.2	16	42
19	河南	34500	0.8	11	29
20	西藏	26400	0.6	8	22
21	湖北	22500	0.5	7	19
22	上海	19800	0.5	6	17
23	海南	17476	0.4	6	15
24	北京	17420	0.4	6	15
25	辽宁	13550	0.3	4	11
26	福建	10745	0.3	3	9
27	吉林	9662	0.2	3	8
28	广西	7000	0.2	2	6
29	天津	6510	0.2	2	5
30	贵州	2115	0.1	1	2
31	黑龙	1993	0.0	1	2
32	重庆	13	0.0	0	0
合　计		4202913	100.0	1345	3519

注：港澳台数据未列入。

1.3 光伏微网试验平台研究

微网是1999年由美国电力可靠性技术解决方案协会（The Consortium for Electric Reliability Technology Solutions，CERTS）最早提出的，图1-5即是其提出的微网系统结构。其组成部分包括不同种类的分布式能源（Distributed Energy Resources，DER）、各种电负荷和/或热负荷的用户终端以及相关的监控、保护装置，负荷分为敏感性负荷和非敏感性负荷。

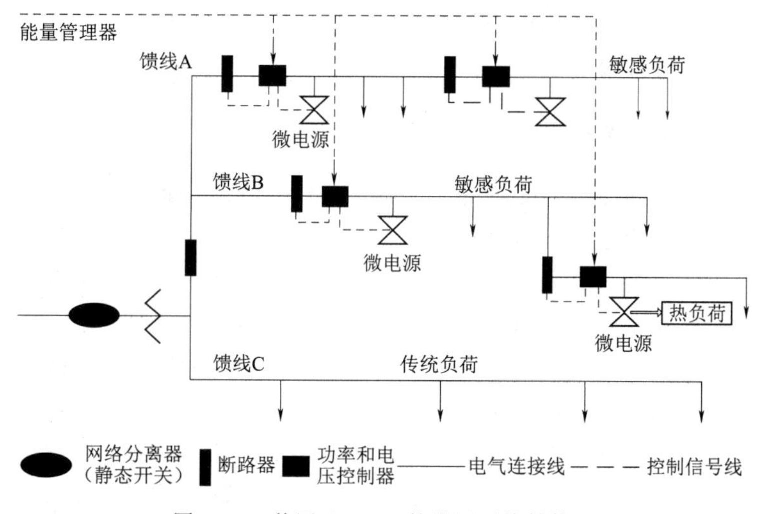

图1-5 美国CERTS的微网系统结构图

图1-5是一个典型的分布式发电供能微网系统，用户所需电能由风力发电系统、光伏发电系统、燃料电池、冷/热/电联供系统和公共电网等提供，在满足用户供热和供冷需求的前提下，最终以电能作为统一的能源形式将各种分布式能源加以融合。通过对微网内部不同形式能源（冷/热/电；风/光/气等）的科学调度，以及微网与微网、微网与大电网之间的优化协调，可以达到能源高效利用、满足用户多种能源需求、提高供电可靠性等目的；此外，通过在用户侧安装分布式电源并形成微网，有助于消除输配电瓶颈、减少网络损耗、延缓发/输/配电系统的建设等；而在大电网崩溃和意外灾害（例如地震、暴风雪、人为破坏、战争）出现时，由于微网可以孤网独立运行，可保证重要用户供电不间断，并为大电网崩溃后的快速恢复提供电源支持。

1.3.1 微网的优点

微网技术是新型电力电子技术和分布式发电、储能技术的综合，相较于传统发电系统，微网的优点主要体现在以下方面：

（1）微网为多个分布式电源的集成应用，解决了大规模分布式电源的接入问题，且拥有单独分布式电源系统所具有的优点；同时，可以克服单独分布式电源并网的缺点，减少单个分布式电源可能给电网造成的影响，实现不同分布式电源的优势互补，有助于分布式电源的优化利用。

（2）微网的运行模式灵活，提高了用户侧的供电可靠性。用户侧负荷按重要性程度可分为普通负荷、次重要负荷和敏感负荷，当外电网发生较严重的电压闪变及跌落时，可以根据负荷的重要性等级，通过静态开关将重要负荷隔离起来孤岛运行，保证局部供电的可靠性。

（3）可以减少发电站的发电备用需求，并通过缩短发电站与负荷间的距离，可以降低输电损耗和因电网升级而增加的投资成本。

（4）对用户来讲，广泛使用微网可以降低电价，获得最大的经济效益。例如，利用峰谷电价差，在峰电期，微网可以向电网输送电能，以延缓电力紧张；而在电网电力过剩时，可直接从电网低价采购电能。

1.3.2　欧盟典型微网系统

目前，欧盟已加快进行微网的研究和建设，并根据各自的能源政策和电力系统的现有状况，提出了具有不同特色的微网概念和发展规划，在微网的运行、控制、保护、能量管理以及对电力系统的影响等方面进行了大量的研究工作，已取得了一定进展。微网研究的核心问题在于如何保证微网的稳态运行，以及在微网受到扰动后如何维持暂态稳定，即微网的控制策略问题。而微网的实验系统建设，作为微网控制策略及相关技术理论的实现载体，可为微网研究提供验证平台，受到各国政府重视。

目前，微网的实验室建设和示范工程项目格外令人关注，欧盟从自身的国情出发，依据不同的发展目的，建立了一批微网实验室和示范工程。在对各国家或地区不同特点的微网示范工程与实验测试系统进行分析的基础上，总结其结构上的特色，可对我国微网技术的发展和微网建设提供有价值的参考信息。

1.3.2.1　欧盟微网实验室

1. NTUA 微网

雅典国立大学是欧盟微网项目的领导者，其建立的 NTUA 微网是欧盟所倡导的一种结构，如图 1－6 所示。该微网为单相 230V、50Hz 系统，分布式电源主要包括光伏发电（1.1kW 和 110W），并通过快速电力电子接口并入电网；为维持系统暂态功率平衡，

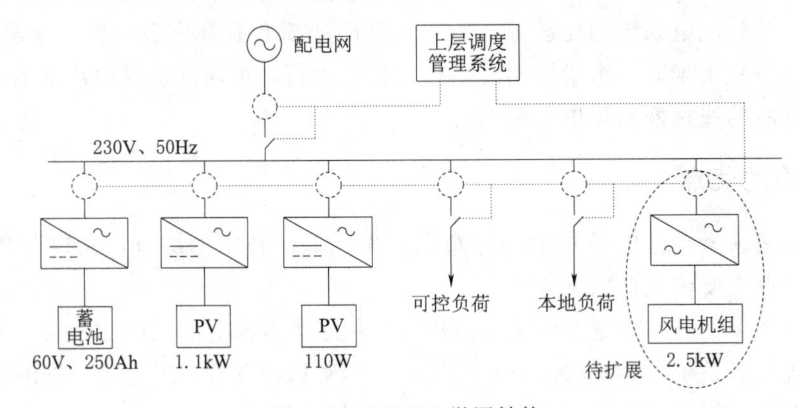

图 1－6　NTUA 微网结构

采用蓄电池（60V，250Ah）作为储能装置，通过双向逆变器并入电网；负荷为 PLC 控制的可控负荷。为了增加微网的多样性，后续计划考虑加入 2.5kW 的风电机组。NTUA 微网的建设目的，主要是对分层控制微网结构进行验证，对底层的光伏和储能装置在联网和孤岛模式下的不同控制策略进行验证分析，并实现了微网的联网和孤岛之间的无缝切换；同时验证微网的上层调度管理策略，对微网的经济性、降低环境污染方面的效益进行软件评估。NTUA 微网是一个典型的微网系统，但其仅为单相系统，实验结果并不具有普遍意义。

2. DeMoTec 微网

DeMoTec 微网位于德国卡塞尔大学的太阳能技术研究所（Institute for Solar Energy Supply Technology，ISET），是最早应用于欧盟微网研究的实验室之一，其结构如图 1-7 所示。

DeMoTec 微网为三相 400V、50Hz 系统，通过 175kVA 和 400kVA 的变压器并入大电网。微网中存在 80kVA 和 15kVA 的电网模拟，既包括传统的发电装置（20kVA 的变速发电机组和 30kVA 的柴油发电机组），也包括分布式能源（光伏、风力发电等）。负荷包括电灯、冰箱等常用负荷和电机负荷等。DeMoTec 微网结构上的一个显著特点，就是内部包括几个小型微网系统（单相光伏-蓄电池系统、三相光伏-蓄电池-柴油机系统）。通过上层控制器调度，能够实现整个微网的重构，有利于微网在故障情况下的快速恢复，保障电能质量和提高供电可靠性，并可以优化微网结构，使微网发挥最大效率，有利于微网的安全稳定运行。DeMoTec 微网可以实现联网和孤岛模式无缝切换，并且联网运行时，当分布式电源输出功率大于负荷消耗时，可以向电网倒送电能。

DeMoTec 微网对欧盟微网理论的发展起到了巨大的推动作用。Demotec 微网可以进行以逆变器为主导的微网孤岛运行测试，采用下垂控制的逆变器并联运行测试，阻性负荷、感性负荷、电机负荷、不平衡负荷突变对微网暂态的影响测试，分布式电源输出波动对电网稳定性的影响测试等多项实验。

3. ARMINES 微网

ARMINES 微网位于法国巴黎矿业学院的能源研究中心，为单相 230V、50Hz 微网，如图 1-8 所示。系统包括光伏（3.1kW）、燃料电池（1.2kW）、柴油机（3.2kW）等电源，储能装置采用蓄电池（48V、18.7kW·h）。负荷包括 4 个可变电阻负荷、非线性负荷、感性负荷、容性负荷、电机负荷等多种类型，可联网和孤岛运行。可以通过计算机对断路器的控制，决定分布式电源和负荷是否并入微网交流母线，并调节接入负荷的大小。该微网系统包括一个基于 AGILENT VEE 7 和 Matlab 开发的上层调度管理系统，可以进行系统数据采集和发布指令，对微网系统进行实时调度管理。

4. Labein 微网

Labein 微网位于西班牙巴斯克地区的毕尔巴鄂市，是欧盟“多微网”项目的示范平台之一，通过两台 1250kVA 的变压器接入 30kV 网络，其结构如图 1-9 所示。Labein 微网包括：常规分布式电源（0.6kW 和 1.6kW 的单相光伏，3.6kW 的三相光伏，6kW 的直驱式风电机组），传统电源（2 台 62.5kVA 的柴油发电机组），储能装置（48V、1925Ah 和 24V、1080Ah 的蓄电池组，250kVA 的飞轮储能，48V、4500F 的超级电容

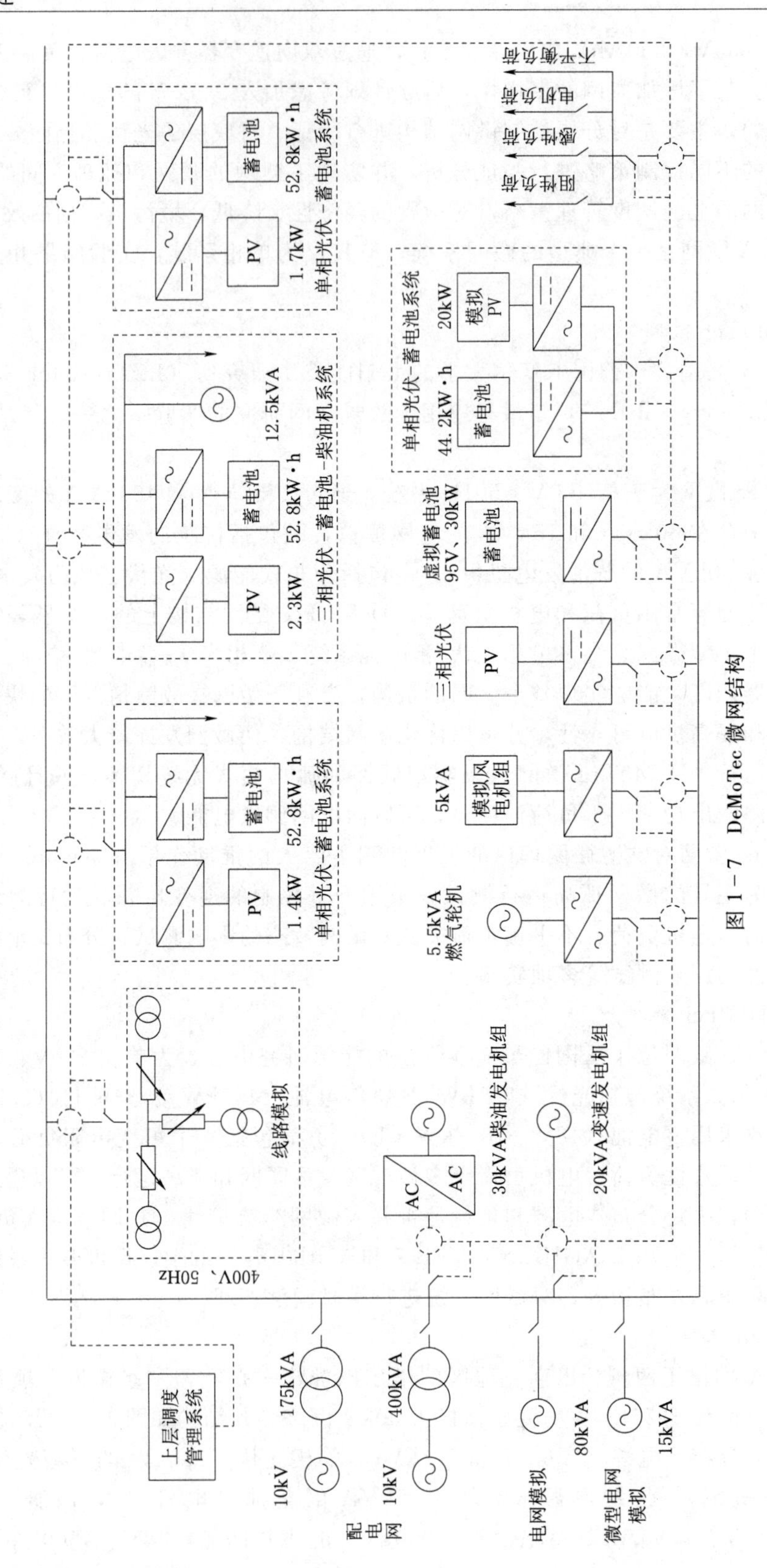

图1-7 DeMoTec 微网结构

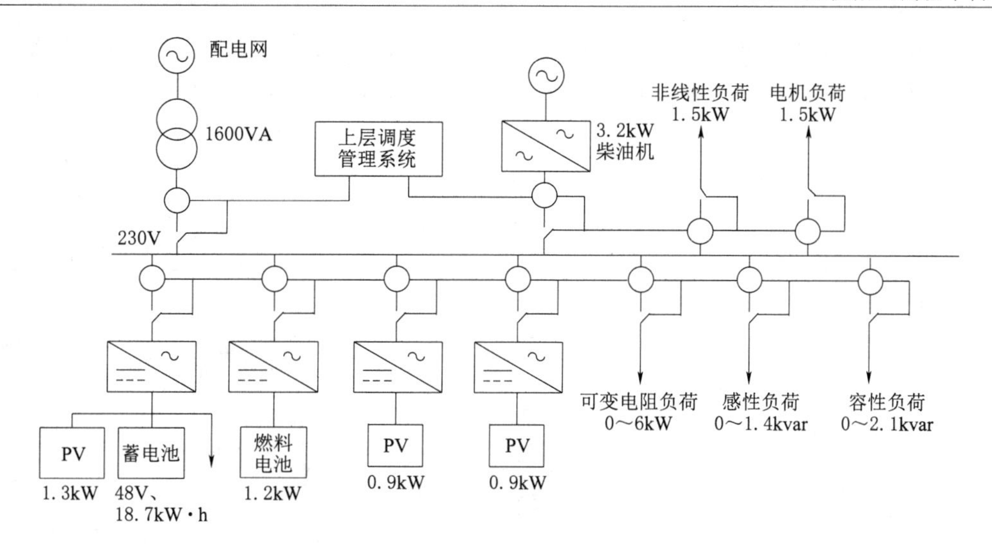

图1-8　ARMINES微网结构

器），负荷包括阻性和感性负荷（150kW和50kW的阻性负荷和2套36kVA的感性负荷）。Labein微网的示范目的包括验证联网模式下的中央和分散控制策略，验证通信协议，实现对微网的需求侧管理；对微网进行频率的一次、二次调整，提高供电电能质量；实现联网和孤岛模式切换等。另外，Labein微网存在一条直流母线，可以对新兴的直流微网技术进行研究。

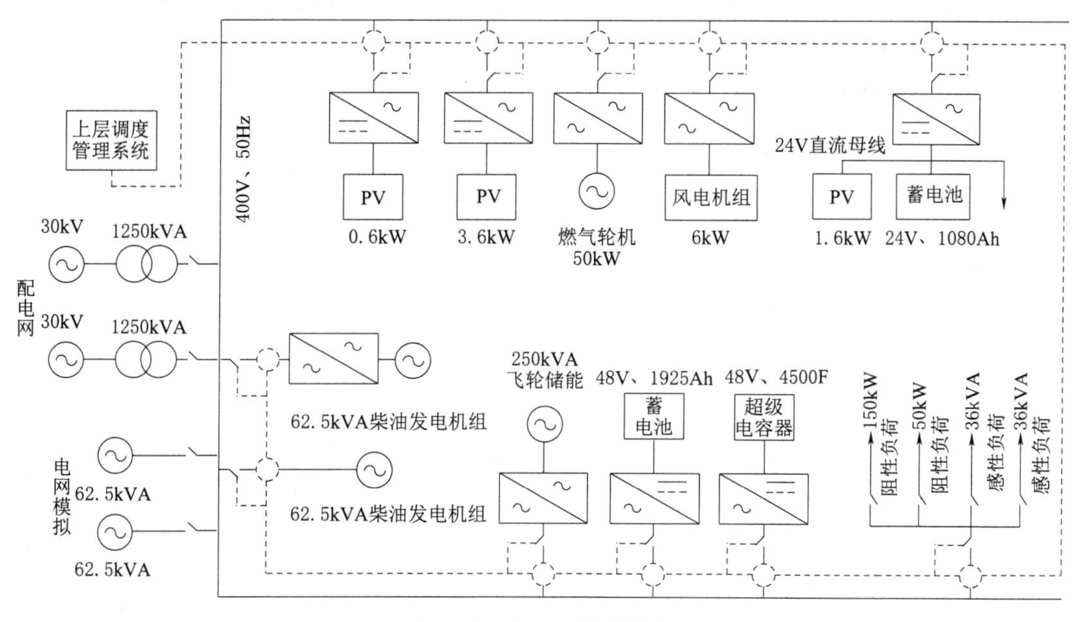

图1-9　Labein微网结构

5. CESI微网

CESI微网位于意大利的米兰市，为400V、50Hz系统，通过800kVA变压器与23kV网络相连，具有350kW的电力生产能力。建设的初始目的是用于测试分布式发电相关技术，并参与了欧盟多微网项目，用于不同类型分布式发电技术，不同微网结构运行特性分析，及微网受到扰动后的本地、上层控制策略及电能质量分析和通信技术验证等，其微网结构如图1-10所示。

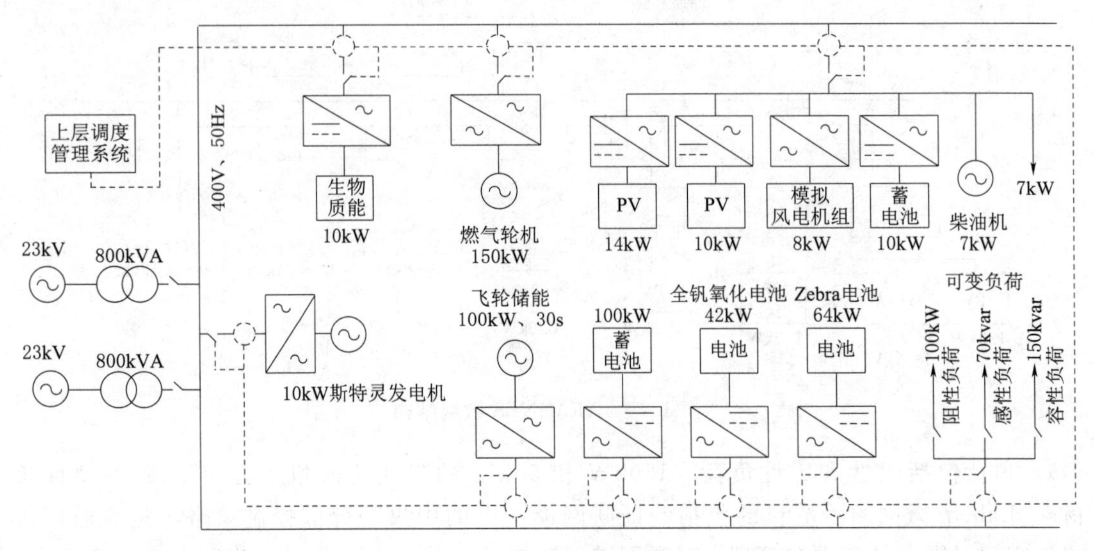

图1-10　CESI微网结构

CESI微网可以通过以太网、无线、电力载波等通信方式，实现对下层微网的调度管理，进行微网结构控制，并在现有微网结构的基础上，进一步计划组建直流微网。

1.3.2.2　欧盟微网示范工程

1. Kythnos微网

Kythnos微网是由德国SMA公司与希腊雅典国立大学通信与信息研究所（ICCS/NTUA）合作，于20世纪80年代初于希腊爱琴海基克拉迪群岛建立的一个岛式电网，目前只能孤岛运行，并不是严格意义上的微网。但是，该微网对欧盟微网理论思想的形成和发展有重大影响，其结构如图1-11所示。

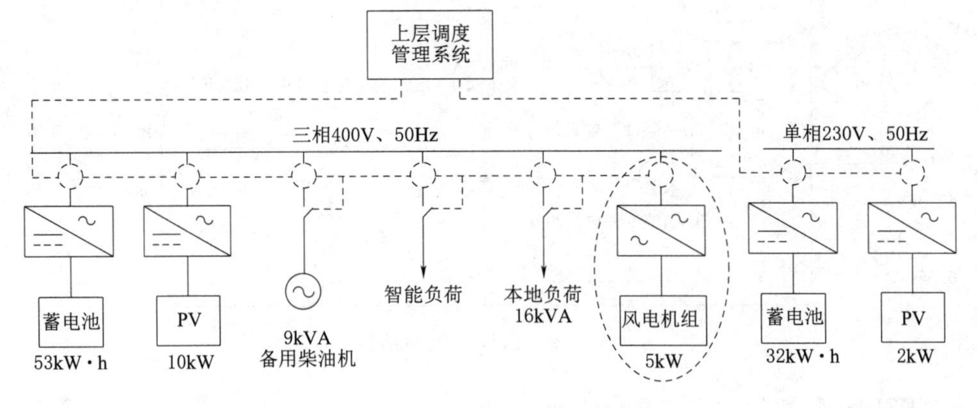

图1-11　Kythnos微网结构

根据研究的目的，Kythnos微网可以配置为单相或三相系统。基于欧盟多微网项目的研究需要，2007年6月，系统配置为三相400V、50Hz系统，用于微网运行、多主从控制方法、提高系统供电可靠性等方面的研究。

目前，Kythnos微网包含两个子系统，其中三相系统包括光伏、蓄电池和柴油机，用于对本地负荷供电。单相系统包括2kW的光伏和32kW·h的蓄电池，用于保障整个微网系统通信设施的电力供应。进一步计划加入5kW的风电机组，以减小柴油消耗及增加能量供给的多样性。

2. Continuon微网

Continuon微网为荷兰的首个微网项目，于2006年8月建成，位于荷兰的Zutphen度假村，是一个民用的微网示范工程，其结构如图1-12所示。系统为三相400V、50Hz系统，通过一台400kVA的变压器并入20kV网络，并允许向电网反送电能。系统主要采用光伏发电方式，额定容量335kW，通过四条馈线给200户的别墅供电，峰值负荷150kW。

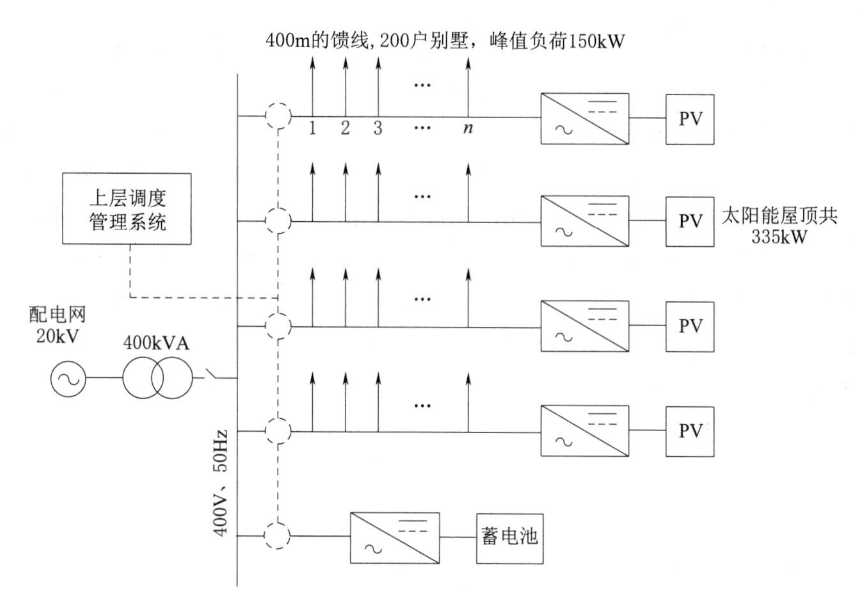

图1-12 Continuon微网结构

Continuon微网主要研究联网和孤岛模式之间的自动切换问题，要求当大电网故障时，能自动切换到孤岛运行模式并能维持稳定运行24h，具有黑启动能力。系统通过上层控制器实现对蓄电池的智能充放电管理，维持微网稳定运行。

3. EDP微网

如图1-13所示，EDP微网为三相400V、50Hz系统，主要采用1台80kW的燃气轮机作为分布式电源，通过一台160kVA变压器连接至10kV中压网络，可孤岛和联网运行。EDP微网为欧盟多微网项目的示范平台之一，其联网和孤岛运行模式分为两种不同的情况：①微型燃气轮机仅供给本地负荷，多余的电力可以倒送至大电网；②微型燃气轮机除供给本地负荷之外，还可以供给其他家用、商用、工业用负荷。EDP微网主要针对这两种不同的联网和孤岛运行模式，对微型燃气轮机的运行特性、联网和孤岛模式之间的

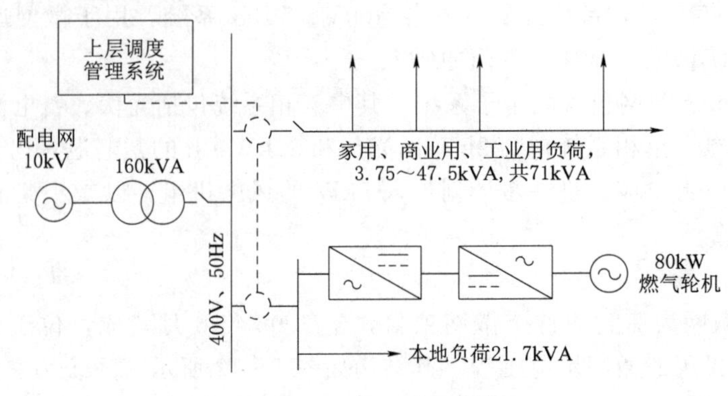

图1-13 EDP微网结构

切换、切负荷控制策略展开研究。

4. MVV微网

MVV微网现在仍然是在建设中的一个微网，位于德国的曼海姆市，如图1-14所示。系统为400V、50Hz的三相微网，通过400kVA的变压器接入20kV配电网，分布式电源包括光伏和微型燃气轮机。根据规划，该微网将陆续增加燃料电池、蓄电池、飞轮等分布式电源及储能装置，组成综合性微网示范工程。MVV微网的建设目的是在居民区内建设微网，探测居民对微网的认知程度，制定微网的运行导则，并衡量微网的经济效益。2006年夏天，20多户家庭加入了“washing with the sun”活动，避开用电高峰，加大对光伏的利用力度，获得了更大的经济效益。同时，从技术上来说，作为实际运行的系统，保证微网内用户的电能质量，验证微网的局部和中央控制策略，实现微网的联网和孤岛模式切换，也是该微网的研究目的。

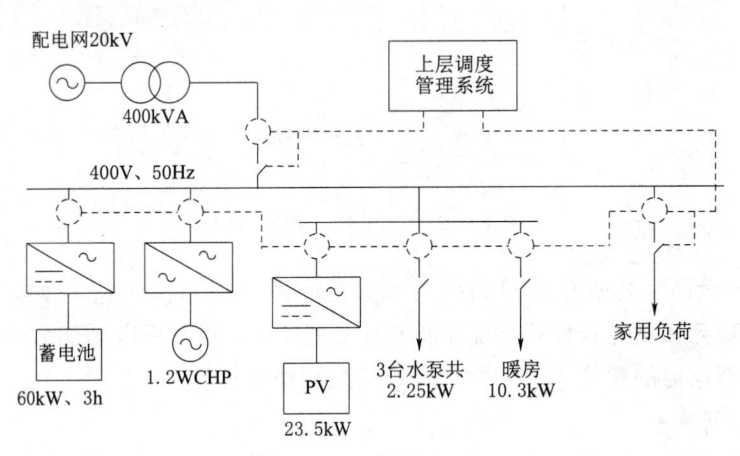

图1-14 MVV微网结构

5. Bornholm微网

上述的微网系统，仅仅局限于低压微网的研究，丹麦Bornholm微网作为欧盟唯一的中压微网示范平台，尤为引人关注。Bornholm为波罗的海中的一个小岛屿，其发电装置包括39MW的柴油机，39MW的汽轮机，37MW的热电联产（CHP）以及30MW的风电机组，为岛内的28000户居民提供电力供应（峰值负荷为55MW）。岛内包括950个10kV/0.4kV的变电站，16个60kV/10kV的变电站，并通过一台132kV/60kV的变压器与瑞典电网相连。Bornholm微网作为欧洲多微网项目的示范平台之一，主要研究微网的黑启动、与外电网重新并网等问题。

除上述微网系统之外，欧盟微网示范项目还包括英国UMIST实验室，希腊Germanos微网，Kozuf以沼气发电为主的微网等。欧盟微网实验室和示范平台目前绝大多数采用图1-15所示的微网结构。其中，光伏、燃料电池和微型燃气轮机通过电力电子接口连接到微网，中心储能单元被安装在交流母线侧。

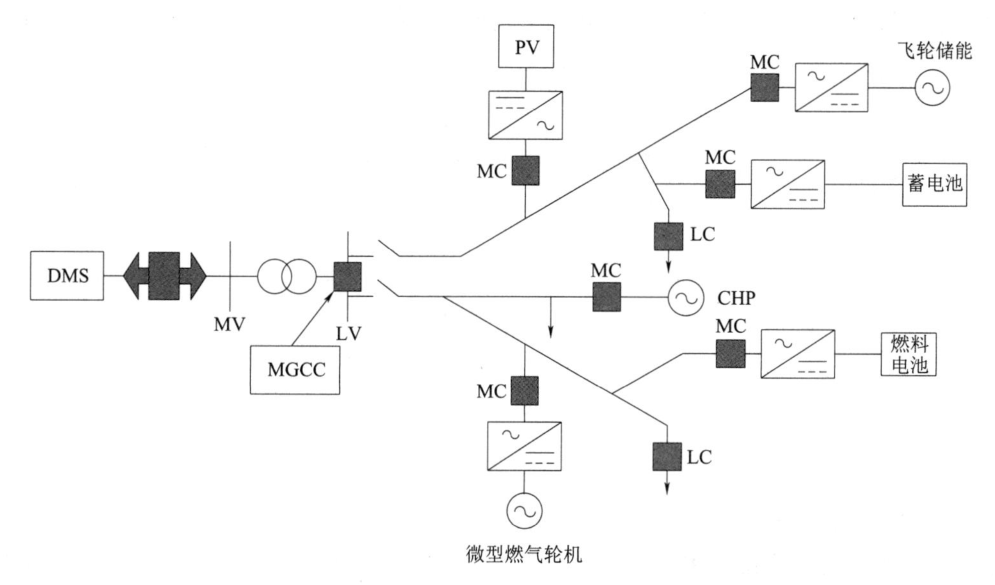

图1-15 欧盟微网结构

MGCC—上层中央控制器；MC—微源控制器；LC—负荷控制器

微网系统采用分层控制策略，底层控制包括分布式电源控制和负荷控制。上层控制负责底层分布式电源和储能装置的参数设置和管理，维持微网的最优运行，并且允许微网作为一个整体向大电网供电。

1.3.3 美国典型微网系统

由于微网技术在提高能源利用效率、增加供电可靠性和安全性方面的巨大潜力，美国政府加大了微网相关技术的研究力度，通过资助其国内为数众多的研究机构、高等学校、电力企业和国家实验室开展专门或交叉项目的研究，逐渐加快了示范工程的建设步伐。美国能源部（U.S. Department of Energy，DOE）更是将微网视为未来电力系统的三大基石技术之一，列入了美国“Grid 2030”计划。美国分布式发电和微网技术的研究主要由美国电力可靠性技术协会（Consortium for Electric Reliability Technology Solutions，CERTS）引导。作为美国乃至世界最具权威的研究机构之一，CERTS是世界分布式发电微网领域研究的先行者，它发表的一系列关于微网概念和微网控制的著述成为了微网研究领域的纲领性文件。CERTS微网的概念包括静态开关和自主控制的分布式电源两个核心组件。当电网发生故障或受到暂态扰动时，静态开关可以自动切换微网到孤岛运行模式，从而提高了供电质量。孤岛运行时，各分布式电源可以采用有功-频率和无功-电压下垂控制策略维持微网的暂态功率平衡。

1.3.3.1　CERTS 微网示范工程

1. Wisconsin 实验室微网

Wisconsin 实验室微网是 CERTS 为验证其微网概念，在 Wisconsin 大学 Madison 分校建立的实验室微网，其结构如图 1-16 所示。系统采用两台直流稳压电源模拟两个位置对等的分布式电源，负荷采用纯阻性负荷。该微网的一系列测试实验表明，通过本地下垂控制策略，可以实现微网的暂态电压和频率调整，并能实现微网联网和孤岛模式之间的无缝切换。

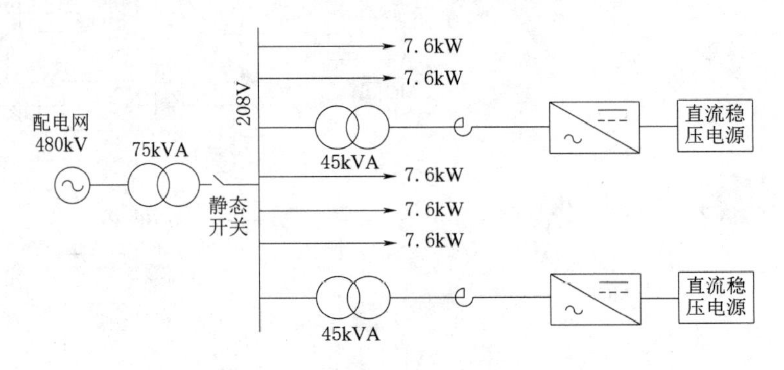

图 1-16　Wisconsin 微网结构

2. CERTS 微网示范平台

为推动微网的工业化应用，在 CERTS 的微网概念得到实验室验证后，由美国电力公司（American Electric Power，AEP）资助，CERTS 在俄亥俄州首府哥伦布的 Dolan 技术中心建立了 CERTS 微网示范平台，其结构如图 1-17 所示。

CERTS 微网示范平台包含三条馈线：其中馈线 C 为常规线路；馈线 B 中接入一台 60kW 的燃气轮机（含储能装置）及可控负荷；馈线 A 包含两台 60kW 的燃气轮机及敏感负荷。该平台主要用于验证分布式电源的并联运行及对敏感负荷的高质量供电问题。

1.3.3.2　美国国家可再生能源实验室微网

美国国家可再生能源实验室（National Renewable Energy Laboratory，NREL）在分布式发电和微网研究领域也进行了一些积极的探索。

1. NREL 实验室

NREL 实验室是一个包括光伏、风电机组、微型燃气轮机、蓄电池储能等在内，用来协助美国分布式发电技术发展和配电系统测试的多功能分布式发电技术测试平台，其结构如图 1-18 所示。

系统中存在 200kW 的发电机，可以实现电压 0～480V，频率 0～400Hz 的交流电网模拟，交流母线允许最多 15 台设备同时并入；系统有一电压范围为 0～600V 的直流母线，可允许同时接入 10 台直流设备。

NREL 实验室可以允许三套独立系统同时运行。研究者可以进行分布式发电系统可

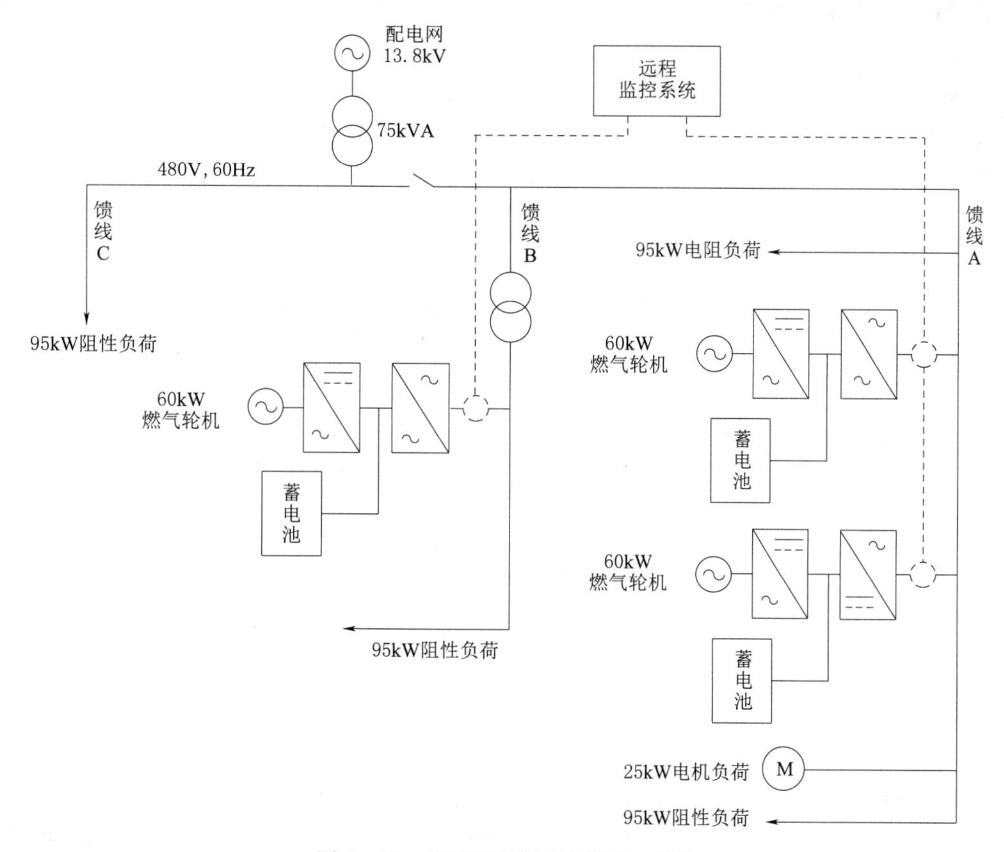

图 1-17 CERTS 微网示范平台结构

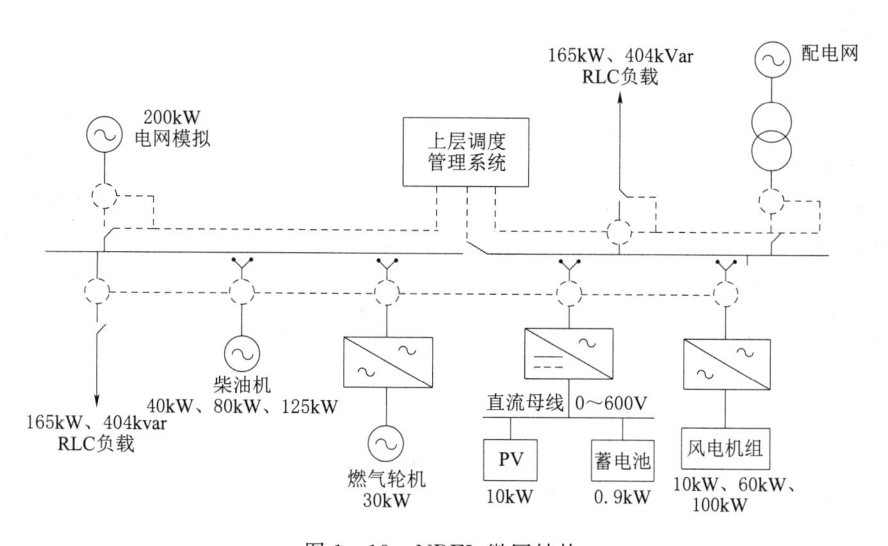

图 1-18 NREL 微网结构

靠性测试、导则制定及其他一些分布式发电及新能源复杂系统的互联等微网技术研究。著名的 IEEE1547 协议就采用了 NREL 实验室的一些实验结果。

2. Sandia 国家实验室

Sandia 国家实验室为 DOE 分布式发电技术测试实验室（Distributed Energy Technologies Laboratory，DETL），成立之初为 DOE 光伏研究、测试和示范中心，现已发展成包括光伏、燃气轮机、风电机组在内的多种分布式电源技术研究和测试中心，其结构如图 1-19 所示。

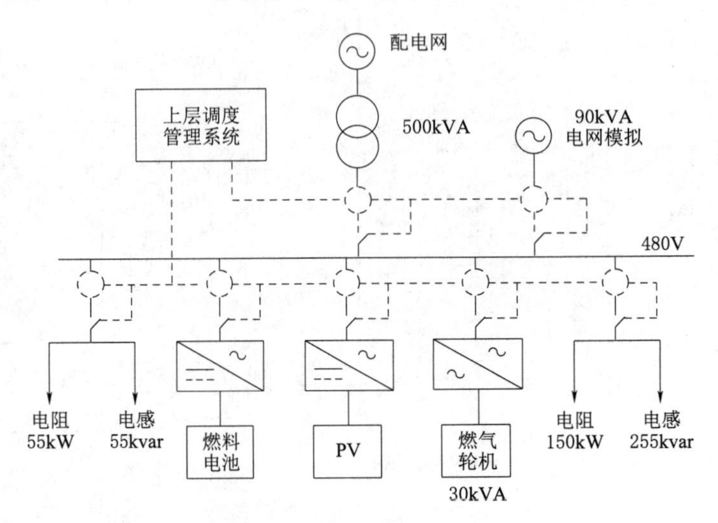

图 1-19　DETL 微网结构

通过上层管理，DETL 可以配置成一个三相、480V 微网系统。该微网可以进行联网和孤岛运行测试，同时通过监测直流侧和交流侧的运行电压和电流，分析分布式电源利用效率，监测分布式电源输出功率的变化、负荷变化对微网稳态运行的影响等。

3. DUIT 微网

DOE、加州能源署（California Energy Commission，CEC）和太平洋燃气与电力公司（Pacific Gas and Electric Company，PG&E）合作，于加利福尼亚的 San Ramon 开展了分布式电源综合测试项目（Distributed Utility Integration Test，DUIT）。该微网为美国的首个商用微网项目，其结构如图 1-20 所示，主要用于多分布式电源的高渗透率对配电网络影响的研究。微网研究的核心问题在于分析不同种类和数量的分布式电源在不同情况下对配电网络的影响，同时，微网的电压和频率调整，含不同负荷（非线性、旋转负荷、阻感负荷等）、不同分布式电源的孤岛运行，电能质量监测和分析，微网的继电保护等，也是 DUIT 微网所要研究的问题。

4. 橡树岭国家实验室

美国橡树岭国家实验室的 CHP 系统，主要致力于降低能源消耗和减少温室气体排放、排放数据实时监测、燃烧尾气分析等方面的研究。

1.3.4　日本典型微网系统

日本自然资源匮乏，石油、煤炭及天然气等主要能源资源蕴藏量均较低，这也迫使日本政府大力推进新能源开发和利用，并在微网研究领域居于领先地位。日本没有给出微网

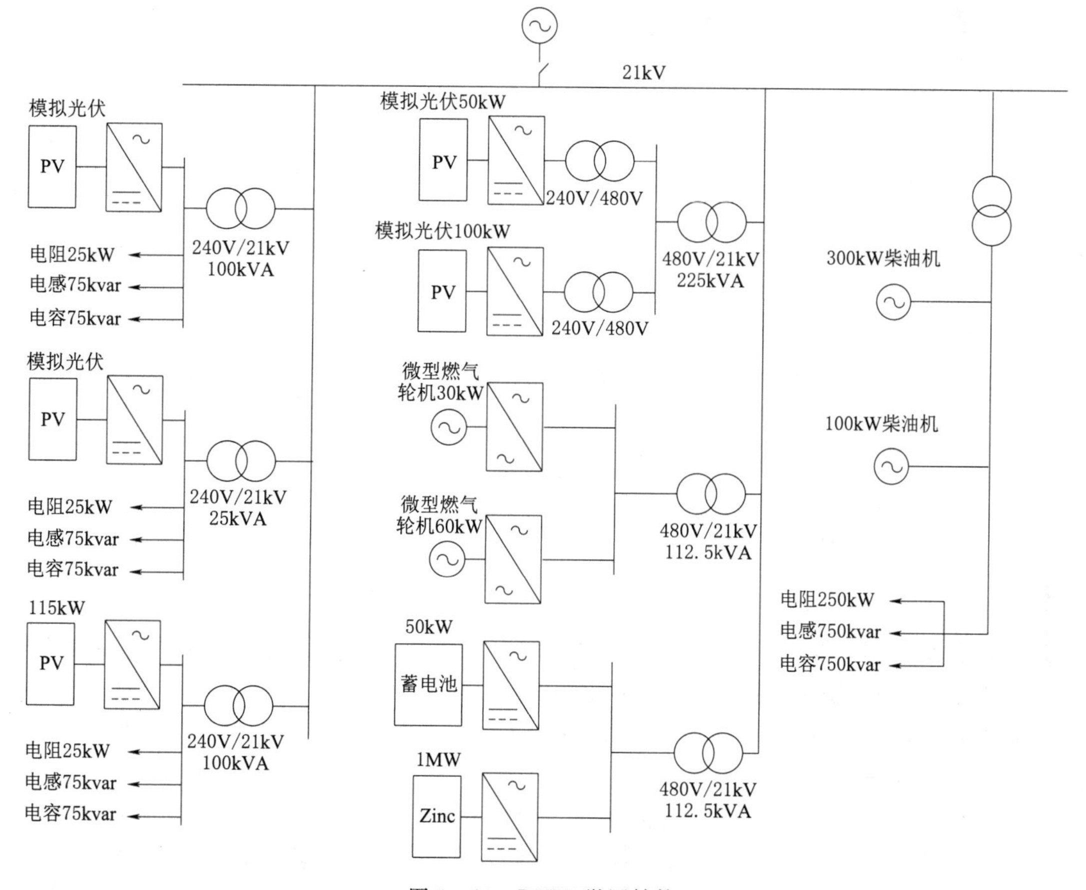

图 1-20　DUIT 微网结构

的明确定义，但是在发展微网示范平台方面做出了重要贡献。为推动微网示范平台建设，日本专门成立了新能源综合开发机构（New Energy and Industrial Technology Development Organization，NEDO）统一协调国内高校、企业与国家重点实验室对新能源及其应用的研究。NEDO 的微网发展战略主要集中于可再生能源区域电网计划和新型配电网络计划两个领域。

1.3.4.1 可再生能源区域电网计划

NEDO 的可再生能源区域电网计划（2003—2007）是其成立以来最著名的计划之一，其目的是建立含多种分布式能源的区域供电系统，并避免对大电网产生不良影响，包括 Archi、Kyoto 和 Hachinohe 三个示范工程。

1. Archi 微网

Archi 微网是为 2005 年 Archi 世博会建立的以燃料电池、燃气轮机、光伏为分布式电源的微网，可以为展馆提供 5%的电力供应，其结构如图 1-21 所示。

Archi 微网的一个典型特征是所有分布式电源均通过逆变器并入交流母线，NaS 电池作为储能装置，在保证微网的供需平衡方面发挥了巨大作用。Archi 微网展示项目主要研究分布式电源输出功率对负荷功率变化的跟踪能力。2004 年 12 月—2005 年 9 月的示范运

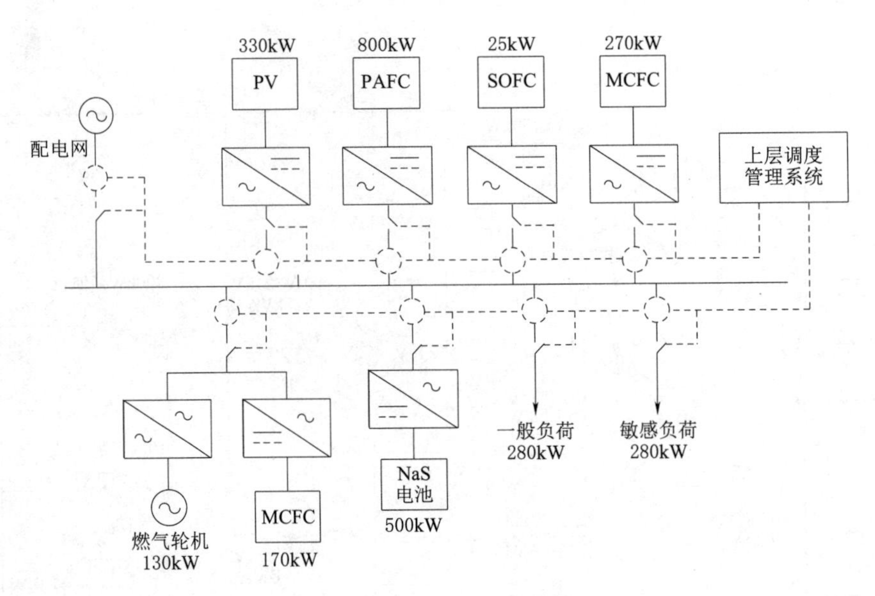

图 1-21　Archi 微网结构

行期间，总发电 3716MW・h。2005 年 9 月，Archi 微网进行了孤岛运行实验，实验结果表明，由于 NaS 电池的存在，Archi 微网可以稳定运行于孤岛模式。2005 年世博会之后，Archi 微网迁移至 Tokoname 市，并于 2006 年 8 月重启运行。

2. Kyoto 微网

如图 1-22 所示，Kyoto 微网安装了 4 台 100kW 的内燃机、250kW 的燃料电池（MCFC）以及 100kW 的铅酸蓄电池。另外，在偏远地区安装了 2 组光伏电站以及 50kW 的小型风电机组。通过 ISDN 和 ADSL 通信线路，对系统进行远程监控，实现对微网的能量管理，控制微网的供需平衡，监测微网的电能质量（电压波动、闪变、频率波动等）。

3. Hachinohe 微网

Hachinohe 微网的分布式电源主要采用以沼气为燃料的内燃机，通过 5.4km 的 6.6kV 架空线路，给 6 个终端用户供电，其结构如图 1-23 所示。Hachinohe 微网通过单点接入电网，不允许反向潮流，并且与电网之间的功率交换维持恒定。孤岛运行时，内燃机作为频率支持单元维持微网的稳定运行。Hachinohe 微网采用光纤通信，通过上层中央控制器对微网进行能量调度管理，内容包括：

（1）每周供需计划（控制目的为计及环境因素、燃料成本等情况下的最小化购电成本和最大化微网经济效益）。

（2）每 3min 一次的经济调度（根据预测需求和实际需求之差对分布式发电输出功率进行调整）。

（3）1s 级的潮流控制（避免负荷波动和分布式电源波动对电网产生影响）。

（4）10ms 的频率控制（用于保障孤岛运行的电压和频率恒定，孤岛运行时，蓄电池首先作为电压频率控制单元，逐步过渡到由内燃机提供电压和频率支持）。

Hachinohe 微网从 2005 年 10 月开始运行，2006 年 10—11 月期间，进行了为期一周的孤岛运行测试，验证了微网的稳定性。

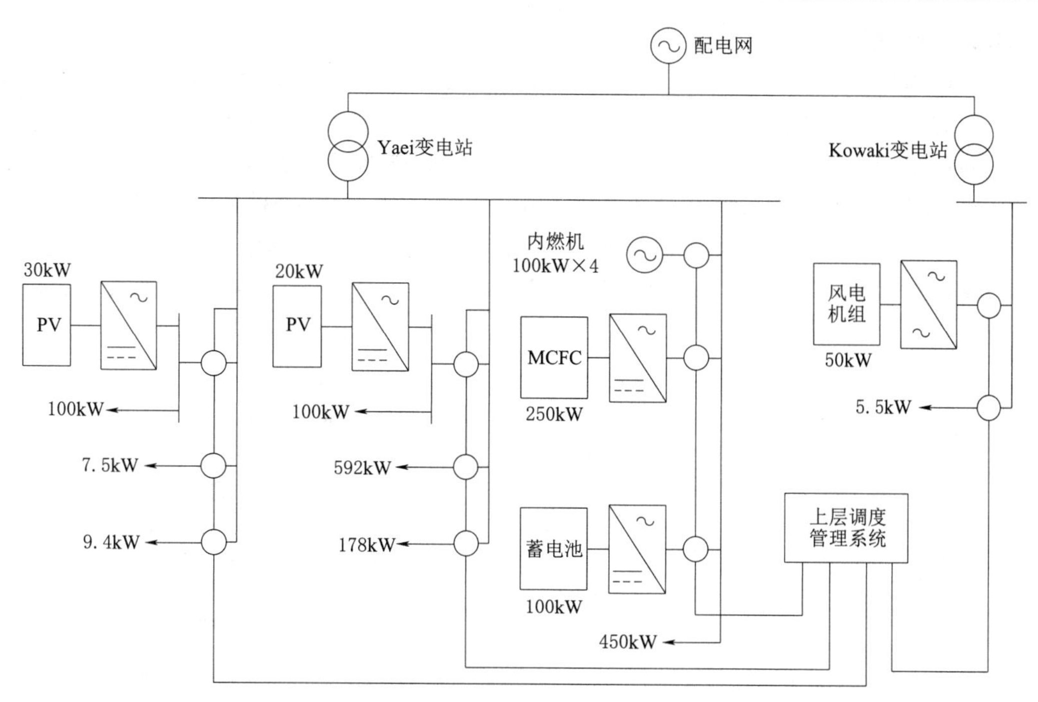

图 1－22　Kyoto 微网结构

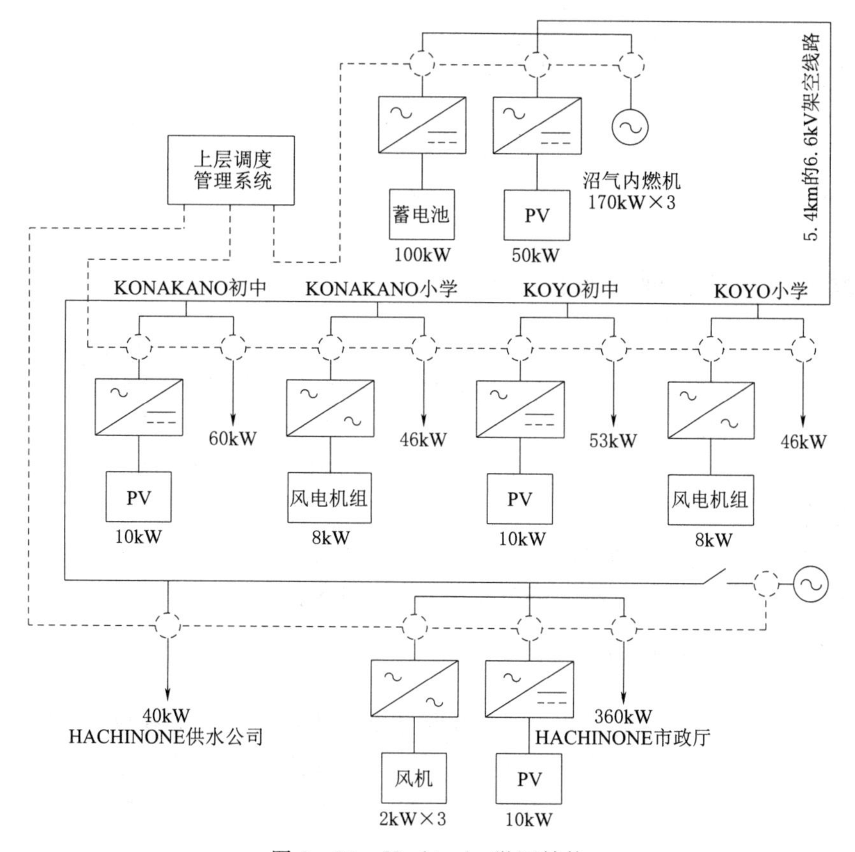

图 1－23　Hachinohe 微网结构

1.3.4.2 新型配电网络计划

新型配电网络计划（2004—2007）的目的是发展含有分布式电源和无功补偿、动态电压调节装置的新型配电网络，包括两个子计划：一个为Akagi示范工程，主要研究无功补偿装置对配电网络的影响；另一个就是知名的Sendai微网示范工程，其结构如图1-24所示。Sendai微网的典型特征就是将供电质量分为A、B1、B2、B3四个等级。根据不同级别的用户需求，通过对微网的调度管理，可以实现向各级负荷提供不同等级电力供应的目的。Sendai微网于2006年进行了虚拟负荷运行测试，并于2007年8月投入正式示范运行。

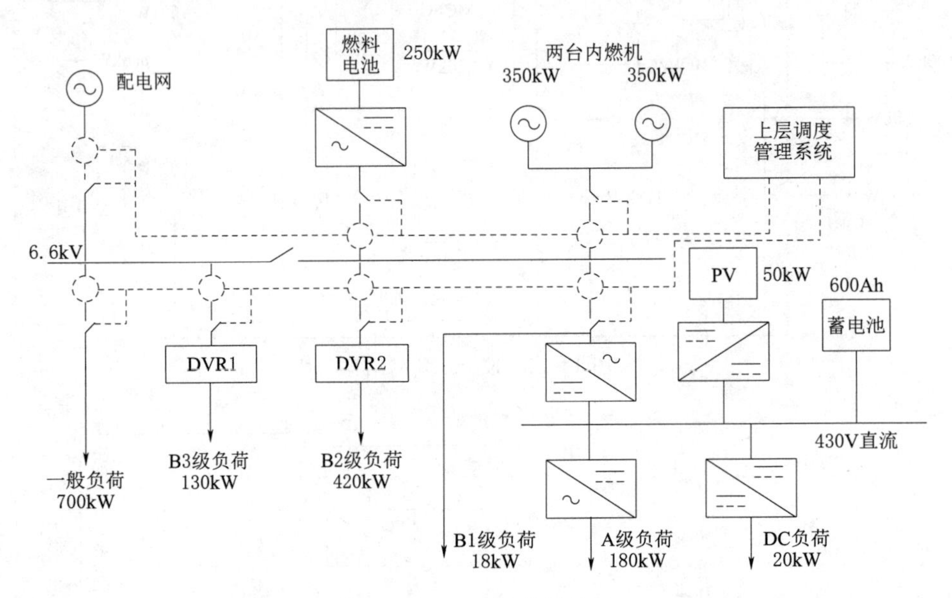

图1-24 Sendai微网结构

1.3.5 发展中国家典型微网实验系统

乌干达Bulyansungwe微网是微网技术在发展中国家应用的典型代表，其分布式电源主要采用光伏，并配备了21.6kW·h的蓄电池组和柴油发电机作为备用电源，负荷包括两所旅馆、一所学校和一所修道院，其结构如图1-25所示。

Bulyansungwe微网的建设成功和投入运行对非洲广大电力缺乏而日照资源丰富地区的电力建设具有重要的指导意义。

日本NEDO海外部在柬埔寨、蒙古、泰国等国家也建立了一系列的微网实验系统。墨西哥等国家也根据各自的国情部署和开展了微网领域的相关研究。

1.3.6 我国微网实验系统

近年来，我国社会发展的目标已经发生了重要变化，建设资源节约、环境友好、可持续发展的社会成为全国上下的共识。国家已将“分布式供能技术”列入2006—2020年中长期科学和技术发展规划纲要，2008年的南方雪灾和汶川地震更加速了我国在分布式发

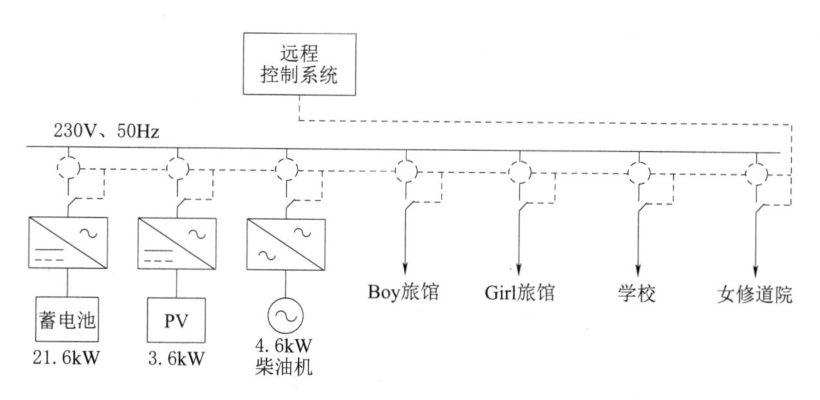

图 1-25 Bulyansungwe 微网结构

电领域的投资力度，有关国家重点研究发展规划也开始立项，以鼓励和支持各个高校和科研院所在微网技术方面开展研究。

作为利用分布式发电的有效形式，微网得到了快速的发展。我国幅员辽阔，微网的发展对于解决广大农村和偏远地区用电也具有重要意义。

合肥工业大学建设了综合性比较强的微网实验室，其分布式电源包括光伏、风电机组、燃料电池等，并以蓄电池和超级电容器为储能装置，采用底层控制和上层中央管理控制相结合的分层控制方案对微网中各组件进行控制。

2007 年 9 月，国家发展和改革委员会、浙江省发展和改革委员会和 NEDO 合作，由杭州电子科技大学和日本清水建设公司共同实施，就并网光伏发电微网系统的关键技术开展合作研究，建立了光伏发电比例达 50%的实验微型电网，并成功供应两幢教学楼的用电，经济效益、社会效益显著，起到了很好的工程示范性。

三菱公司在我国新疆的星星峡建立了以光伏、蓄电池为主的微网，其结构如图 1-26 所示。

为了节约成本，并结合我国的实际情况，该微网没有架设昂贵的通信线路，而是通过蓄电池逆变器、光伏逆变器和柴油机的协调控制，实现微网的无人值守运行。运行结果表明，微网达到了电压于±7%、频率于±0.5Hz 波动的控制需求。

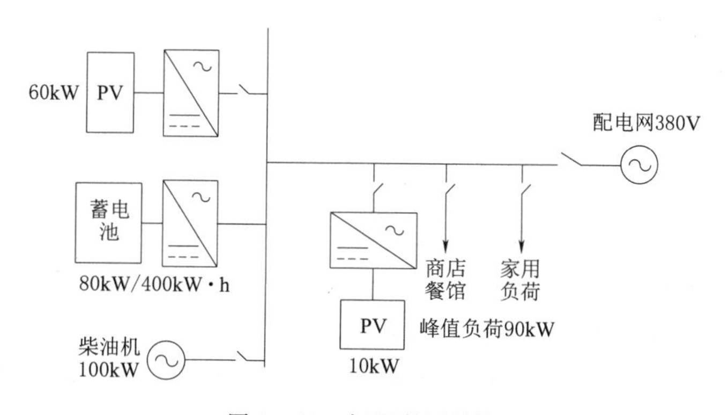

图 1-26 新疆微网结构

1.3.7　典型微网系统结构分析

1.3.7.1　直流与交流微网实验系统

1. 直流微网

直流微网结构如图 1-27 所示，其特征是系统中的分布式电源、储能装置、负荷等均通过电力电子变换装置连接至直流母线，直流网络再通过逆变装置连接至外部交流电网。直流微网通过电力电子变换装置可以向不同电压等级的交流、直流负荷提供电能，分布式电源和负荷的波动可由储能装置在直流侧补偿。

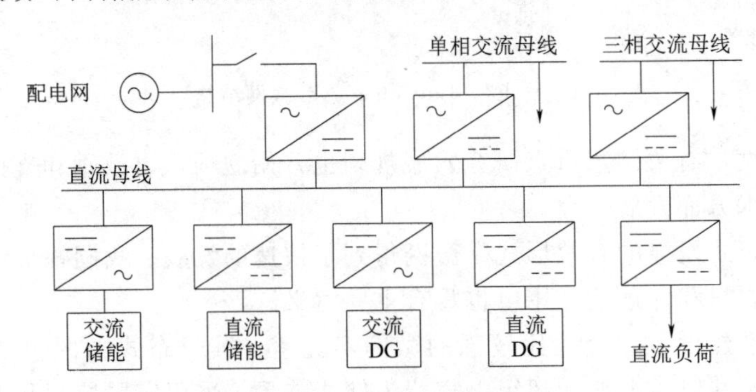

图 1-27　直流微网结构

考虑到分布式电源的特点以及用户对不同等级电能质量的需求，两个或多个直流微网也可以形成双或多回路供电方式，如图 1-28 所示。

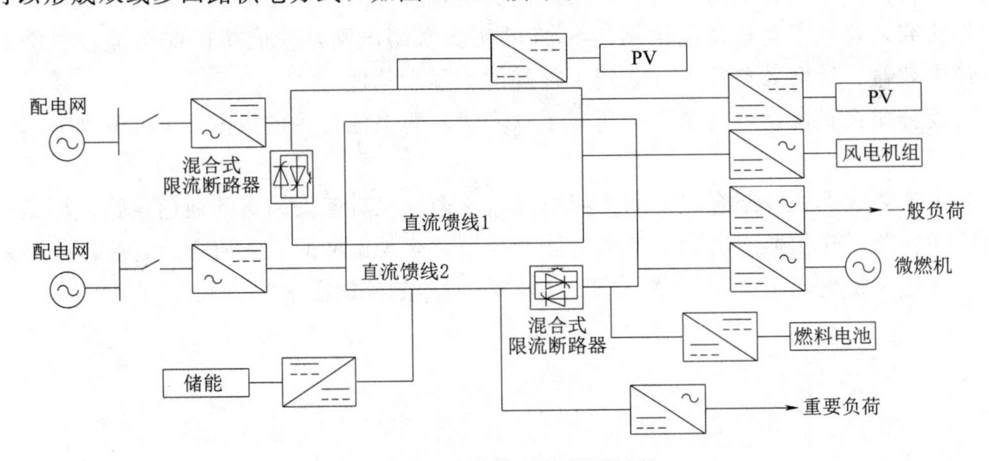

图 1-28　多直流馈线微网结构

图 1-28 中，直流馈线 1 上接有间歇性特征比较明显的分布式电源，用于向一般负荷供电，直流馈线 2 连接运行特性比较平稳的分布式电源以及储能装置，向重要负荷供电。相较于交流微网，直流微网系统具有下列优势：

(1) 由于分布式电源的控制只取决于直流电压，无需考虑各分布式电源之间的同步问题，直流微网的分布式电源较易协同运行，在环流抑制上更具优势。

(2) 只有与主网连接处需要使用逆变器，系统成本和损耗大大降低。

2. 交流微网

目前，交流微网仍然是微网的主要形式，其结构如图 1-29 所示。在交流微网中，分布式电源、储能装置等均通过电力电子装置连接至交流母线，通过对公共联结点（PCC 端口）处开关的控制，可实现微网并网运行与孤岛运行模式的转换。

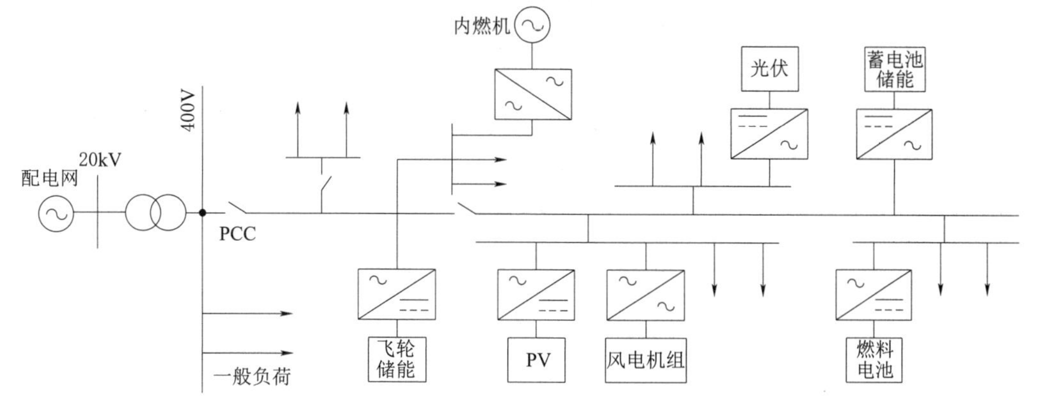

图 1-29　交流微网结构

除了常规交流母线系统微网之外，高频交流母线（High Frequency AC，HFAC）微网要求所有分布式电源和储能设备都接入高频母线，向用户负荷供电。HFAC 微网由于运行在较高频率，在使设备小型化、减小谐波影响、改善电能质量、方便交流储能设备接入等方面具有一定优势。

HFAC 微网的成功应用必须依赖于对能源和高频母线的优化利用，使用统一的电力质量调节器（Unified Power Quality Conditioner，UPQC）可实现这一功能。UPQC 可以补偿无功，补偿电流和电压的谐波影响，改善电能质量。

3. 交直流混合微网

在图 1-30 所示的微网中，既含有交流母线又含有直流母线，既可以直接向交流负荷供电又可以直接向直流负荷供电，因此可称为交直流混合微网。但从整体结构分析，实际上仍可看作是交流微网，直流微网可看作是一个独特的电源通过电力电子逆变器接入交流母线。

1.3.7.2　简单结构与复杂结构微网实验系统

1. 简单结构微网

简单结构微网是指系统中分布式电源的类型和数量较少，控制和运行比较简单的微网，其结构如图 1-31 所示。事实上，这种简单结构的微网系统在实际中应用很多，例如，分布式电源为微型燃气轮机的 CCHP 系统，在向用户提供电能同时，还满足用户热和冷的需求。但与传统的 CCHP 系统不同，当形成微网后，系统必须能够具备并网和孤网运行两种模式，并且可在两种模式间灵活切换，保证能源有效利用的同时提高用户的供电可靠性。

2. 复杂结构微网

复杂结构微网是指系统中分布式电源类型多，分布式电源接入系统的形式多样，运行

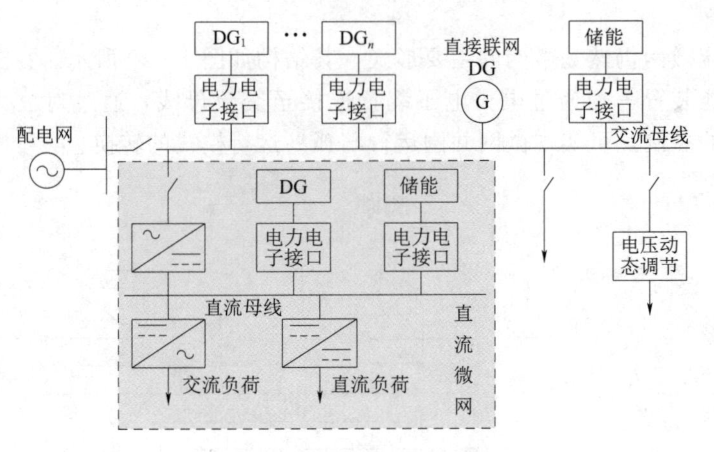

图 1-30　交直流混合微网结构

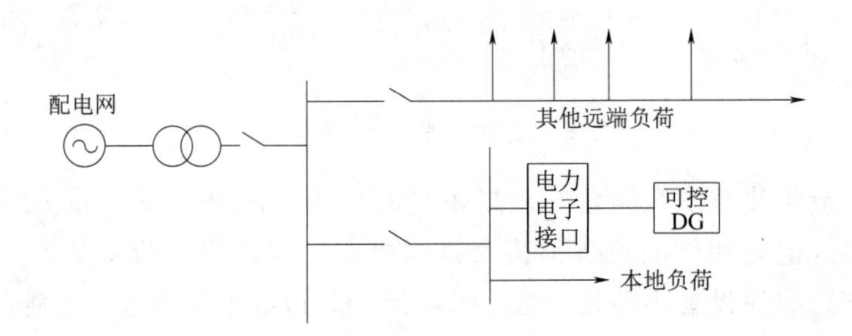

图 1-31　简单结构微网结构

和控制相对复杂的微网。德国 DeMotec 微网实验系统就是一个复杂结构的微网系统。在复杂结构微网中含有多种不同电气特性的分布式电源，具有结构上的灵活多样性，但对控制提出了相对较高的要求，需要保证微网在不同运行模式下安全、稳定地运行。此类微网实验系统还包括法国 ARMINES 微网、西班牙 Labein 微网和意大利 CESI 微网等。

分析发现，直流微网和交流微网各具特点，组建交直流混合微网系统可发挥两者优势。在实际微网建设中，不应盲目地追求大而全的复杂结构微网，简单结构微网系统也应引起重视，例如，我国存在众多的独立供电系统，对其进行改造以组成简单结构微网，可以在保证能源有效利用的同时提高用户的供电可靠性。因此，应因地制宜地选择合适的微网结构。

1.4　光伏发电技术发展趋势

(1) 多种光伏电池技术竞相发展。

1) 第一代晶硅光伏电池由于硅资源丰富、价格低廉、材料产业化程度高，被公认为是目前实现太阳能高效、廉价且广泛利用的主要途径。目前晶硅光伏电池占主导市场，市场份额超过 90%，在可预见的将来，仍将占主要的市场份额，并将向低成本和离效率发展。

2）第二代薄膜光伏电池的主要特点是成本低、耗能少，虽然目前其转化效率难以突破晶硅电池现有水平，市场份额不足10%，但仍然具有很大的发展前景，特别是新型柔性光伏电池技术受到广泛关注。薄膜光伏电池将向着高效率、高稳定性和长寿命发展。

3）第三代新型光伏电池的效率高，但材料制备困难且价格昂贵，目前仍处于探索研究中，商业化还需时日，提高电池效率和稳定性是未来发展的方向。

（2）并网光伏电站趋于大型化，分布式建筑光伏发电系统得到推广应用，离网式光伏发电系统应用范围将进一步扩大。并网地面光伏电站向百万千瓦级发展，目前已有单站规模超过100万kW的在建光伏电站。分布式建筑光伏发电系统具有不占土地、降低输电投资和损耗、美观节能等优点，且多位于负荷中心，可就近上网，是未来光伏发电系统的重要发展方向。离网式光伏发电系统在偏远无电地区，在通信、交通、照明等领域的应用规模将进一步扩大。

（3）光伏微网发电技术向高稳定和低成本发展。光伏微网以光伏发电为主要电源，并可与其他电源或储能装置配合，直接分布在用户负荷附近进行供电。典型微网属于“可控单元”，可完全脱离主网运行，也可接入主网运行，可减少电网输配电投资，降低太阳能间歇性和不稳定性对用户影响，非常适合供电成本较高的边远山区和海岛，以及具有高可靠性要求的用户使用，将成为提高光伏发电并网友好性的重要途径。目前微网发电技术在全球尚处于研究示范阶段，成本仍然较高，随着技术持续进步，成本逐步降低，未来发展潜力巨大。

第 2 章

光 伏 发 电 技 术

2.1 光伏发电原理及特点

光伏发电系统是分布式发电系统中最重要的组成部分之一，它包括光伏阵列、DC-DC 电压斩波器、控制器、蓄电池以及逆变器等主要部件。光伏发电系统通过 DC-DC 电压斩波器将发出的电能存储在蓄电池组内，电池组再通过电压逆变装置为负荷或电网提供稳定的电能。

2.1.1 光伏发电原理

光伏发电系统以光伏电池为核心，直接将太阳能转化为电能，但是光伏器件的光电转换效率低、造价高，严重制约了光伏产业发展：首先，光伏电池的发电原理是晶体硅的光生伏打效应，它将接收到的光能（太阳能）直接转化为电能，因此光伏电池的输出功率受材料和器件本身特性的影响；其次，光伏电池的输出特性还受辐射强度、环境温度、负荷等外部因素影响，进一步降低了光伏电池的实际转换效率。由于单个光伏电池带电量很小，利用价值不大，因此在实际应用过程中一般将光伏电池通过串联或并联的方式，组成光伏阵列而加以利用。通过光伏电池将太阳辐射能转换为电能的发电系统称为光伏发电系统，其结构如图 2-1 所示。

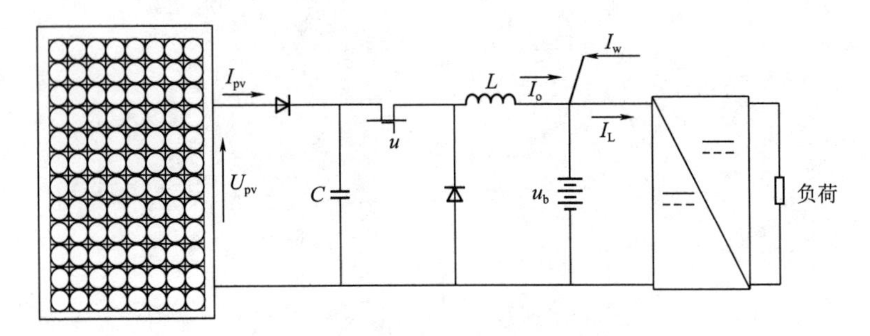

图 2-1　光伏发电系统结构

2.1.2 光伏发电数学模型

光伏电池实际上是一个大面积的平面二极管，其输出特性随光照强度和电池温度等环

境因素的变化而变化，可以将其等效为一个非线性直流电源。图 2-2 是光伏电池的等效电路，其输出特性方程为

$$I=I_{\mathrm{L}}-I_{\mathrm{d}}-I_{\mathrm{sh}}=I_{\mathrm{L}}-I_{0}\mathrm{e}^{\frac{U+IR_{\mathrm{s}}}{nU_{\mathrm{T}}}-1}-\frac{U+IR_{\mathrm{s}}}{R_{\mathrm{sh}}} \tag{2-1}$$

式中 I_{L}——光生电流，其值与入射光的辐射强度成正比，与光伏电池的面积亦成正比；

I_{d}——通过 PN 结的总扩散电流，即光伏电池在没有光照的条件下，在外电压的作用下，PN 结内通过的单向电流；

R_{s}——光伏电池的等效串联内阻，它主要由光伏电池的体电阻、表面电阻、电极导体电阻所组成，等效串联内阻越大，则短路电流越小，但一般情况下串联内阻非常小，因此可以将其忽略；

R_{sh}——光伏电池的等效并联电阻，它是由硅片的边缘不清洁或体内的缺陷所引起的，其值通常很大，实际讨论将其视为无穷大。

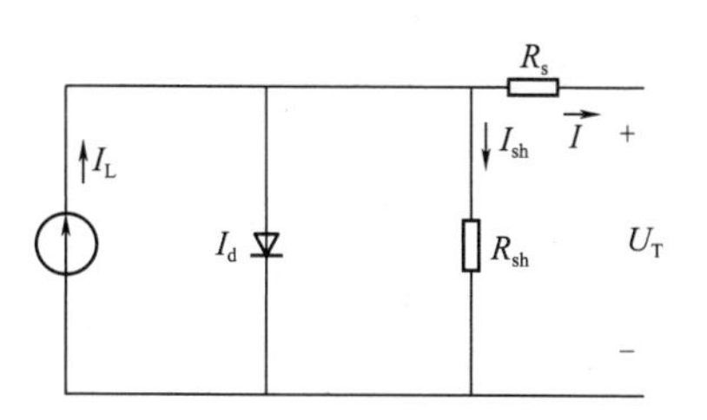

图 2-2　光伏电池的等效电路

详细推导过程见后续章节。

2.1.3 光伏发电系统的 Matlab 建模

Matlab 具有强大的运算能力，方便快捷的建模环境，是电力系统分析中最为常用的软件之一。Matlab 自带电池模型采用双指数二极管数学模型，完全可以用来作为局部遮挡情况下组件仿真分析中的电池元模型，如图 2-3 所示。Matlab 功能强大，模型稳定可靠，电池元串并联形成组件模型和阵列模型易于实现。

根据光伏电池等效电路，借助 Matlab/Simulink 仿真平台建立光伏电池的仿真模型，如图 2-4 所示。

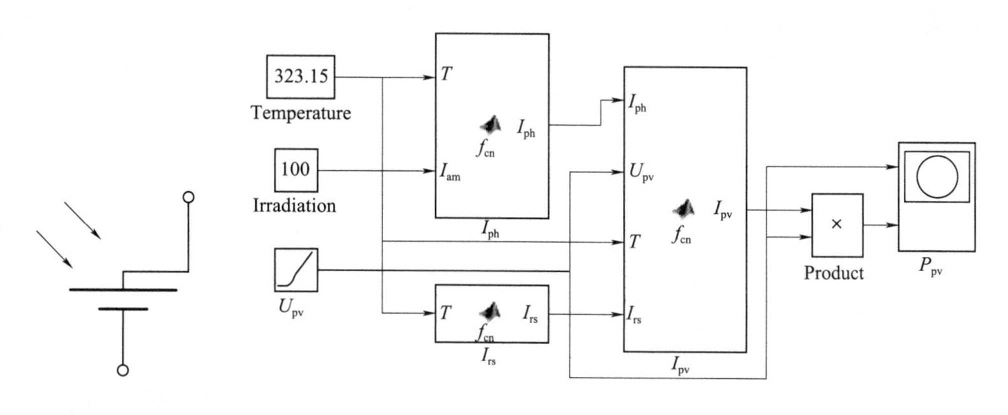

图 2-3　Matlab 自带电池元模型

图 2-4　光伏电池的 Matlab/Simulink 仿真模型

2.2　光伏电池的分类及特点

（1）光伏电池按照结构的不同可分为以下类型：

1）同质结光伏电池。同质结光伏电池是由同一种半导体材料构成一个或多个PN结的光伏电池，如硅光伏电池、砷化镓光伏电池等。

2）异质结光伏电池。异质结光伏电池是用两种不同禁带宽度的半导体材料在相接的界面上构成的一个异质PN结的光伏电池，如氧化铟锡/硅光伏电池、硫化亚铜/硫化镉光伏电池等。如果两种异质材料的晶格结构相近，界面处的晶格匹配较好，则称其为异质面光伏电池，如砷化铝镓/砷化镓异质面光伏电池等。

3）肖特基结光伏电池。肖特基结光伏电池是用金属和半导体接触组成一个“肖特基势垒”的光伏电池，也叫做MS光伏电池，其原理是基于在一定条件下金属—半导体接触时可产生整流接触的肖特基效应。目前，这种结构的电池已发展成为金属-氧化物-半导体光伏电池，即MOS光伏电池；金属-绝缘体-半导体光伏电池，即MIS光伏电池。该类型的光伏电池有铂/硅肖特基结光伏电池、铝/硅肖特基结光伏电池等。

4）薄膜光伏电池。薄膜光伏电池利用薄膜技术将很薄的半导体光电材料铺在非半导体的衬底上而构成光伏电池。这种电池可大大减少半导体材料的消耗（薄膜厚度以μm计），从而大大降低了光伏电池的成本。可用于构成薄膜光伏电池的材料有很多种，主要包括碲化镉、晶硅、CIS以及非晶硅等，其中性能最优的是多晶硅薄膜光伏电池。

（2）光伏电池按照材料的不同可分为以下类型：

1）晶体硅光伏电池。晶体硅光伏电池是以硅为基体材料的光伏电池，如单晶硅光伏电池、多晶硅光伏电池、非晶硅光伏电池等。制作多晶硅光伏电池的材料，用纯度不太高的太阳级硅即可，而太阳级硅由冶金级硅经简单的工艺就可加工制成。多晶硅材料又有带状硅、铸造硅、薄膜多晶硅等多种，用它们制造的光伏电池有薄膜和片状两种。晶体硅光伏电池组件技术成熟，且产品性能稳定，使用寿命长。

2）硫化镉光伏电池。硫化镉光伏电池是以硫化镉单晶或多晶为基体材料的光伏电池，如铜铟硒/硫化镉光伏电池、碲化镉/硫化镉光伏电池、硫化亚铜/硫化镉光伏电池等。

3）砷化镓光伏电池。砷化镓光伏电池是以砷化镓为基体材料的光伏电池，如同质结砷化镓光伏电池、异质结砷化镓光伏电池等。目前国内外使用最普遍的是单晶硅、多晶硅光伏电池，在商业用化使用的光伏电池组件中，单晶硅组件转换效率最高，多晶硅其次，两者相差不大，但非晶硅薄膜电池在价格、弱光响应、高温性能等方面具有一定优势。

目前世界上商业化生产、大规模应用的光伏电池主要有晶体硅光伏电池、薄膜光伏电池和聚光光伏电池三种。其中晶体硅光伏电池应用最为广泛，占80%以上，它的优点是转换效率较高、占地面积小，缺点是硅耗大、成本高，比较适于城市地区。薄膜光伏电池近年迅速增长，占10%以上，薄膜光伏电池的优点是硅耗小、成本低，缺点是转换效率低、投资大、衰减大、占地面积大，比较适于偏僻地区的并网电站和建筑光伏一体化。聚光光伏电池有少量应用，聚光光伏电池的优点是转换效率高，缺点是不能使用分散的阳光，必须用跟踪器将系统调整到与太阳精确相对，目前主要用于航天航空。预计未来光伏电池将呈现多种形式并存，共同努力降低成本的局面。

2.2.1 晶体硅光伏电池

1. 单晶硅光伏电池

单晶硅光伏电池是最早发展起来的，主要用单晶硅片来制造。与其他种类的光伏电池相比，单晶硅光伏电池的转换效率最高。作为原料的高纯单晶硅片多是从电子工业半导体器件加工中退出的产品，以往在市场上可大量以较便宜的价格得到，因此单晶硅光伏电池能够以相对较有利的成本来生产。

单晶硅光伏电池曾经长时期占领最大的光伏电池市场份额，但在1998年后退居多晶硅光伏电池之后，位于第二位。近几年电池工业高速发展，导致高纯多晶硅原料紧缺，在2004年单晶硅光伏电池又略有上升。在以后的若干年内，单晶硅光伏电池仍会继续发展，并保持较高的市场份额，并向超薄、高效发展，不久的将来，可有更薄的单晶硅电池问世。德国的研究已经证实40μm厚的单晶硅光伏电池的效率可达到20%，有可能借助改进的生产工艺实现超薄单晶硅光伏电池的工业化生产，并可能达到已在实验室获得的效率的数值。

单晶硅光伏电池的基本结构多为N+/P型，多以P型单晶硅片为基片，其电阻率范围一般为1～3Ω·cm，厚度一般是200～300μm。由于单晶硅材料大都来自半导体工业中的废次品，因而，一些厂家利用的硅片厚度达到0.5～0.7mm，由于这些硅片的质量完全满足电池的要求，用来制作电池可得到很好的效果，一般很容易使效率达到15%以上。单晶硅光伏电池制作过程中包括表面绒面结构的制作过程，与多晶硅不同的是所用的减反膜主要为SiO_2或TiO_2薄膜。制备SiO_2和TiO_2薄膜通常采用热氧化或常压化学气相沉积工艺。

单晶硅光伏电池主要用于光伏电站，特别是通信电站，也可用于航空器电源，或用于聚焦光伏发电系统。单晶硅的结晶非常完美，因此单晶硅光伏电池的光学、电学和力学性能均匀一致，电池的颜色多为黑色或深色，特别适合切割成小片，制作小型消费产品，如太阳能庭院灯等。

单晶硅光伏电池在实验室实现的转换效率可达到24.7%，为澳大利亚新南威尔士大学创造并保持。代表性的单晶硅光伏电池商品主要有荷兰Shell Solar、西班牙Isofoton、印度Microsol等厂家。单晶硅光伏电池是目前除了砷化镓光伏电池以外效率最高的电池产品。与砷化镓光伏电池不同，高效单晶硅光伏电池实现了规模化生产，欧洲某工厂的小批量生产的高效电池产品，效率可达到18%左右。高效单晶硅光伏电池的主要代表性商品为N型硅基片的美国Sunpower和日本Sanyo HIT的20%转换效率的电池，其中美国Sunpower正在建设年产量达到25MW的电池生产厂。

2. 多晶硅光伏电池

在制作多晶硅光伏电池时，作为原料的高纯硅不是拉成单晶，而是熔化后浇铸成正方形的硅锭，然后像加工单晶硅一样切成薄片，再进行电池加工。从多晶硅光伏电池的表面很容易辨认，硅片是由大量不同大小的结晶区域组成，在这样结晶区域（晶粒）里的光电转换机制与单晶硅光伏电池完全相同。由于硅片由多个不同大小、不同取向的晶粒组成，因而在晶粒界面（晶界）处的光电转换易受到干扰，所以多晶硅光伏电池的转换效率相对较低，同时，多晶硅光伏电池的电学、力学和光学性能一致性均不如单晶硅电池。多晶硅光伏电池的基本结构都为N+/P型，都用P型单晶硅片，电阻率0.5～2Ω·cm，厚度220～300μm，有些厂家正在向180μm甚至更薄发展，以节约昂贵的高纯硅材料。

多晶硅光伏电池制作过程的主要特点是以氮化硅为减反射薄膜，商业化多晶硅光伏电池的效率多为13%～15%。多晶硅光伏电池是正方片，在制作电池组件时有很高的填充率。由于多晶硅光伏电池的生产工艺简单，可大规模生产，所以多晶硅光伏电池的产量和市场占有率最大。多晶硅光伏电池与单晶硅光伏电池相同，性能稳定，主要用于光伏电站建设，也可作为光伏建筑材料，如光伏幕墙和屋顶光伏发电系统。多晶结构在阳光作用下，由于不同晶面散射强度不同，可呈现不同色彩。此外，通过控制氮化硅减反射薄膜的厚度，可使多晶硅电池具备各种各样的颜色，如金色、绿色等，因而多晶硅光伏电池具有良好的装饰效果。

3. 非晶硅光伏电池

非晶硅电池一般采用等离子增强型化学气相沉积（Plasma Enhanced Chemical Vapor Deposition，PECVD）方法使高纯硅烷等气体分解沉积而成的。此种制作工艺，可以在生产中连续在多个真空沉积室完成，以实现大批量生产。由于沉积分解温度低，可在玻璃、不锈钢板、陶瓷板、柔性塑料片上沉积薄膜，易于大面积化生产，成本较低。

2.2.2　薄膜光伏电池

目前主要研究的薄膜光伏电池吸收层有砷化镓、碲化镉、铜铟镓硒、铜锌锡硫（硒）等。这类化合物半导体材料带隙位于1.0～1.6eV，光吸收系数为10^4～10^5/cm。碲化镉和铜铟镓硒光伏电池的理论转换效率可达到30%，目前它们的转换效率分别达到了21.5%和21.7%，已经超过了多晶硅光伏电池的转换效率。碲化镉光伏电池稳定性好、抗辐射能力强，但是镉元素有很强的毒性，对环境存在潜在的污染。铜铟镓硒光伏电池的转换效率已经超过多晶硅光伏电池，但是其组成元素铟和镓为稀有元素。铜锌锡硫晶体结构和光电特性与铜铟镓硒类似，并且铜、锌和锡元素对环境友好、地球含量丰富，其理论转换效率可达到32.2%。实验室制备的铜锌锡硫（硒）光伏电池的转换效率已超过11%，有望在未来取代碲化镉和铜铟镓硒光伏电池。

碲化镉、铜铟镓硒和铜锌锡硫薄膜光伏电池具有相似的异质结结构，如图2-5所示。衬底可以是玻璃，也可以是柔性材料。在基底上需要沉积一层钼薄膜作为背电极，一般采用磁控溅射法沉积，厚度大约为800nm。再上层是沉积厚度为2～3μm的P型铜锌锡硫吸收层薄膜。N型缓冲层硫化镉的厚度比较薄，一般通过化学沉积法制备，厚度为50～80nm，其目的主要是缓解吸收层和氧化锌透明导电层之间的晶格适配效应，同时也可以防止在溅射沉积氧化锌时对吸收层造成的伤害。但是由于硫化镉的带隙为2.4eV，会吸收入射光谱的绿光部分，所以其厚度很薄。氧化锌可以作为薄膜电池的窗口层，同时也构成电池的PN结，所以需要其有较高的透光率和电导率。一般先采用磁控溅射法沉积高阻的i-ZnO层，然后在沉积低阻Al-ZnO层，利于收集电流，减小串联电阻。

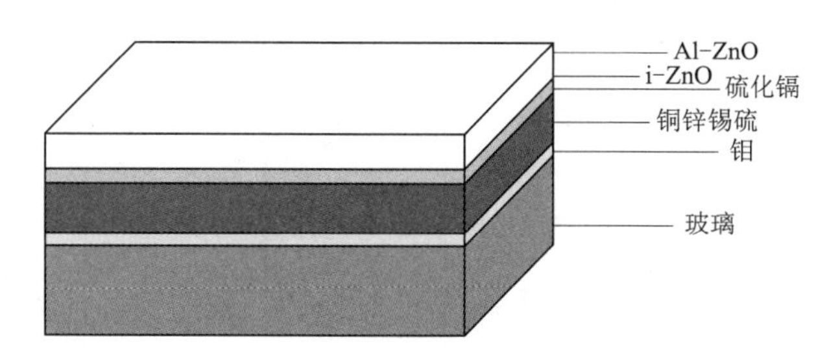

图 2-5 铜锌锡硫薄膜电池结构示意图

2.2.3 聚光光伏电池

目前利用太阳能发电仅是总电力供应的 1%，其原因是因为光伏电池转换率较低，在实验室条件下的单晶硅光伏电池的转换效率最高也仅为 24.7%。而且随着硅原料的短缺和价格上涨，迫切需要提高技术，来推进市场摆脱现有的平板式光伏发电和其基本费用的限制。因此，提高转换效率、降低成本是光伏电池制备中考虑的两个主要因素。

地球表面从太阳接收到的辐射功率密度约为 $1kW/m^2$，如果可以用一个理想黑体来吸收该辐射功率以达到收集的目的，则理想黑体的平衡温度 T 可表示为

$$\sigma T^4 = S \tag{2-2}$$

式中 σ——玻耳兹曼常数，约等于 $5.67\times10^{-8}W/(m^2 \cdot K^4)$；

T——理想黑体的平衡温度，K；

S——太阳的辐射功率密度，W/m^2。

从式（2-2）可以看出，要提高吸热体的平衡温度，就要增大太阳的辐射功率密度，这就是聚光器的作用。聚光光伏电池因此应运而生。

对常规光伏电池进行聚光，可以提高单位面积太阳能辐射量，从而提高单位面积光伏电池的输出功率，在一定程度上克服了太阳能量的分散性，具有很好的应用前景。同时，聚光器价格低廉，从而可以降低昂贵的光伏电池材料的使用量和光伏发电系统的成本。

2.3 光伏电池的工作原理及基本特性

太阳能是一种辐射能，它的辐射有反射、传输或吸收几种情况。其中吸收是指入射光的光子能转换为另一种形式的能量，需要依靠能量转换装置才能将辐射能转换为电能，这种能量转换装置之一就是光伏电池。

光伏电池的工作原理是光生伏打效应，即当太阳照射到半导体表面上时，在半导体内部产生电动势的现象。

1. PN 结的形成

PN 结的形成过程如图 2-6 所示：

当 P 型半导体与 N 型半导体结合后，由于 N 型半导体内电子很多而空穴很少，而 P 型半导体内空穴很多而电子很少，在它们的交界处就出现了电子和空穴的浓度差，电子和空穴都要从浓度高的地方向浓度低的地方扩散，N 型半导体中的电子向 P 型半导

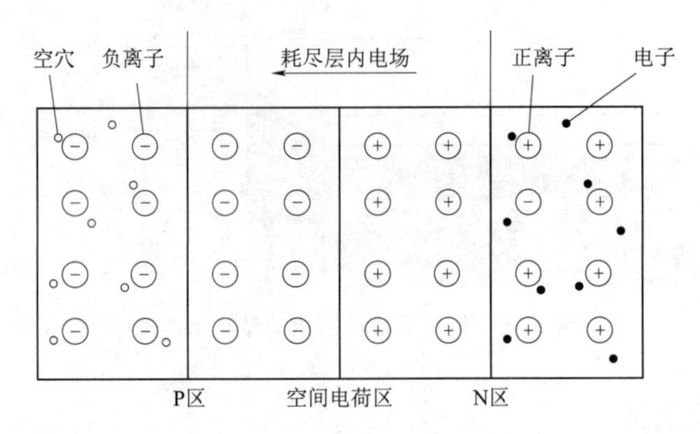

图 2-6　PN 结的形成过程

体扩散并与空穴复合，而 P 型半导体中的空穴则向 N 型半导体扩散并与电子复合。扩散导致界面两边主载流子浓度下降，形成由不能移动的带电离子组成的空间电荷区，空间电荷区形成一个由 N 区指向 P 区的内电场，扩散的继续进行导致空间电荷区的加宽和内电场的增强。内电场的方向具有阻碍主载流子通过 PN 结扩散的作用，因此最终主载流子通过 PN 结的扩散和电场的阻碍达到平衡，空间电荷区的宽度和内电场的强度最终达到稳定。

2. 光生伏打效应

当光照射到 PN 结表面上时，一部分光被反射，剩下的能量基本被 PN 结吸收，以光子的形式同组成 PN 结的原子价电子碰撞，当原子价电子得到大于该 PN 结禁带宽度的能量时，价电子摆脱共价键的束缚而产生多对电子-空穴对，这些电子-空穴对在 PN 结的电场作用下产生分离运动，其中电子向 N 区移动，空穴向 P 区移动，从而使 N 区有多余电子，P 区有多余空穴，导致在外部端子上呈现与势垒电场方向相反的光生电场，光生电场除一部分用来抵消势垒电场外，还使 P 区带正电，N 区带负电，在 N 区和 P 区之间的薄膜产生光生电动势，这就是光伏发电的基础——光生伏打效应。

2.4　光伏组件及阵列的特性

光伏电池是利用半导体 PN 结的光生伏特效应制成的一种能将光照辐射能直接转换为电能的转换器件。光伏电池是光电转换的最小单元，由于光伏电池容量较小，输出峰值功率也只有 1W 左右、输出电压只有零点几伏，不便于安装使用，也不能满足负荷用电的需要，所以一般不直接使用。因此要将几片、几十片或几百片单体光伏电池根据负荷需要，经过串、并联连接起来构成组合体，再将组合体通过一定的工艺流程封装在透明的薄板盒子内，引出正负极引线，组成光伏组件方可独立发电使用。

工程上使用的光伏组件是光伏电池使用的基本单元，其输出电压一般为十几到几十伏，功率一般为几十到几百瓦。此外，再将若干个光伏组件根据负荷容量大小要求，串并联组成较大功率的供电装置，即光伏阵列。光伏阵列的好坏直接关系到整个光伏发电系统的性能和质量，是光伏发电系统中的重要组成部分。

2.4.1　光伏组件

光伏组件的等效电路如图 2-2 所示，等效电路中并联电阻 R_{sh} 为漏电阻，R_s 为串联电阻，由基尔霍夫电流定律得到光伏组件输出电流 I 为

$$I=I_L-I_d-I_{sh}=I_L-I_0 e^{\frac{U+IR_s}{nU_T}-1}-\frac{U+IR_s}{R_{sh}} \tag{2-3}$$

式中　U、I——光伏组件输出端电压、电流；

I_L——光伏组件短路电流；

I_d——二极管电流；

I_{sh}——二极管饱和电流；

R_s——光伏组件等效串联电阻；

n——结常数；

U_T——光伏组件的热电势；

R_{sh}——光伏组件等效并联电阻。

对于单个光伏组件，其热电势为

$$U_T=\frac{kT}{q} \tag{2-4}$$

而由 m 个光伏电池封装组成的光伏组件，其热电势为

$$U_T=\frac{mkT}{q} \tag{2-5}$$

式中　k——波尔兹曼常数，$k=1.38\times10^{-23}$J/K；

T——光伏组件温度；

q——库仑常数，$q=1.6\times10^{-19}$C。

光伏组件短路电流 I_L 取决于光照强度 S 和温度 T，而二极管的饱和电流 I_0 仅与温度 T 有关，它们的计算式为

$$I_L=I_{Lref}\left[\frac{S}{1000}+\frac{J}{100}(T-T_{ref})\right] \tag{2-6}$$

$$I_0=A_T T^3 e^{\frac{-E_g}{nkT}} \tag{2-7}$$

式中　T_{ref}——参考温度，$T_{ref}=298$K；

I_{Lref}——光伏组件的额定短路电流；

J——光伏组件的短路电流温度系数；

A_T——二极管饱和电流的温度系数。

一般认为光照强度 $S=1000\text{W/m}^2$，温度 $T_{ref}=25℃=298$K 为光伏组件的标准工作条件，此时光伏组件输出的最大功率就是标准光伏组件的功率。

E_g 是光伏电池的能带电势，单位为 eV，其表达式为

$$E_g=1.16-0.000702\left(\frac{T^2}{T-1108}\right) \tag{2-8}$$

为了简化计算，对于光伏组件，由于并联电阻 R_{sh} 较大可以忽略不计，则可得到光伏

组件的输出电流为

$$I=I_L-I_d=I_L-I_0(e^{\frac{U+IR_{sm}}{nU_T}}-1) \tag{2-9}$$

其中光伏组件等效串联电阻 R_{sm} 和二极管饱和电流的温度系数 A_T 为已知参数，它们可由光伏组件的标准工作状态的输出端电压和电流计算得到。在标准工作状态时，光伏组件温度和光照强度均为参考值，此时二极管饱和电流 I_{0ref} 计算公式为

$$I_{0ref}=\frac{I_{Lref}}{e^{\frac{U_{ocref}q}{nmkT}}-1} \tag{2-10}$$

式中　U_{0ref}——光伏组件额定开路电压；

m——光伏组件含光电池单元个数。

由于标准工作条件下，光伏组件的 U_{0ref}、I_{Lref} 均可测得，因此联立式（2-8）～式（2-10）即可得到二极管饱和电流的温度系数 A_T，即

$$\frac{I_{Lref}}{e^{\frac{U_{ocref}q}{nmkT}}-1}=A_T T_{ref}^3 e^{\frac{-1.16+0.000702\left(\frac{T_{ref}^2}{T_{ref}-1108}\right)}{nkT_{ref}}} \tag{2-11}$$

当光伏组件工作于标准工作状态且输出功率为最大功率 P_{maxref} 时，此时输出电流、电压为光伏组件制造商提供的最佳工作电流、电压，又称峰值电流、电压，可得

$$R_{sm}=\frac{nmkT}{I_{mpref}q}\ln\frac{I_{Lref}-I_{mpref}+I_{0ref}}{I_{oref}}-\frac{U_{mpref}}{I_{mpref}} \tag{2-12}$$

根据式（2-12）可以计算得到光伏组件等效串联电阻 R_{sm}。

2.4.2　光伏阵列

光伏阵列由光伏组件串并联构成，设计时需要根据负荷用电量、电压、功率、光照强度等情况，计算太阳能电池组件的串联、并联数。当光伏电池串联使用时，总的输出电压是多个电池组件工作电压之和，而总的输出电流为原有电池组件中的最小工作电流。所以必须选用工作电流相等或相近的光伏组件串联使用，以免造成电能的浪费。

光伏组件串联数 N_S 与光伏阵列总的输出电压成正比，选择 N_S 时主要考虑并网逆变的直流侧电压要求，同时也应考虑蓄电池的浮充电压（对于配置蓄电池的光伏发电系统）、线路损耗以及温度变化对光伏电池的影响等因素。如果总的输出电压过低，不能满足蓄电池正常充电的要求，就可能出现光伏电池只有电压而无电流输出的情况。而确定光伏组件并联数 N_P 即为光伏阵列总的输出电流，主要考虑负荷每天的总耗电量、当地平均峰值日照时数等，同时考虑蓄电池组的充电效率、电池表面不清洁和老化等带来的不良因素。

对于实际系统中的光伏阵列，可采用受控电流源作为模型，串联 N_S 个和并联 N_P 个光伏组件的光伏阵列输出电流 I_A 为

$$I_A=N_P I_L-N_P I_0\left[e^{\frac{q(U_A+I_A R_{sa})}{N_S nmkT}}-1\right] \tag{2-13}$$

式中　U_A、I_A——光伏阵列输出端电压、电流；

R_{sa}——光伏阵列的等效串联电阻。

2.5 光伏发电系统特性分析

2.5.1 光伏发电电压-电流特性分析

当太阳光照射到光伏电池上时，光伏电池的电压与电流的关系（伏安特性）可以简单地用图2-7所示的特性曲线来表示。

最佳工作点对应电池的最大输出功率 P_{max}，其最大值由最佳工作电压与最佳工作电流的乘积得到。实际使用时，电池的工作受负荷条件、日照条件的影响，工作点会偏离最佳工作点[2]。

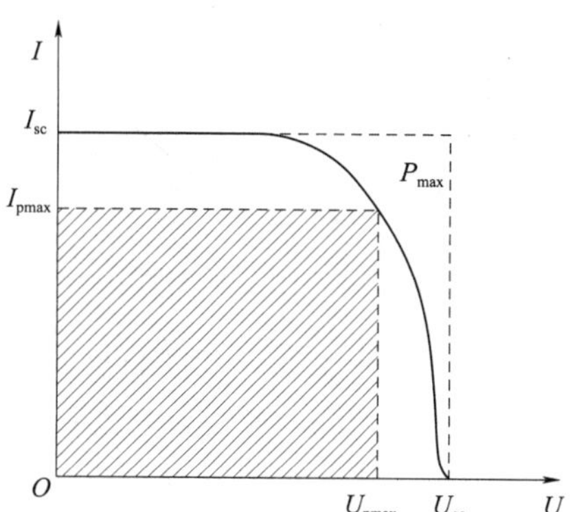

图2-7　电池的伏安特性曲线

U_{oc}—开路电压；I_{sc}—短路电流；U_{pmax}—最佳工作电压；I_{pmax}—最佳工作电流

1. 开路电压 U_{oc}

光伏电池电路将负荷断开测出两端电压，称为开路电压。

2. 短路电流 I_{sc}

光伏电池的两端是短路状态时测定的电流，称为短路电流。

3. 曲线因子 FF

实际情况中，PN结在制造时由于工艺原因而产生缺陷，使光伏电池的漏电流增加。为考虑这种影响，常将伏安特性加以修正，将其中的弯曲部分曲率加大，定义 FF 为

$$FF=\frac{I_{pmax}U_{pmax}}{I_{sc}U_{oc}}=\frac{P_{max}}{I_{sc}U_{oc}} \tag{2-14}$$

FF 是一个无单位的量，是衡量电池性能的一个重要指标。$FF=1$ 被视为理想的电池特性。一般地，$FF=0.5\sim0.8$。

4. 转换效率 η

转换效率用来表示照射在电池上的光能量转换成电能的大小，它是衡量电池性能的另一个重要指标。但是对于同一块电池来说，由于电池的负荷的变化会影响其输出功率，导致光伏电池的转换效率发生变化。为了统一标准，一般以公称效率来表示电池的转换效率，即在地面上使用的电池，在太阳能辐射通量1000W/m^2、大气质量AM1.5、环境温度25℃和负荷条件变化时，输入的光能与最大电气输出的比的百分数。厂家的说明书中电池转换效率就是根据上述测量条件得出的。

2.5.2 光伏发电电压-功率特性分析

由输出电流表达式可以计算出其输出功率 P 为

$$P=UI=UI_L-UI_0\left(e^{\frac{U+IR_s}{nU_T}}-1\right)-\frac{U+IR_s}{R_{sh}}U \tag{2-15}$$

利用数学分析法求解，可以清楚地描绘出光伏组件的电压 U、电流 I 和功率 P 之间的关系图，如图 2-8 所示。

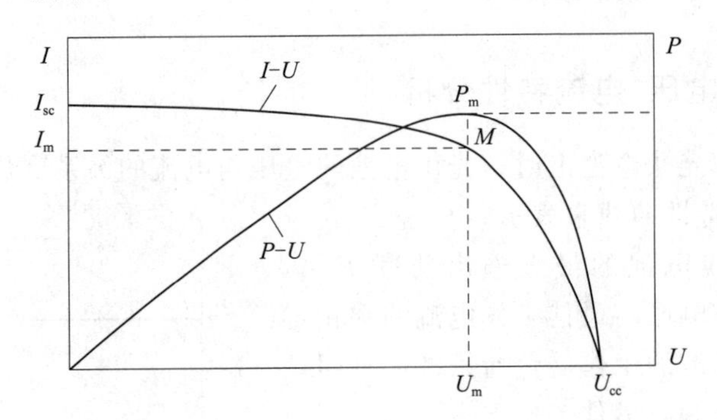

图 2-8 光伏组件的 $I-U$ 和 $P-U$ 特性曲线

光伏电池的输出特性呈明显的非线性，根据外电路的负荷变化，任何一点均可作为工作点，工作点不同，光伏电池的输出功率也不同，但在特定环境条件下的最大功率点仅有一个。由于光伏电池的输出功率随辐射强度的上升而增大，随温度的上升而减小，因此为了提高光伏电池对太阳能的利用率，应保证光伏电池安装在通风凉爽的地方，同时需要进行最大功率点的跟踪，使光伏电池工作在最大功率点附近。由光伏阵列的 $P-U$ 曲线可知，在最大功率点处其斜率为 0。

2.5.3 光伏发电光照强度-功率特性分析

光伏电池的输出功率随光照强度而变化。由图 2-9 和图 2-10 可知，短路电流与光照强度成正比，开路电压随光照强度按指数函数规律增加，其特点是低光照强度值时，仍保持一定的开路电压。

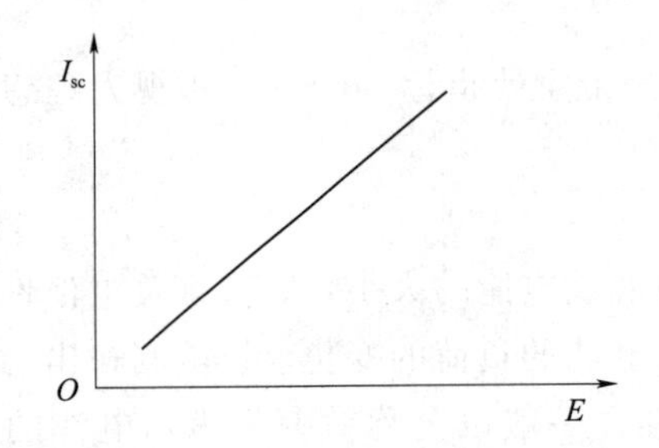

图 2-9 短路电流 I_{sc} 与光照强度 E 的关系

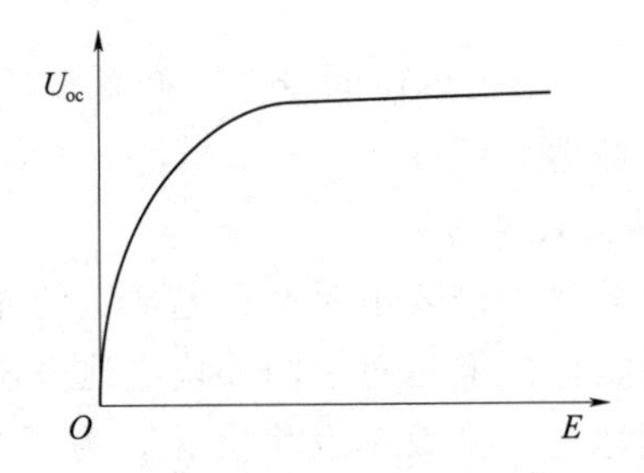

图 2-10 开路电压 U_{oc} 与光照强度 E 的关系

因此，最大输出功率 P_{max} 几乎与光照强度成比例增加，而曲线因子 FF 几乎不受光照强度的影响，基本保持一致。单位面积的光伏发电系统输出功率为

$$P=\eta SI[1-0.005(t_0+25)] \tag{2-16}$$

式中 I——光照强度，kW/m^2；

η——光伏电源转换效率；

t_0——环境温度，℃；

S——光伏电源的面积，m^2。

2.5.4　光伏发电串联特性分析

光照均匀时，串联阵列中各光伏组件产生的电压及电流相同，光伏阵列的 $I-U$ 特性及 $P-U$ 特性与单个光伏组件一致，光伏阵列的输出功率等于各光伏组件的功率之和，并联于光伏组件的二极管处于反向阻断状态。光照不均匀时，各光伏组件所受的光照强度不尽相同，产生的电压及电流也就有所区别，并联于光伏组件的二极管可能形成正压而处于导通状态，使得串联阵列的 $I-U$ 特性及 $P-U$ 特性产生变化。

如图 2-11 所示，以两块相同的光伏组件 S_1、S_2 串联的光伏阵列为例，分析光伏阵列的输出特性。温度为 25℃ 时，S_1 所受光照强度为 $G_1=1\text{kW/m}^2$，S_2 所受光照强度为 $G_2=0.4\text{kW/m}^2$。以光伏阵列的输出电流为基准，对光伏阵列的输出特性进行分析。

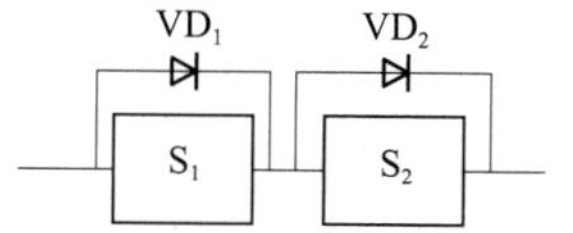

图 2-11　不同光照强度下的光伏电池串联

当串联光伏阵列的输出电流在 $[0, I_{sc2}]$ 内时，旁路二极管 VD_2 处于反向偏压状态而未导通，S_1 和 S_2 流过相同的电流，均能对外输出功率。串联光伏阵列的电压等于 S_1 和 S_2 的输出电压之和，即

$$U=U_{S_1}+U_{S_2}=\frac{nkT}{q}\left[\ln\left(\frac{I_{sc1}-I}{I_0}+1\right)+\ln\left(\frac{I_{sc2}-I}{I_0}+1\right)\right]-2IR_s, I\in(0, I_{sc2}] \tag{2-17}$$

由光伏电池的输出特性可以得出 S_2 最大功率点的电流 $I_{S_2\text{-MPPT}}\in(0, I_{sc2})$。

串联光伏阵列的输出电流在 $[0, I_{S_2\text{-MPPT}}]$ 内时，随着电流的增加，S_2 的电压在区间 $[U_{S_2\text{-MPPT}}, U_{oc2}]$ 内减小，对应的 S_1 和 S_2 的输出功率增加，从而导致串联光伏阵列的输出功率增加，其中 S_2 的输出功率由 0 增加到最大功率 $P_{S_2\text{-MPPT}}$。

串联光伏阵列输出电流在 $(I_{S_2\text{-MPPT}}, I_{sc2}]$ 内时，随着电流的增加，S_2 的电压在区间内减小，S_2 的输出功率减小。由于 S_1 在最大功率点附近的功率变化缓慢，可近似为不变，因此输出电流在 $(I_{S_2\text{-MPPT}}, I_{sc2}]$ 内增加时，输出功率减小，从而串联光伏阵列的输出功率也减小，其中的输出功率从最大功率减小到 0，S_1 的输出功率也从其最大功率附近减小到 0。

因此，串联光伏阵列输出电流在 $[0, I_{sc2}]$ 内时，光伏阵列的输出功率为 S_1 和 S_2 输出功率之和，随着电流的增加，先增加后减小，在 $I_{S_2\text{-MPPT}}$ 附近达到局部峰值。

当串联光伏阵列的输出电流 I 在 $(I_{sc2}, I_{sc1}]$ 内时，S_1 产生的电流大于 S_2 产生的电流，S_2 的旁路二极管 VD_2 处于正向偏压状态而导通，流经 VD_2 的电流为 $I-I_{sc2}$。此种情况下，S_1 对外输出功率。串联光伏阵列的电压等于 S_1 与旁路二极管 VD_2 之和，即

$$U=U_{S_1}+U_{VD_2}=\frac{nkT}{q}\ln\left(\frac{I_{sc1}-I}{I_0}+1\right)+\frac{n_D kT_D}{q}\ln\left(\frac{I-I_{sc2}}{I_{0D}}+1\right)-IR_s, I\in(I_{sc2}, I_{sc1}] \tag{2-18}$$

式中　n_D——旁路二极管的理想因子；

I_{0D}——旁路二极管的反向饱和电流。

由式（2-18）可知，串联光伏阵列在 $(I_{sc2}, I_{sc1}]$ 内，串联光伏阵列输出电压与 S_1

的电压相差二极管导通压降，他们的输出特性基本一致。S_1 的最大功率点在该区间内，所以串联光伏阵列在此区间有一个峰值功率点。

综上，由两块受到不同光照强度的光伏阵列串联组成的光伏阵列，在输出电流 $[0, I_{sc1}]$ 内，存在两个功率峰值点；在 $[0, I_{sc2}]$ 内，串联光伏阵列的输出特性趋向于 S_2；在 $(I_{sc2}, I_{sc1}]$ 内，串联光伏阵列的输出特性与光伏电池 S_1 基本上一致。串联阵列的 $I-U$ 特性方程为

$$U=\frac{nkT}{q}\left[\ln\left(\frac{I_{sc1}-I}{I_0}+1\right)+\ln\left(\frac{I_{sc2}-I}{I_0}+1\right)\right]-2IR_s, I\in[0,I_{sc2}] \tag{2-19}$$

$$U=\frac{nkT}{q}\ln\left(\frac{I_{sc1}-I}{I_0}+1\right)+\frac{n_{VD}kT_{VD}}{q}\ln\left(\frac{I-I_{sc2}}{I_{0D}}+1\right)-IR_s, I\in(I_{sc2},I_{sc1}] \tag{2-20}$$

可将上述情况推广至更多同类光伏电池串联的情况。如图 2-12 所示，串联阵列中有 M 个并联旁路二极管的光伏组件，其中 N 个受到正常光照 G_N，$M-N$ 个受到相同阴影遮挡（阴影光照强度 G_S）。设正常光照时，光伏组件的短路电流为 I_{sc_N}，光照强度为 G_S 时，光伏组件的短路电流为 I_{sc_S}。

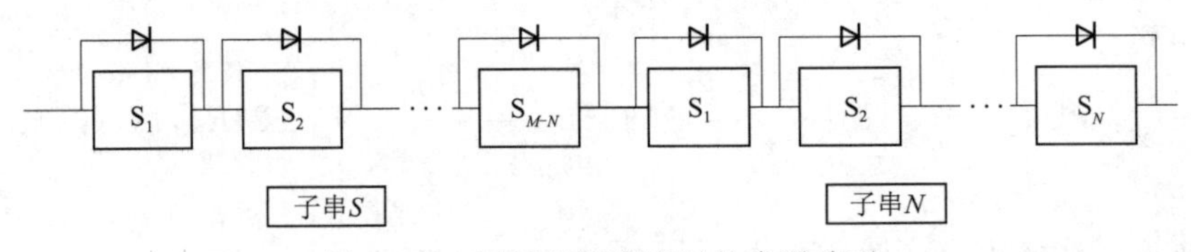

图 2-12　不同光照强度时的串联阵列

由于串联阵列只受到两种不同强度的光照，可以将相同光照强度下的光伏电池等效为电流相同、电压变为整数倍的电池。同样以输出电流为基准，对串联阵列进行分析，得出 $I-U$ 特性方程为

$$U=\frac{nkTM}{q}\ln\left(\frac{I_{sc\_N}-I}{I_0}+1\right)+\frac{nkT}{q}(N-M)\ln\left(\frac{I_{sc\_S}-I}{I_0}+1\right)-NIR_s, I\in(0,I_{sc\_S}] \tag{2-21}$$

$$U=\frac{nKT}{q}\ln\left(\frac{I_{sc\_N}-I}{I_0}+1\right)+\frac{n_DKT_D}{q}(N-M)\ln\left(\frac{I-I_{sc\_S}}{I_{0D}}+1\right)-IR_S, I\in(I_{sc\_S},I_{sc\_N}] \tag{2-22}$$

2.5.5　光伏发电并联特性分析

由相同的串联阵列并联组成的光伏阵列，受到均匀光照时，各光伏组件的输出特性相同。总的输出功率等于单个光伏组件的输出功率的整数倍，且只有一个峰值功率点。受到的光照不均匀时，各光伏组件的输出特性不尽相同，如果串联的二极管处于反向偏置状态，所对应的串联阵列便会被阻断，光伏阵列的输出特性便会变得复杂化。

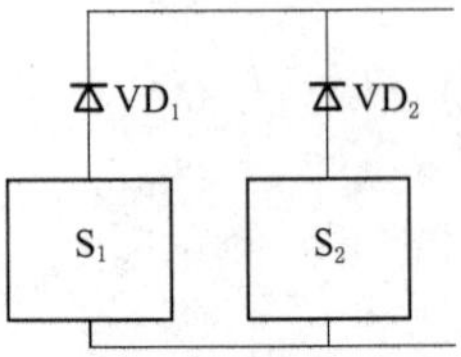

图 2-13　不同光照强度下的光伏组件并联

如图 2-13 所示，以两块相同的光伏组件并联的阵列为例，分析并联阵列的输出特性。温度为 25℃时，S_1 所受光照强度为 $G_1=1\text{kW/m}^2$，S_2 所受光照强度为 $G_2=0.4\text{kW/m}^2$。以光伏阵列

的输出电压为基准，对阵列的输出特性进行分析。

当并联阵列的输出电压在［0，U_{oc2}］内时，旁路二极管 VD_2 处于正向偏压状态导通，S_1 和 S_2 有相同的电压且均导通，均能对外输出功率。并联阵列的电流等于 S_1 和 S_2 的输出电流之和，即

$$I=I_{S_1}+I_{S_2}=I_{sc1}-I_0\left[e^{\frac{q}{nkT}(U_{S_1}+I_{S_1}R_s)}-1\right]+I_{sc2}-I_0\left[e^{\frac{q}{nkT}(U_{S_2}+I_{S_2}R_s)}-1\right] \tag{2-23}$$

并联光伏阵列的电压为

$$U=U_{S_1}+U_{B_1}=U_{S_2}+U_{B_2} \tag{2-24}$$

其中

$$U_{B_1}=\frac{n_B kT}{q}\ln\left(\frac{I_{S_1}}{I_{0B}}+1\right)$$

$$U_{B_2}=\frac{n_B kT}{q}\ln\left(\frac{I_{S_2}}{I_{0B}}+1\right)$$

由式（2-23）和式（2-24）可得

$$I=I_{sc1}-I_0\left[e^{\frac{q}{nkT}(U_{S_1}+I_{S_1}R_s)}-\frac{n_B}{n}\left(\frac{I_{S_1}}{I_{0B}}+1\right)-1\right]+$$
$$I_{sc2}-I_0\left[e^{\frac{q}{nkT}(U_{S_2}+I_{S_2}R_s)}-\frac{n_B}{n}\left(\frac{I_{S_2}}{I_{0B}}+1\right)-1\right],U\in[0,U_{oc2}] \tag{2-25}$$

当光伏电池处于不一样的光照强度的情况下，开路电压和最大功率点电压不会发生太大变化，可以推断 $U_{S_1\_MPPT}<U_{oc2}$。在［0，$U_{S_2\_MPPT}$］内，随着输出电压的增加，光伏组件 S_1 和 S_2 的输出功率增加，在 $U=U_{S_2\_MPPT}$ 处，光伏组件 S_2 的输出功率达到最大；在（$U_{S_2\_MPPT}$，$U_{S_1\_MPPT}$］内，随着输出电压的增加，光伏组件 S_2 的输出功率始减小，S_1 的输出功率继续增加，光伏阵列输出功率的变化无法确定，在 $U=U_{S_1\_MPPT}$ 处，光伏组件 S_1 的输出功率达到最大；随着输出电压的增加，光伏组件 S_1 和 S_2 的输出功率开始减小，光伏阵列的输出功率减小。因此，在［$U_{S_2\_MPPT}$，$U_{S_1\_MPPT}$］内，一定存在光伏阵列的功率峰值点电压，但数量不定。

当电压在（U_{oc2}，U_{oc1}］内，光伏组件 S_2 的输出电压不能达到并联阵列所需的电压，串联二极管处于反向偏置状态而阻断，S_2 不向外输出功率，S_1 决定了并联阵列的输出特性，此时有

$$I=I_{S_1} \tag{2-26}$$

$$U=U_{S_1}+U_{B_1} \tag{2-27}$$

由式（2-26）和式（2-27）可得

$$I=I_{sc1}-I_0\left[e^{\frac{q}{nkT}(U_{S_1}+I_{S_1}R_s)}-\frac{n_B}{n}\left(\frac{I_{S_1}}{I_{0B}}+1\right)-1\right],U\in(U_{oc2},U_{oc1}] \tag{2-28}$$

当光伏阵列所产生的输出电压增加的时候，并联情况下的光伏阵列的输出就会变小，当 $U=U_{oc1}$ 时，光伏阵列处于开路状态，不向外输出功率。另外，由于 U_{oc2} 与 U_{oc1} 相近，所以在（U_{oc2}，U_{oc1}］内，输出功率很快下降至 0。

综上，由两块受到不同光照强度的光伏阵列并联组成的光伏阵列，在输出电压［0，U_{oc1}］内，存在至少一个功率峰值点；在（0，$U_{S_2\_MPPT}$］和［$U_{S_2\_MPPT}$，$U_{S_1\_MPPT}$］内，并

联阵列输出功率分别为单调递增和递减。在 $(U_{S2\_MPPT}, U_{S1\_MPPT}]$ 内，并联阵列的输出功率变化无法确定，但至少有一个峰值功率点电压。串联阵列的 $I-U$ 特性方程为

$$I=I_{sc1}-I_0\left[e^{\frac{q}{nkT}(U_{S_1}+I_{S_1}R_s)}-\frac{n_B}{n}\left(\frac{I_{S1}}{I_{0B}}+1\right)-1\right]+ I_{sc2}-I_0\left[e^{\frac{q}{nkT}(U_{S_2}+I_{S_2}R_s)}-\frac{n_B}{n}\left(\frac{I_{S2}}{I_{0B}}+1\right)-1\right], U\in[0,U_{oc2}] \quad (2-29)$$

$$I=I_{sc1}-I_0\left[e^{\frac{q}{nkT}(U_{S_1}+I_{S_1}R_s)}-\frac{n_B}{n}\left(\frac{I_{S1}}{I_{0B}}+1\right)-1\right], U\in(U_{oc2},U_{oc1}] \quad (2-30)$$

可将上述情况推广至更多同类光伏电池串联的情况。如图 2-14 所示，串联阵列中有 M 个并联旁路二极管的光伏组件，其中 N 个受到正常光照，光照强度 G_N，$M-N$ 个受到相同阴影遮挡（阴影光照强度 G_S）。设正常光照时，光伏组件的短路电流为 U_{sc_N}，光照强度为 G_S 时，光伏组件的短路电流为 U_{sc_S}。

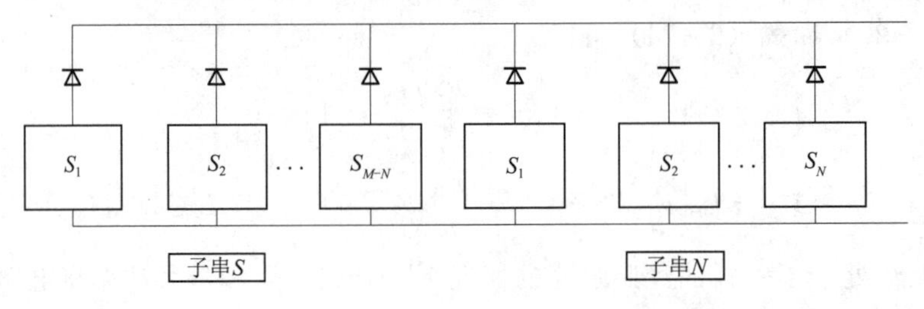

图 2-14　不同光照强度时的并联阵列

由于串联阵列只受到两种不同强度的光照，可以将相同光照强度下的光伏电池等效为电流相同、电压变为整数倍的电池。同样以输出电流为基准，对串联阵列进行分析，得出 $I-U$ 特性方程为

$$I=M\left\{I_{sc\_N}-I_0\left[e^{\frac{q}{nkT}(U+I_{sc\_N}R_s)}-\frac{n_B}{n}\left(\frac{I_{sc\_N}}{I_{0B}}+1\right)-1\right]\right\}+ (N-M)\left\{I_{sc\_S}-I_0\left[e^{\frac{q}{nkT}(U+I_{sc\_S}R_s)}-\frac{n_B}{n}\left(\frac{I_{sc\_S}}{I_{0B}}+1\right)-1\right]\right\}, U\in[0,U_{oc\_S}] \quad (2-31)$$

$$I=M\left\{I_{sc\_N}-I_0\left[e^{\frac{q}{nkT}\left(U+\frac{IR_s}{M}\right)}-\frac{n_B}{n}\left(\frac{I}{MI_{0B}}+1\right)-1\right]\right\}, U\in(U_{oc\_S},U_{oc\_N}] \quad (2-32)$$

2.5.6　遮挡特性分析

当光伏电池被局部遮挡时，从电路结构来看，光伏电池可以等效为两个不同光生电流密度的小面积光伏电池并联。由于局部遮挡不会改变光伏电池的物理结构，因此局部遮挡对等效并联电阻 R_{sh} 和串联电阻 R_s、等效体二极管 VD 的反向饱和电流 I_0 及理想因子 A 等带来的影响可以忽略不计，其等效电路模型如图 2-15 所示。图中 I_{ph1} 为没有被遮挡部分产生的光生电流，I_{ph_shade} 为被遮挡部分产生的光生电流，压控电流源 I_{br} 代表了光伏电池的反向击穿特性。

假设在无遮挡条件下光伏电池产生的光生电流用 I_{ph} 表示，定义遮挡面积系数 a_s 为光伏电池的被遮挡面积与电池总面积的比例，透光系数 g_s 为遮挡后的辐射强度与正常辐射

强度之比，则图 2-16 中电流源 I_{ph1} 和 I_{ph_shade} 可分别表示为

$$\left.\begin{aligned} I_{ph1}&=(1-a_s)I_{ph} \\ I_{ph\_shade}&=g_s a_s I_{ph} \end{aligned}\right\} \tag{2-33}$$

从光伏电池的外部输出特性来看，该光伏电池对外输出的短路电流约等于 I_{ph1} 和 I_{ph_shade} 之和，局部遮挡的光伏电池可以等效为整个电池都被遮挡，其等效的整体失配程度用等效失配系数 d_s 表示，即

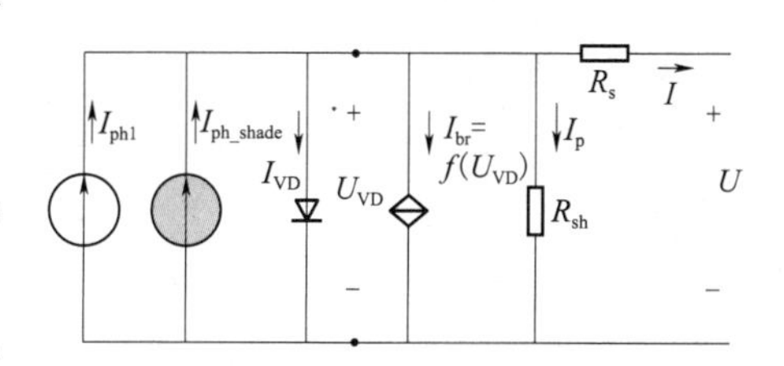

图 2-15 光伏电池在局部遮挡情形下的等效电路

$$\left.\begin{aligned} d_s&=\frac{I_{ph}-I_{ph1}-I_{ph\_shade}}{I_{ph}}=(1-g_s)a_s \\ I_{ph\_S}&=(1-d_s)I_{ph}=I_{ph1}+I_{ph\_shade} \end{aligned}\right\} \tag{2-34}$$

光伏组件是构成光伏阵列的商业化部件，一个光伏组件内部又包含若干光伏电池串，每个光伏电池串又包括一定数量的光伏电池和一个旁路二极管 D_{bypass}。光伏电池串中的光伏电池通常采用串联连接，旁路二极管的主要功能是保护光伏电池不会因过热或过压而损坏。光伏电池串是分析失配条件下光伏电池与阵列工作特性的基本结构，图 2-16 给出了由 n 个光伏电池串联后与一个旁路二极管并联构成的子组件的等效电路，其中有 m 个光伏电池被遮挡。实际应用中，为了确保子组件中的电池不会因为反向偏置而被击穿，商业化的光伏组件对子组件中的电池个数 n 都进行了限制，即数值 n 有一个上限值（常见取值为 18、20、24）。若光伏电池的反向击穿电压为 U_{br} 的光伏电池的开路电压为 U_{oc}，则光伏电池个数 n 的上限为

$$n\leqslant\frac{U_{br}}{U_{oc}}+1 \tag{2-35}$$

如图 2-17 所示，子组件的 n 个光伏电池中有 m 个被遮挡，子组件的输出电流为 I，端电压为 U。未遮挡的光伏电池的光生电流为 I_{ph}，第 i 个被遮挡光伏电池的等效失配系数为 d_{s_i}，则第 i 个被遮挡光伏电池的光生电流为

$$I_{ph\_S\_i}=(1-d_{s\_i})I_{ph} \tag{2-36}$$

由于所有光伏电池串中的光伏电池是串联关系，所以这个光伏电池串中的光伏电池的整体输出电流将不大于失配系数 d_{s_i} 最大的那个光伏电池的光生电流。因此，从对外的输出特性来看，一个光伏电池串中多个光伏电池被不同程度遮挡时，其输出特性由被遮挡最严重的光伏电池确定。在不考虑光伏电池反向漏电流的情况下，光伏电池串可流过的最大电流为

$$I_{cell}^{max}\approx\min_{i\in(1,m)}(I_{ph\_S\_i}) \tag{2-37}$$

可以分两种状态来分析局部遮挡条件下子光伏组件的工作过程，同时建立失配状态下光伏组件的输出特性方程，具体如下：

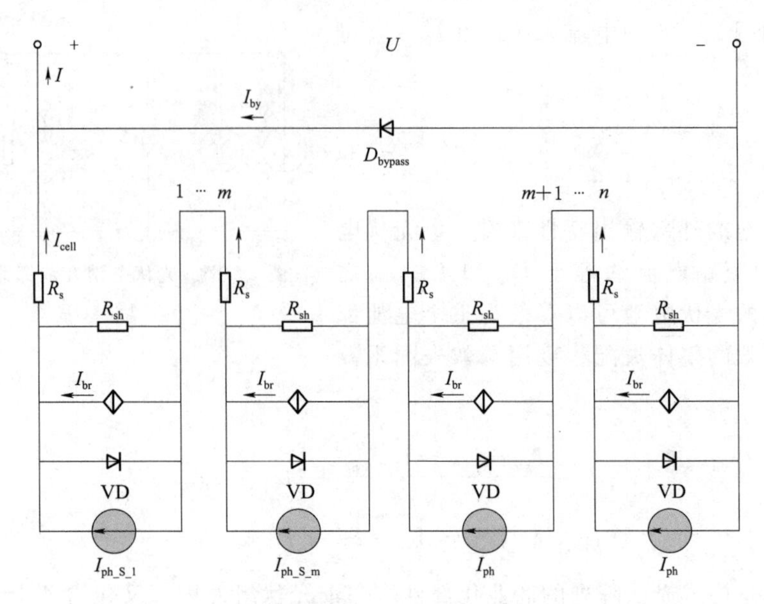

图 2-16　局部遮挡情况下光伏子组件的等效电路

(1) 输出电流 $I \leqslant I_{\text{cell}}^{\max}$。输出电流 $I = I_{\text{cell}}$、$I_{\text{by}} \approx 0$，由光伏电池的输出特性可知，每个光伏电池的输出电压由下式中的一式确定（忽略了等效并联电阻 R_{sh}）。由于所有光伏电池的端电压都大于零，即都工作在正向偏置状态，整个光伏电池串的输出电压为所有光伏电池输出电压之和，即

$$\left.\begin{aligned} U^i &\approx U_{\text{T}} \ln\left(\frac{I_{\text{ph}}^i - I}{I_0} + 1\right) - IR_{\text{s}}^i \\ U &= \sum_{i=1}^{n} U^i \end{aligned}\right\} \tag{2-38}$$

(2) 输出电流 $I > I_{\text{cell}}^{\max}$。这种情形下，由于流过子组件的外部输出电流 I 大于子组件中被遮挡的光伏电池的光生电流，因此遮挡最严重的光伏电池将首先出现负的端电压，若输出电流 I 继续增加，则光伏电池串中所有光伏电池端电压之和将会小于零，光伏电池串的旁路二极管 $\text{VD}_{\text{bypass}}$ 将导通，输出电流 $I = I_{\text{cell}} + I_{\text{by}}$。此后，即使输出电流继续 I 增加，由于旁路二极管的错位作用，光伏电池串的端电压将基本不变，此时整个子组件的输出特性等效为旁路二极管的正向输出特性。被局部遮挡子组件的输出特性可以近似表示为

$$\left.\begin{aligned} U &= -U_{\text{T\_by}} \ln\left(\frac{I_{\text{by}}}{I_{\text{0\_by}}} + 1\right), (I \leqslant I_{\text{cell}}^{\max}) \\ U &= \sum_{i=1}^{n} U^i, (I > I_{\text{cell}}^{\max}) \end{aligned}\right\} \tag{2-39}$$

式中　$U_{\text{T\_by}}$——旁路二极管的温度电势；

$I_{\text{0\_by}}$——旁路二极管的反向饱和漏电流。

对于由多个子组件构成的组件和光伏阵列，工作电流 I 一定时，整个组件或阵列的输出电压为所有子组件的输出电压之和。

2.6 小结

本章首先介绍了光伏电池的发电原理，详细分析了单晶硅、多晶硅和非晶硅三种类型的光伏电池的特点；其次分析了光伏组件及光伏阵列特性；最后介绍了光伏电池的特性，即伏安特性（$U-I$ 曲线）、光照强度特性和温度特性，推导了光伏电池的等值电路。由于光伏组件面积较大，其中的部分电池单体会因各种原因造成接受太阳光照强度不同，由此引起这些电池单体发热而出现能量损耗，甚至造成单体损坏，所以光伏组件在实际应用中应加装旁路二极管和逆流防止二极管，以提高电能利用率并消除阴影对电池组件的破坏作用。

第3章

光伏储能技术

随着光伏产业的迅猛发展，并网难的问题凸显。光伏能源具有波动性、间歇性等特点，并网后存在电网调频力增大、电网稳定控制难度高、电网电能质量下降等诸多问题，这就需要储能技术做支撑。储能装置反应迅速、调节灵活，用于光伏发电系统，一方面可以改变或缓解光伏发电的随机性与波动性，最大限度地利用太阳能资源；另一方面可以提高系统的供电质量及电网的安全稳定性。在光照充足时，将多余的能量存储起来转换成化学能；在光照不充足时，储能系统释放能量作为补充，平滑光伏波动，稳定系统输出，大大提高了光伏发电系统的可靠性。光伏发电系统是一种不可调度的分布式能源，配置储能后，能够事先制定计划，使其按计划进行发电，实现可调度，在最大化利用太阳能资源的同时，也使光伏发电系统以最佳状态运行。

3.1　光伏储能系统的原理

针对传统光伏并网系统存在的问题，在光伏并网系统中引入了储能环节作为系统的能量调节装置，相比于传统光伏并网系统有如下优点：

（1）保证供电的可靠性和连续性。在光照充足时，存储多余电能，在光照不足或无光照条件下，能将存储的能量释放出来，保证了系统的供能稳定性及供电的连续性。

（2）提升电能质量。在外界环境变化扰动带来电压波动的情况下，储能环节可以在短时间内调节功率峰值，保证给公共电网及负荷提供平稳的电能，提升了输出电能质量。

（3）电能调度更加灵活。目前随着光伏发电系统规模逐渐扩大，其发电量越来越大，增加储能环节，整个电网系统可调度的能量就会越来越大，增加了电网调度的灵活性。

（4）提高电网电能的利用效率。用户用电随着时间具有很强的规律性，在一天的不同时段，具有明显的用电高峰与用电低谷。加入储能环节，能有效地起到“削峰填谷”的作用，提高电网电能利用率。当电网出现故障时，储能环节可以保证向负荷提供一段时间的电能，可以保证供电的连续性。

储能系统并入光伏并网系统主要有交流侧并入和直流侧并入两种方式。

3.1.1　交流侧并入储能系统

交流侧并入是将储能系统经过逆变器接于光伏并网系统的交流侧，其原理如图 3-1 所示。储能系统和光伏组件分别经并网逆变器接于系统交流侧，通过在电力系统的统一调

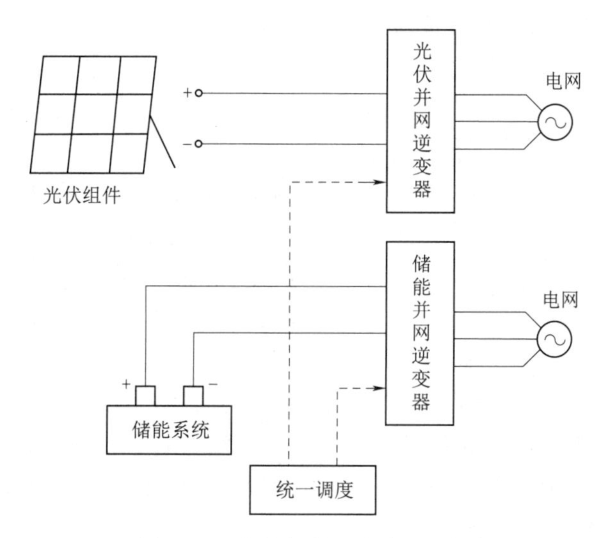

图 3-1 交流侧并入方式原理图

度和控制，平滑光伏组件输出的波动，将电能平稳安全送入电网。

储能接入技术在光伏并网系统中的应用较少，而在交流侧对光伏组件及储能进行协调控制技术较复杂，前还处于研发阶段，对于工程上的应用来说，还不能提出完善的调度控制策略。因此，对储能系统的控制由电网调度，用来参与调峰以及负荷调节。这种接入方式所需储能系统的容量较大，成本较高，多用于 MW 级以上的光伏电站。

3.1.2 直流侧并入储能系统

直流侧并入是指储能系统经控制器接于光伏并网系统直流侧，再经逆变器并入电网，其原理如图 3-2 所示。光伏组件将能量存入储能系统，再通过控制器的统一协调控制将电能稳定地送入电网。

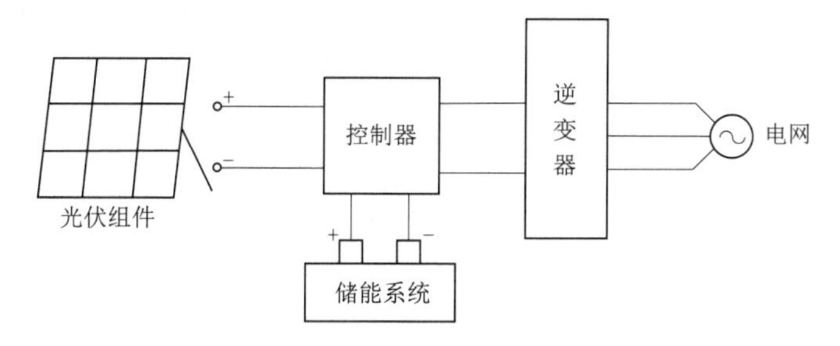

图 3-2 直流侧并入方式原理图

光伏组件通过控制器与储能单元协调配合，转换成稳定电能，以可控功率按需送入电网。这种接入方式具有更高的灵活性，储能系统对系统输出功率的平滑作用由储能的接入比例决定，其所需电池的容量较低，不需要复杂的控制，将在分布式系统中发挥重要作用。

在直流侧并入方式中，根据连接方式的不同可以分为以下三种。

1. 传统的光伏-锂电池储能发电系统

传统的光伏-锂电池储能发电系统组成如图 3-3 所示。光伏电池通过 DC-DC 变换器与锂电池并联。光伏发电能量经锂电池滤波后由 DC-AC 变换器并网发电。在这种系统中，锂电池吸收了所有光伏能量波动，系统结构简单。但是锂电池的电流不可控，而且锂电池始终在无规律的充放电，寿命会大幅缩短，系统运营成本高，维护难度大。

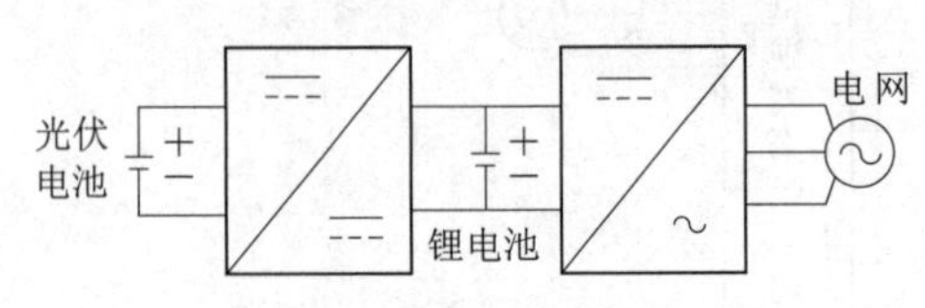

图 3-3 传统的光伏-锂电池储能发电系统

2. 串联结构的混合储能光伏发电系统

为了解决传统光伏-锂电池储能发电系统存在的问题，现有技术中出现了混合储能光伏发电系统。混合储能光伏发电系统有多种主电路结构，其控制策略各不相同。如图 3-4 所示的是一种串联结构的混合储能光伏发电系统。光伏电池连接的 DC-DC 变换器工作在 MPPT 状态，超级电容器用于吸收光伏输出功率波动，当超级电容器电压达到上限时，通过第二级变换器对锂电池充电，锂电池直接对逆变器供电。

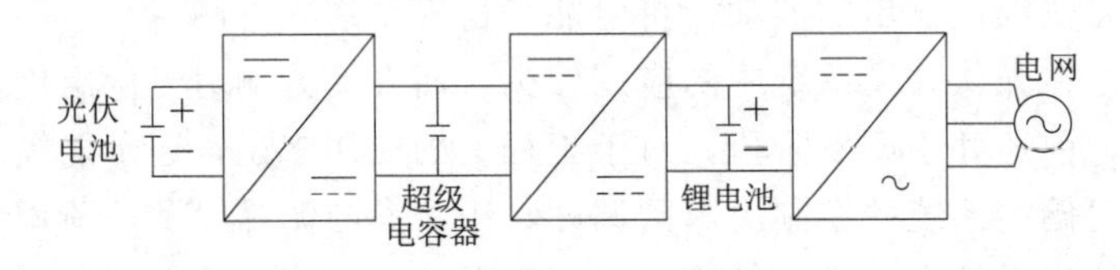

图 3-4 一种串联结构的混合储能光伏发电系统

3. 并联结构的混合储能光伏发电系统

图 3-5 所示的是一种采用直流母线并联的混合储能光伏发电系统，光伏电池、锂电池和超级电容器三者是通过变换器并联到直流母线上，通过逆变器并网发电。

采用串联结构的混合储能光伏发电系统，其控制策略虽然相对简单，但由于是串联结构，变换器功率相同时，最大输出功率远小于并联结构。而并联结构的混合储能光伏发电系统，锂电池和超级电容器的电流双向可控，结合合适的控制方法可以充分发挥出混合储能系统的优势，同时这种并联结构扩展性强。在不同情况下的能量流动模型如图 3-6 所示。

其中，图 3-6（a）为光照充足、电网负荷较大时，由 PV 及储能装置联合向电网供电；图 3-6（b）为电网负荷较低时，此时光伏电池将能量存储至储能装置；图 3-6（c）为光照不足、电网负荷高峰期，由蓄电池向电网供电；图 3-6（d）为电网负荷较低时，此时电网具有较大的裕量，可以将多余电能由储能装置存储，在图 3-6（c）情况下使用，有效地起到了“削峰填谷”的作用。

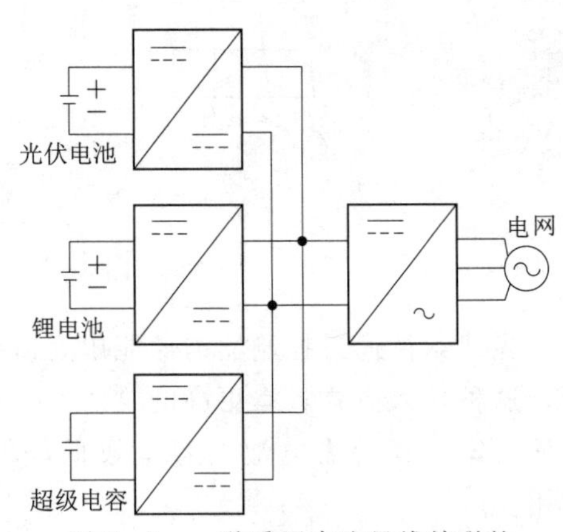

图 3-5 一种采用直流母线并联的混合储能光伏发电系统

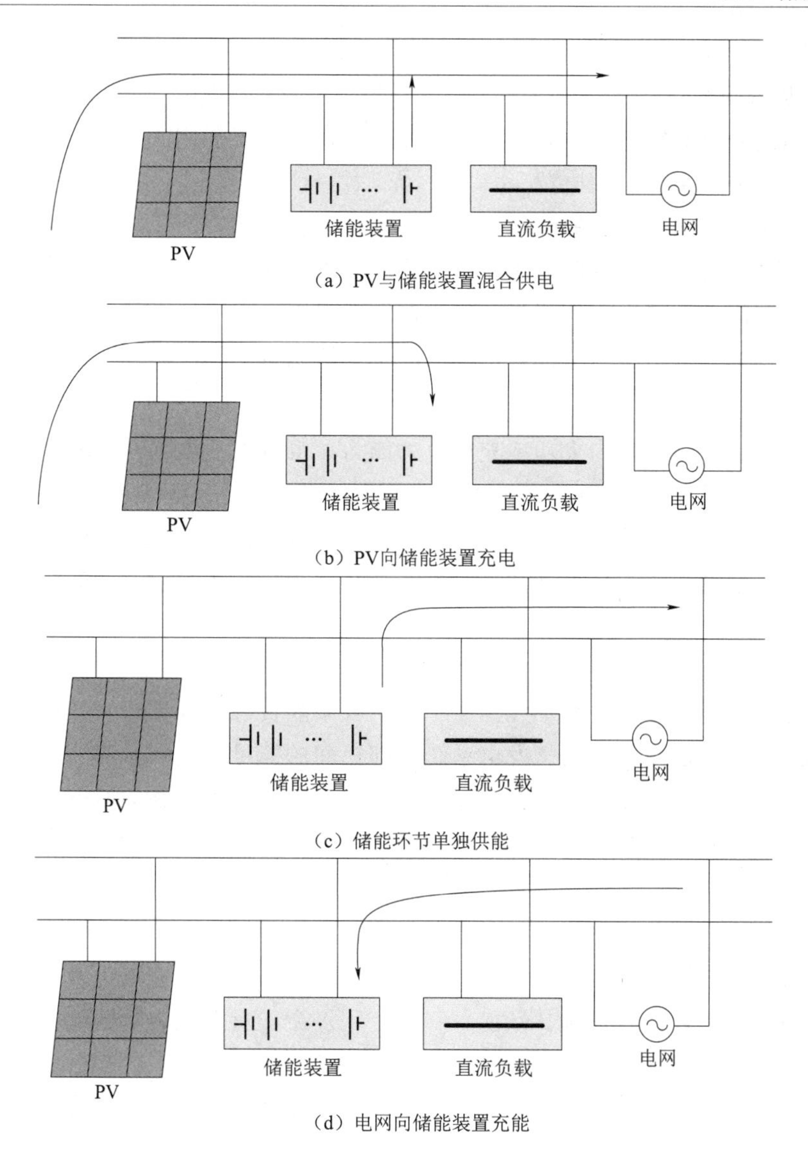

(a) PV与储能装置混合供电

(b) PV向储能装置充电

(c) 储能环节单独供能

(d) 电网向储能装置充能

图 3-6　不同情况下的能量流动模型

3.2　储能系统的分类

近年来，储能技术发展飞速。储能系统能快速地充放电，调节光伏发电系统中的功率分布，起到平抑功率波动、改善用户侧电能质量的作用，在提高运行稳定性的同时，也提升了光伏发电系统应对电网突发事件的能力，成为系统中重要的组成部分。储能系统可按储能应用特性分类，也可按存储方式分类。

3.2.1　按储能应用特性分类

根据能量密度以及功率密度的不同，可分为能量型储能、功率型储能和混合型储能三大类。

1. 能量型储能

能量型储能的存储容量较大，而充放电速度较慢，主要适用于在稳态运行层面进行削峰填谷、负荷调节或用作备用电源。

由于太阳能资源本身存在的随机性、波动性特点，光伏并网系统往往会出现用电高峰时输出功率不足，而用电低谷时输出功率过剩的现象，这就需要使用大容量储能系统来存储能量，在用电低谷时将过剩的能量存储在储能装置中，在用电高峰时供电，可大大减轻电网调度负担，提高电网的稳定性，大幅度改善电能质量。

2. 功率型储能

功率型储能具有短时间内大功率充放电的能力，可以充放电的次数较多，循环使用寿命较长，适用于在暂态运行层面进行调节。功率型储能有以下两个功能：

（1）能够在短期内较为快速地提供功率上的支持。大量的光伏发电系统并入大电网中，使得原有的电网系统容易受到冲击，尤其是在太阳能资源波动大的时间段内。功率型储能装置具有在短时间内大功率充放电的能力，可以降低在不利情况下光伏能源对电网的冲击。

（2）作为短期内能量的过渡单元。由于影响太阳能资源的因素较多，因此光伏能源基本上是动态变化的。这样导致光伏发电系统内部之间的能量也是在动态变化的，输入与输出经常处于不太匹配的情况下。功率型储能装置作为中间环节，在短时间内可以提供相互之间能量的过渡单元。同时功率型储能动态响应速度快，充放电时间快，能够很好地完成任务。

3. 混合型储能

锂电池储能属于能量型储能，其能量密度大、功率密度小、充放电效率低，而且不能频繁地深度充放电，否则将影响其性能，降低使用寿命，适合大容量的储能场合；超级电容器储能属于功率型储能，其能量密度小，功率密度大，充放电效率高，循环使用寿命长，适合大功率的储能场合。因此，使用超级电容器和锂电池组成的混合型储能在特性上存在较强的互补性。

3.2.2 按储能存储方式分类

储能元件的工作原理是将不需要的电能储存起来，当需要电能的时候再释放出来。应用不同的储能元件对应着不同的储能技术，根据储能存储方式进行分类，可以分为物理储能、化学储能、电磁储能和相变储能（相变储能不展开详述），见表3-1。

表3-1　储能按不同存储方式的分类

类别	物理储能	化学储能	电磁储能	相变储能
储能的实现方式	抽水蓄能、压缩空气储能、飞轮储能等	铅酸蓄电池、镍氢电池、锂电池、液流电池、钠硫电池等	超导储能、超级电容器储能、高能密度电容储能等	冰蓄冷储能

3.2.2.1 物理储能

物理储能又称为机械储能，典型特征是将电能转化为机械能进行储存，常见的储能方式有抽水蓄能（Pumped Hydro Storage，PHS）、压缩空气储能（Compressed Air Energy Storage，CAES）和飞轮储能（Flywheel Energy Storage，FES）三种。抽水蓄能启动迅速，反应快，但是受到地理条件的限制并且造价相对较高。压缩空气储能具有安全系数高、寿命长的特点，可以进行冷启动。飞轮储能具有储能密度大、充放电速度快的特点，并且不会产生环境污染。

1. 抽水蓄能

（1）发展情况。全球处于运行状态的抽水蓄能电站有300余座，总装机容量已经达到120GW。在该领域发展最快、装机容量最多的国家是日本，其次是美国、意大利、德国等，部分发达国家的抽水蓄能电站装机容量占全国总装机容量的比值已大于10%。在我国，已经有9个省（自治区、直辖市）共建成11座抽水蓄能电站，装机容量占全国装机容量的1.8%，达到了5.7GW（其中有0.6GW供香港），包括抽水蓄能电站在内，已建成的可调峰水电占全国装机总容量的3%～7%。

（2）工作原理。抽水蓄能电站工作的全过程就是一个能量转换的过程：在电力系统负荷低谷时，“多余”的电力带动水泵进行抽水操作，把下水库的水抽至上水库，以重力势能的形式储存起来（完成电能向重力势能的转换）；在电力系统负荷高峰时，储存在上水库的水推动水力发电机组进行发电操作（完成重力势能向电能的转换），协同常规发电共同向电网供电，满足电力系统负荷的要求。图3-7所示为抽水蓄能电站工作原理图。

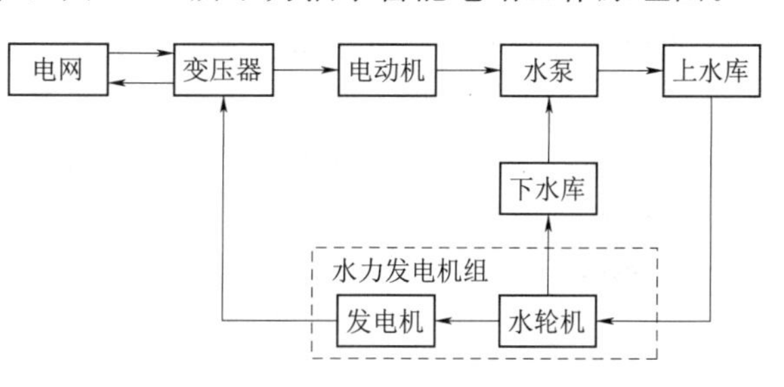

图3-7 抽水蓄能电站工作原理图

抽水蓄能电站的分类方法有很多，按开发方式不同可分为纯抽水蓄能电站、混合式抽水蓄能电站和调水式抽水蓄能电站；按调节周期不同可分为日调节抽水蓄能电站、周调节抽水蓄能电站和季调节抽水蓄能电站等。

抽水蓄能电站有抽水和发电两种运行状况。在抽水过程中，下水库的水量逐渐减少，上水库的水量逐渐增多，是一个电能到重力势能的转换过程；在发电过程中，上水库水量逐渐减少，下水库的水量逐渐增多，是一个重力势能到电能的转换过程。如果一个循环过程能在一昼夜内完成，则称为日调节抽水蓄能电站；如果一个循环过程在一周内完成，则称为周调节抽水蓄能电站；若完成一个循环需要的时间更长，则称为季调节抽水蓄能电站。一般纯抽水蓄能电站大多进行日调节和周调节，混合式抽水蓄能电站有时可进行季调节。

抽水蓄能电站的主要组成部分包括上水库、下水库、引水系统、厂房、抽水蓄能机组（由水泵和水力发电机组成）等。在设计上，抽水蓄能电站的上水库高度必须高于下水库（具体高多少，要根据选址的地理情况和相关的计算所定），其主要目的就是用下水库的水作为媒介，泵入到上水库，完成储能的目的（电能转化成水的重力势能）。下水库的主要作用就是储存上水库发电流下来水量，保证这部分水量不流失，以便再度被抽至上水库进行蓄能。有天然的湖泊或者已经建成的水库可以直接作为上水库，如果没有则需要重新建造。下水库除可利用天然湖泊、已经建立的水库或新建外，条件成熟的情况下，也可以利用海洋或河道作下水库。引水系统主要指用作抽水蓄能的水量在上水库和下水库之间转移的管道及动力系统。抽水蓄能电站的核心部分是抽水蓄能机组，其主要作用是负责完成抽水、发电等基本功能，以及调频、调相、升荷爬坡和紧急事故备用等功能。

抽水蓄能电站的主要包括抽水和发电两种主要的运行方式。抽水蓄能电站在正常的运行方式下具备以下功能：

1）发电功能。抽水蓄能电站本身不具有发电的动力供应系统，只是利用电力系统负荷低谷时的“过剩”电力带动水泵把下水库的水抽至上水库，把电能转换成水的重力势能储存在上水库。而储存在上水库的这部分水量就作为水力发电机的动力，推动水力发电机组在电力系统高峰时进行发电操作，以补充电力系统不足的电量。整个工作过程的能量转换效率为75%左右。

2）调峰功能。在电力系统负荷低谷时，抽水蓄能电站的可逆式水轮机组做抽水工作，把下水库的水抽至上水库，将能量以重力势能的形式储存起来，等到电力系统负荷高峰时，再用储存在上水库这部分水量带动水力发电机组进行发电操作，向电网供电，满足电网负荷要求。抽水蓄能电站如此循环地工作，就可以填平电力系统日负荷曲线的低谷，还可以对电力系统进行调峰。这样不仅可以充分利用能源，而且在一定的程度上平滑了光伏发电的功率输出，实现了光伏发电的可调性。

3）调频功能。抽水蓄能机组启动的快慢，负荷追踪的快慢是衡量其性能的两个重要指标。当前抽水蓄能电站机组从静止达到满载可以在一两分钟之内完成，并能快速地从一种工作状态转换到另一种工作状态。利用抽水蓄能机组的这种“快速应变”能力，可以针对光伏发电随机性大、稳定性差的特点及时进行跟踪并作出反应，从而在一定程度上提高了光伏发电的供电质量。

2. 压缩空气储能

（1）发展情况。自1978年德国Huntorf压缩空气储能投入运行以来，德国、美国、日本相继有MW级至GW级的压缩空气储能电站投入试运行。在美国，最大的压缩空气储能电站是Norton电站，其装机容量为2.7GW，它与装机容量为100MW的Mclntosh电站用于电网调峰。日本1998年开始施工建造北海道三井砂川矿坑储气库，该电站于2001年投运，其输出功率为2MW。在瑞士，ABB公司正在开发建设大容量联合循环压缩空气储能电站，其运行时间为8h，输出功率为442MW，采用水封式储气空洞。另外，法国、俄罗斯、意大利、法国、以色列、韩国等也在进行CAES的开发。我国于2003年开始进行压缩空气储能的研究，华北电力大学正在研究压缩空气储能系统热力性能计算优化问题；西安交通大学也在研究冷、电、热联供的新型压缩空气储能技术；哈尔滨电力部门和有关单位对储气方面的问题进行了研究，并已取得进展。

（2）工作原理。自1949年Stal Laval提出利用压缩空气储能以来，国内外学者进行了大量的研究，关于压缩空气储能系统的形式也是多种多样。

根据压缩空气储能系统的规模不同，可以分为：大型压缩空气储能系统，单台机组规模为100MW级；小型压缩空气储能系统，单台机组规模为10MW级；微型压缩空气储能系统，单台机组规模为 10kW 级。

根据压缩空气储能系统是否同其他热力循环系统耦合，可以分为传统压缩空气储能系统、压缩空气储能-燃气轮机耦合系统、压缩空气储能-燃气蒸汽联合循环耦合系统、压缩空气储能-内燃机耦合系统、压缩空气储能-制冷循环耦合系统、压缩空气储能-可再生能源耦合系统。

按照工作介质、存储介质与热源可以分为：传统压缩空气储能系统（需要化石燃料燃烧）、带储热装置的压缩空气储能系统、液气压缩储能系统，其中液气压缩空气储能系统又可以分为封闭式液气压缩空气储能系统（C－HyPES）和开放式循环液气压缩空气储能系统（O－HyPES），如图 3－8 所示。

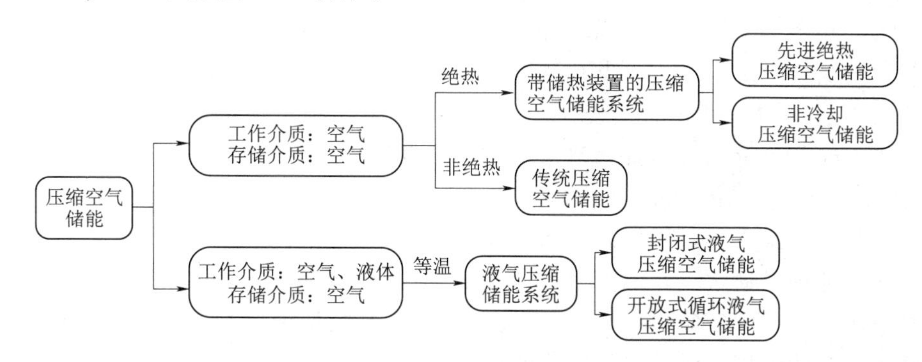

图 3－8 压缩空气储能系统的分类

压缩空气储能系统的基本工作原理源于燃气轮机系统，其工作原理分别如图 3－9 和图 3－10 所示。所不同的是：①燃气轮机的压缩机与透平同时工作，压缩机消耗部分透平功用来压缩空气；②压缩空气储能系统分为储能、释能两个工作工程，当用电低谷时，多余的电力（来自于热电厂、核电厂或者可再生能源电站）用来驱动压缩机，产生高压空气，并存储，当用电高峰时，压缩空气通过燃烧室获得热能，然后进入透平做功，产生电力。

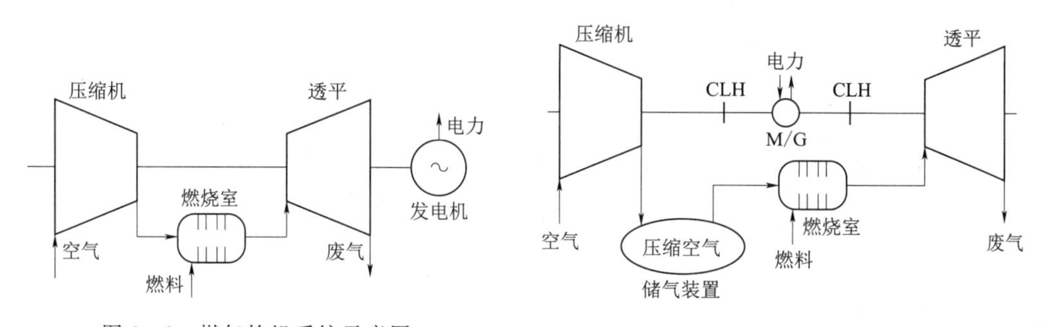

图 3－9 燃气轮机系统示意图

图 3－10 压缩空气储能系统示意图

CLH—离合器；M/G—电动/发电机

由于储能、释能分时工作，在能量输出过程中，并没有压缩机消耗透平功。因此在用电高峰时，相比于消耗同样燃料的燃气轮机系统，压缩空气储能电站可以提供 20%～60%的功。压缩空气储能电站每生产 1kW・h 的电能，需要大约 0.75kW・h 的压缩能，以及约 4220kJ 的燃料热值［燃气轮机为 6700～9400kJ/(kW・h)］。以 Huntorf 和 McIntosh两座大型压缩空气储能电站为例，其压缩机可以提供压力约70bar的压缩空气，透平可以在约40bar的压力状态下工作。以上利用地下洞穴来存储压缩空气的两座电站的储气洞体积分别约为310000m^{3}和560000m^3。

压缩空气储能系统的主要部件包括：①电动机发电机（通过离合器分别和压缩机以及透平连接）；②多级压缩机（等温压缩或者多级压缩中间冷却）；③多级透平膨胀机（包括级间再热设备）；④控制系统（控制电站转换储能与释能工作模式等）；⑤辅助设备（如燃料罐、冷却系统、机械传动系统和换热器等）；⑥地下或者地上储气装置（包括一些管路和配件等）。

3. 飞轮储能

（1）发展情况。早期日本四国综合研究所研制高温超导磁浮立式轴承8MW·h飞轮，用于平滑负荷。1991年，美国马里兰大学研制电磁悬浮轴承飞轮装置，其输出恒压110/240V，用于电力调峰。1996年，德国发超导磁浮轴承飞轮，其储能效率已达96%。1999年，欧洲Urenc Power公司利用玻璃纤维和高强度碳纤维复合材料制成飞轮，于2001年投运，充当UPS，其储能达19MJ。2004年，巴西研制了额定转速为30000rad/min的超导与永磁悬浮轴承式飞轮，用于系统电压补偿。

（2）工作原理。通常飞轮储能系统运行时，根据其转速变化可以划分成储能（加速）、储能保持（匀速）、释能（减速）三个模式。当飞轮系统处于储能状态时，电机工作在电动机模式下，光伏阵列为电机提供电能带动飞轮做加速旋转，直至达到飞轮最大转速；当飞轮电机持续加速达到最大转速或者光伏电池提供的功率不足以使电机加速旋转时，飞轮储能系统进入储能保持阶段，飞轮此时以一定的转速旋转，飞轮系统保持能量恒定，不进行电能与机械能之间的能量变换；释能阶段，电机从电动机模式改变为发电机模式，在飞轮惯性作用下带动电机做减速旋转，经由功率变换器件产生相应的电压、电流为负荷供应电能。飞轮储能系统的基本结构如图3-11所示。

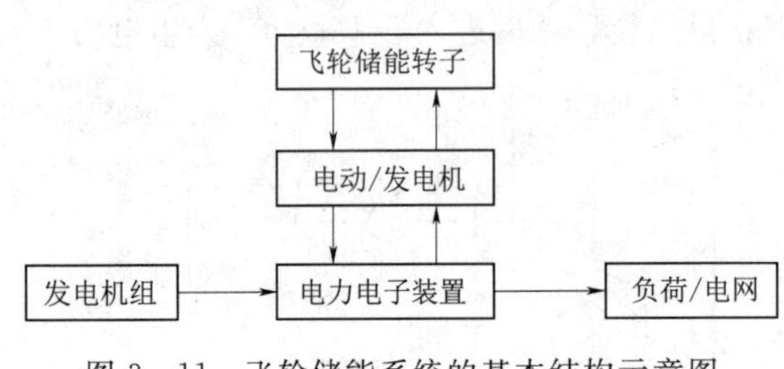

图3-11　飞轮储能系统的基本结构示意图

飞轮储能系统的结构通常由以下部分组成：①飞轮转子，它是储存能量的关键部件，决定了储能的大小，要增大储能量，应尽量减轻转子重量和增大其最大转速，飞轮转子一般都使用碳素纤维复合材料生产；②轴承，作为飞轮的支撑体，其性能对飞轮储能系统的可靠性、效率和寿命具有绝对性的决定作用，为使其阻力尽可能地小，应多采用磁悬浮轴承；③电力转换器，主要作用是控制电机切换状态，进行电能到飞轮机械能和飞轮机械能到电能的切换；④真空室及保护壳体，一般环境下飞轮和电机在旋转过程中会受到空气及其他介质的阻力和摩擦力，得能量的转换效率降低，处于真空环境下既可以有效地克服这些不必要的能量损耗，又能够对飞轮和电机进行有效的保护。图3-12是飞轮储能装置的一般结构图，包含了飞轮系统的主要部分。

飞轮储存的能量跟飞轮旋转的速度相关，其高速运转时所储存的能量E可表示为

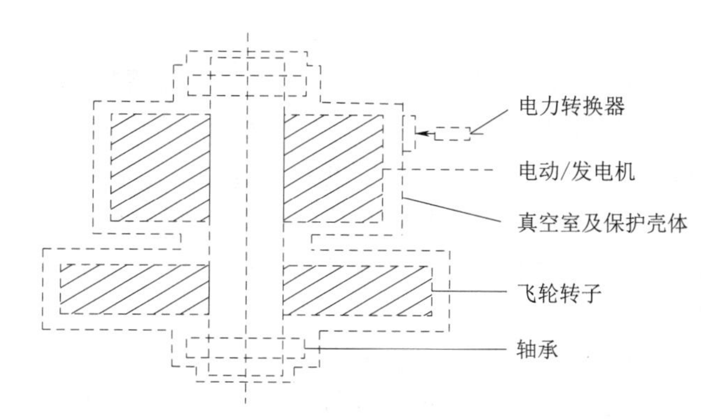

图 3-12 飞轮储能装置的一般结构

$$E=\frac{1}{2}J_{f}\omega^{2} \tag{3-1}$$

式中 J_f——飞轮转动惯量，其大小主要取决于飞轮的质量和外形；

ω——飞轮工作时的转速。

从式（3-1）可以看出，飞轮储存的能量与其转速的平方呈线性关系，当转速越大时，其储能能量密度越高，所以应尽可能地提高飞轮转速，提高储能率。

电机作为飞轮的驱动装置，当电机加速运转时，飞轮转速也会跟着提高，其主要原因是飞轮受到与其转动方向相同的不平衡转矩的作用，使飞轮能够加速旋转；相反，当给飞轮施加与其转动方向相反的力矩时，飞轮开始做减速旋转，能量从机械能转换为电能为负荷供能。飞轮转速变化与其作用力矩之间的关系可表示为

$$M=J_{f}\frac{\mathrm{d}\omega}{\mathrm{d}t} \tag{3-2}$$

飞轮总是运行在其最高转速 ω_{max}（与飞轮电机性能和飞轮转子有关）和最低转速 ω_{min}（与飞轮电机调速范围有关）之间，其能够储存的最大能量即为这两个状态下储存能量的差值。飞轮运行时能够储存的最大能量 E_{max} 可表示为

$$E_{max}=\frac{1}{2}J_{f}(\omega_{max}^{2}-\omega_{min}^{2}) \tag{3-3}$$

通过对飞轮装置在各个阶段运行的原理可知，飞轮运转的转速越大，其储存的能量也就越大，飞轮加速旋转是由与其转轴相连的电机加速运行带动的，只有电机转矩克服阻力力矩才能使得飞轮保持加速状态，所以电机的调速性能决定了飞轮储能过程的快慢。同时，电机存在一个极限转速，当到达此转速时，电机不能够再加速旋转，这也意味着飞轮的最大转速即为电机的最大转速。

3.2.2.2 化学储能

化学储能将电能转化为化学能进行储存，是一种比较适合电力系统使用的储能电源，具有技术相对成熟、容量大、安全可靠、无污染、噪声低、环境适应性强、便于安装等优点，常见的有铅酸蓄电池、钠硫电池、全钒液流电池、锂离子电池等类型。电池储能目前技术较为成熟，可靠性好，但是使用寿命比较短。

1. 铅酸蓄电池

（1）发展情况。铅酸蓄电池价格便宜、成本较低，此外其技术成熟、可靠性高。自20世纪80年代，美国加利福尼亚州CHINO变电所就已安装10MW/40MW·h的铅酸蓄电池储能系统。目前，铅酸蓄电池主要应用于电力系统调峰、充当热备用、提高系统运行稳定性、提高供电质量等方面。在光伏发电系统中，常利用铅酸蓄电池对系统输出功率进行储存和调节，提供相对稳定的电能。传统独立光伏发电系统普遍采用铅酸蓄电池弥补光伏发电输出能量的不稳定性。但铅酸蓄电池具有的循环寿命短、充放电电流要求严格等难以克服的缺陷，限制了独立光伏发电的大规模发展。

（2）工作原理。铅酸蓄电池是通过化学能与电能的相互转换进行工作的，它分为充电和放电两个过程，将内部的化学能转化为电能的过程是放电，将电能转化为内部的化学能的过程是充电，铅酸蓄电池就是通过电解液和极板上的活性物质发生反应来实现充放电过程的。铅酸蓄电池的正极板上的活性物质是二氧化铅（PbO_2），负极板是的活性物质是铅（Pb），电解溶液是硫酸溶液（H_2SO_4）。当铅酸蓄电池放电时，极板上的 PbO_2 和 Pb 分别与 H_2SO_4 反应，生成硫酸铅（$PbSO_4$）和水（H_2O）；而充电时，附着在正负极板上的 $PbSO_4$ 在外界电流的作用下被还原为 PbO_2、Pb 和 H_2SO_4。化学反应时的方程式为

正极反应

$$PbO_2+H_2SO_4+2H^++2e^- \underset{\text{充电}}{\overset{\text{放电}}{\rightleftharpoons}} PbSO_4+2H_2O \tag{3-4}$$

负极反应

$$Pb+H_2SO_4 \underset{\text{充电}}{\overset{\text{放电}}{\rightleftharpoons}} PbSO_4+2H^++2e^- \tag{3-5}$$

总化学反应方程式

$$PbO_2+2Pb+H_2SO_4 \underset{\text{充电}}{\overset{\text{放电}}{\rightleftharpoons}} PbSO_4+2H_2O \tag{3-6}$$

这些化学反应方程式都是可逆的，从左往右的过程为放电，从右往左的过程为充电。

在光伏发电系统中，铅酸蓄电池作为整个系统的储能设备，充电方法的控制和系统的性能密切相关，充电方法的好坏对铅酸蓄电池的荷电量和使用寿命有直接影响，而荷电量的多少反映了光伏发电系统存储电能的能力，使用寿命和整个系统的成本和寿命紧密相关。目前，常用的充电方法有恒定电压充电法、恒定电流充电法、两阶段充电法和三阶段充电法等。

1）恒定电压充电法。恒定电压充电法就是在铅酸蓄电池充电过程中，保持充电电压恒定不变，由于随着充电时间的增加，铅酸蓄电池两端电压增大，充电电流将会逐渐减小，所以此方法接近最佳充电曲线。但是由于充电初期充电电流很大，将会影响铅酸蓄电池的寿命，而且还会造成铅酸蓄电池极板的弯曲，使其过早报废；同时充电后期充电电流又过小，使铅酸蓄电池得不到完全充电。由于以上原因，恒定电压充电法仅在充电电压低且电流大时适用，例如汽车行驶过程。

2）恒定电流充电法。恒定电流充电法，就是保持充电电流恒定不变的充电方法，是通过改变充电设备的输出电压或改变铅酸蓄电池的串联电阻来实现的。该方法控制简单，但是随着充电时间的增加，铅酸蓄电池接受充电电流的能力会逐渐降低，导致后期会出现

充电过度的情况。因此，此方法常和其他方法结合使用。

3）两阶段充电法。两阶段充电法是将恒定电流充电法和恒定电压充电法相结合的一种充电方法。先用恒定电流充电，当铅酸蓄电池电压达到预定值时改为恒定电压充电。此方法接近铅酸蓄电池可接受的充电电流曲线，充电速度快。

4）三阶段充电法。三阶段充电法初期和两阶段充电法相同，都是先恒定电流充电后恒定电压充电，但是三阶段充电法在恒定电压充电后又增加了一个浮充的阶段，即当充电电流减小到一定值时，改为小电流浮充，此方法能更好地为光伏发电系统的铅酸蓄电池充电。

2. 钠硫电池

（1）发展情况。钠硫电池发明于 20 世纪 60 年代中期，早期研究主要针对电动汽车应用，但长期研究发现，钠硫电池作为储能系统更具优势。日本 NGK 公司是国际上钠硫储能系统研发和应用的标志性机构，经过多年研发和示范，已能提供 10MW 以上的钠硫电池储能系统商业化产品。至今，日本已经有 100 多座钠硫电池储能电站投入运行，其应用覆盖商业、工业、电力等各个行业。目前，钠硫电池储能系统已经成功应用于平滑可再生能源发电功率输出、削峰填谷、应急电源等领域。

我国自 2006 年起邀请日本专家开展钠硫电池技术研究。中国科学院上海硅酸盐研究所和上海电力公司合作，于 2009 年成功研制出容量为 650Ah 的钠硫储能单体电池，使我国成为世界上第二个掌握大容量钠硫单体电池核心技术的国家，但我国技术仍处于由样机向产品转化的阶段。

（2）工作原理。钠硫电池是一种高能蓄电池，按相同质量计算，它所储存的能量为常用铅酸蓄电池的 5 倍。常用的电池是由液体电解质将两个固体电极隔开，而钠硫电池正相反，它是由一个 $\beta-Al_2O_3$ 固体电解质做成的中心管，将内室的熔融钠（熔点 98℃）和外室的熔融硫（溶点 119℃）隔开，并允许 Na^+ 离子通过，其结构如图 3-13 所示。整个装置用不锈钢容器密封，该容器同时作为硫电极的集流器。在电池内部，Na^+ 离子穿过固体电解质与 S 反应，从而传递电流。

钠硫电池的反映表达式为

负极反应

$$2Na \underset{充电}{\overset{放电}{\rightleftharpoons}} 2Na^+ + 2e^- \quad (3-7)$$

正极反应

$$2Na^+ + xS + 2e^- \underset{充电}{\overset{放电}{\rightleftharpoons}} Na_2S_x \quad (3-8)$$

总反应

$$2Na + xS \underset{充电}{\overset{放电}{\rightleftharpoons}} Na_2S_x (3<x<5) \quad (3-9)$$

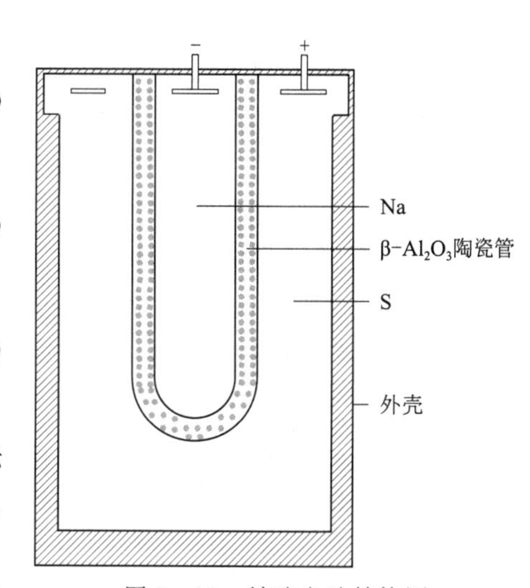

图 3-13 钠硫电池结构图

钠硫电池主要有以下特点：

1）理论能量密度高达 760W·h/kg。实际比能量高，可有效降低储能系统的体积和重量，适合应用于大容量、大功率设备。

2）能量转化效率高，直流端超过 90%，交流端超过 75%。

3）无电化学副反应，无自放电，使用寿命长达 15 年以上。

4）钠硫电池的工作温度范围恒定在 300～350℃，因此钠硫电池的使用不受外界环境温度的影响。

5）具备高的功率特性，可经大电流及深度放电而不损坏电池；具有纳秒级的瞬时速度（系统数毫秒以内），适合应用于各类备用和应急电站。

钠硫电池储能系统的用途包括：①用于变电站负荷平定（包括削峰填谷）；②用于可再生能源发电系统，主要是平抑间歇式能源对电网的冲击，起到稳定电网的作用；③辅助备用，起到旋转备用和应急备用的功能。另外钠硫电池在输配电系统的有功、无功支持及多功能电能储存系统中也有良好的应用前景。

3. 全钒液流电池

（1）发展情况。1978 年，意大利 A. Pellegri 等人第一次在专利中提及全钒液流电池。1991 年澳大利亚新南威尔士大学将全钒液流电池推向工程化研发阶段。2001 年，日本 SEI 公司已具备生产和组装全钒液流电池系统的全套技术，并将全钒液流电池储能系统投入商业运营。目前，在日本、美国、澳大利亚均有全钒电池储能系统应用案例，在平滑可再生能源功率输出、削峰填谷、电网增容等方面发挥作用。

国内，中国科学院大连化学物理研究所掌握具有自主知识产权的 260kW 全钒液流储能电池设计、集成技术，并成立大连融科储能技术发展有限公司，将全钒电池生产推向市场化。北京普能世纪科技有限公司于 2009 年收购加拿大 VRB Power 公司，由此掌握全钒液流电池的核心专利权，进入产业化研发和应用阶段，占据国际领先地位。全钒液流电池具有正、负极电对电位差大，可逆性好，溶解度高且稳定，能放电，易于集成，腐蚀性小，环境友好等优势，因此被视为具有广泛发展前景的储能电池。

（2）工作原理。按结构划分，全钒液流电池有静止型和流动型两种。静止型全钒液流电池存在浓差极化大、储能容量小等缺点，现已很少使用。流动型全钒液流电池的电解液处于流动状态，浓差极化小；电解液存放在储液罐中，很容易扩大存储容量，且更换电解液很方便；缺点是电解液的流动需要借助循环泵，这样消耗了一部分电能，损耗的能量约占电池总能量的 3%。

全钒液流电池主要包括钒电堆、正负极电解液储液罐及电解液输送管道、充放电控制系统等 3 部分。其中钒电堆主要由电极、隔膜、双极板、石墨毡等组成。V(Ⅳ)/(Ⅴ)和 V(Ⅱ)/(Ⅲ) 硫酸溶液分别为正、负极活性物质存储在储液罐中，循环泵从储液罐中将电解液送入钒电堆内，在外部充放电系统的控制下完成氧化和还原反应，反应完成后电解液又被送回储液罐，如此，活性物质不断循环流动，完成充放电。化学反应为

正极

$$VO_2^+ + 2H^+ + e^- \underset{充电}{\overset{放电}{\rightleftharpoons}} VO^{2+} + H_2O \tag{3-10}$$

负极

$$V^{2+} - e^- \underset{充电}{\overset{放电}{\rightleftharpoons}} V^{3+} \tag{3-11}$$

总反应

$$VO_2^+ + 2H^+ + V^{2+} \underset{充电}{\overset{放电}{\rightleftharpoons}} V^{3+} + VO^{2+} + H_2O \tag{3-12}$$

充放电过程中，电池内部主要是由电解液中 H^+ 的定向迁移而导通。全钒液流电池存储的总能量是由荷电状态（SOC）和活性物质的数量共同决定的，其功率与电极的有效反应面积成比例。

在恒流限压充电模式下，全钒液流电池充放电电流与库仑效率和能量效率的关系如图 3-14 所示。随着充放电电流增大，库伦效率随之提高，能量效率则降低。原因是充放电电流越大，充放电时间就越短，电池自放电损耗的电量就越少，从而库伦效率越高；另外电池内极化就越严重，引起的极化过电位越大，电压效率降低，结果导致能量效率降低。

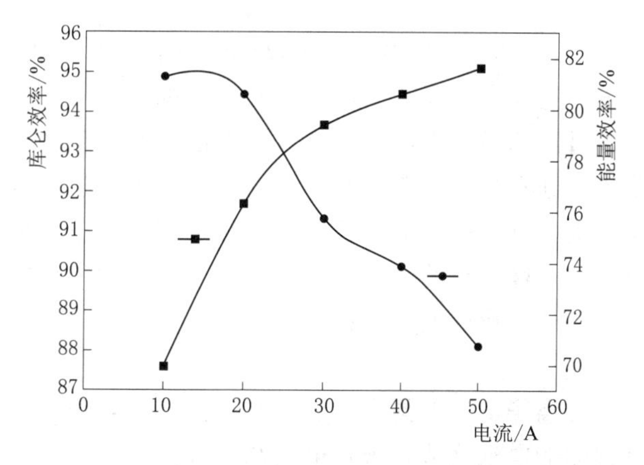

图 3-14　全钒液流电池充放电电流与库仑效率和能量效率的关系

图 3-14 表明：充放电电流对全钒液流电池的性能有重要影响。选择合适的充放电电流对全钒液流电池充放电，可获得最佳充电效果。

4. 锂离子电池

（1）发展情况。将金属锂应用到电池体系中的最初尝试始于 20 世纪 50 年代末。锂电池的发展经历“锂一次电池-锂二次电池-锂离子电池”三个阶段，锂离子电池的出现使锂电池迈入大容量储能应用领域，但锂离子电池的研发规模离产业化还有一定距离。在锂离子电池方面，美国走在世界前沿，2008 年率先开发出 2MW 锂离子电池，实现电能质量调节并充当备用电源；2011 年建成 8MW 锂离子电池储能系统并投入商业化运营，用于削峰填谷、提高电网接纳可再生能源的能力。

国内，中国电力科学研究院早于 2007 年即建立了锂离子电池研究与测试平台。2009 年，我国第一座 MW 级锂离子电池储能电站由比亚迪公司建成，用于削峰填谷。2011 年，国家电网有限公司开始建设世界首个风光储输示范项目，规划建设风电 500MW、光伏发电 100MW、储能系统 110MW，其中储能电站以锂离子电池为主，液流电池和钠硫电池为辅，用于探索储能技术在平滑功率输出、跟踪计划发电、辅助削峰填谷、参与系统调频等方面的性能作用。锂离子蓄电池各方面性能很好，但其大规模集成非常困难，因此限制了其在系统的应用。

（2）工作原理。锂离子电池是指其中的锂离子嵌入和脱逸电池正负极，并且能够充电和放电的高能电池的电极材料的总称。锂离子电池的工作过程可以实现化学能和电能的相互转换。

在充放电过程中，锂离子电池的正负极电化学反应和总反应分别为

正极

$$LiFePO_4 \underset{放电}{\overset{充电}{\rightleftharpoons}} xLi^+ + xe^- + Li_{(1-x)}FePO_4 \tag{3-13}$$

负极

$$6C + xLi + xe^- \underset{放电}{\overset{充电}{\rightleftharpoons}} Li_xC_6 \tag{3-14}$$

总反应

$$LiFePO_4 + 6C \underset{放电}{\overset{充电}{\rightleftharpoons}} Li_{(1-x)}FePO_4 + Li_xC_6 \tag{3-15}$$

从式（3-13）～式（3-15）可以看出：锂离子电池实际上是一种浓差电池。在电池充电的过程中，锂离子从电池的正极脱出，经过有机电解液和隔膜移动到负极，嵌入到碳负极材料的微孔中，此时负极处于富锂态，正极处于贫锂态，同时电子的补偿电荷从外电路供给到碳负极，负极的微孔嵌入锂离子的量越多，表明锂电池充电容量越大。同理，放电时则相反，嵌在负极的锂离子脱出，经过电解液运动回到正极，此时正极处于富锂态。返回到正极材料的锂离子越多，表明锂电池的放电容量越大，在外电路上表现为电荷的迁移运动从而形成电流。这样在电池正负极间的锂离子移动和外电路电子的流动产生电流和电压。

锂离子电池兼具高比能量和高比功率，被认为是最具发展潜力的动力电池体系，相比其他储能电池优势显著：电压高达3.2～4.2V，相当三节镍氢电池；比能量高，是锌负极电池的2～5倍；工作温度为−40～70℃；具有重量轻、功率大、无污染、寿命长、自放电系数低等特点。锂离子电池根据正极材料不同主要有钴酸锂（$LiCoO_2$）、镍钴锰锂（$LiNiCoMnO_2$）、锰酸锂（$LiMn_2O_4$）、磷酸铁锂（$LiFePO_4$）等，表3-2详细对比了各类锂电池的性能指标。

表3-2　各类锂离子电池的性能指标

性能指标	钴酸锂	镍钴锰酸锂	锰酸锂	磷酸铁锂
晶体结构	层状	层状	尖晶石型	橄榄石型
比容量/(mAh/g)	140～155	130～220	90～120	130～150
电压平台/V	3.6～3.7	3.6～3.7	3.5～3.8	3.2～3.6
工作电压范围/V	3.0～4.3	3.0～4.36	3.5～4.3	2.5～4.2
循环次数	≥300	≥800	≥500	≥2000
高温性能	一般	一般	差	好
环保性能	含钴	含镍、钴	无毒	无毒
安全性能	差	较好	良好	优秀
过渡金属含量	贫乏	贫乏	丰富	非常丰富
适用领域	小电池	小型动力电池	动力电池	动力电池/大容量电源

其中磷酸铁锂电池是锂离子电池体系中最有前景的，除却性能优越，单位价格也最为低廉，能完全实现可逆，是真正的绿色电源，适合大型储能系统，目前该技术的规模已发展到MW级，在电网削峰填谷、支持可再生能源灵活接入与稳定输出、系统稳定控制、电能质量调节、可靠性等方面都有广泛的应用示范。

锂离子电池作为储能电池具有很多优点，主要表现在以下方面：

1）高能量密度。锂离子电池的能量密度能达到120～200W·h/kg，是目前常用蓄电池中能量密度最高的电池。

2）工作电压高。锂离子电池应用的电极是具有高电负性的，因此，磷酸铁锂动力电池的标称电压为3.2V，锰酸锂和钴酸锂电池达到了3.6V。

3）低自放电。存储在非使用状态几乎没有化学反应，非常稳定。因为锂离子电池在初始充电时将形成一层固体电解质膜，具有只让离子通过而不允许电子通过的特性，从而可以防止自放电。

4）充电效率高。在电池的正常使用过程中没有副反应，电池充放电的库伦效率可达100%。

5）循环寿命长。目前，磷酸铁锂电池的循环寿命可以达到两千次以上，高的达到四千次以上，国外研究者开发了一种锂离子电池寿命达到八千次以上。

6）无记忆效应。锂离子电池的充电和放电可以在任何时间进行，而不影响容量和循环寿命。

锂离子电池也有以下缺点：

1）安全性问题。虽然制造厂商称已解决锂离子电池的安全性问题，但在根本上，锂离子电池的内部采用易燃的有机电解液体系，同时，锂的化学特性很活泼，仍存在很大的安全隐患。

2）低温性能差。电解液为有机体系，使其低温性能受限。目前还没有能够满足车辆低温性能的锂离子电池。

3）过放电能力差。在过放电过程中，电极结构被破坏，分解了部分物质，电池性能不能恢复。

4）过充电能力差。充电电压超过一定值时，电解液会发生分解，产生大量的热，导致电池故障。

5）管理系统复杂，必须管理到每只单体电池，否则一旦有电池出现过充过放就容易造成整组电池失效或安全性问题。

锂离子电池储能主要应用于以下方面：

1）风光互补系统的能量存储系统。风光互补系统进行供电时，由于太阳能和风能在转化为电能的过程中存在间歇性和不可控性，会影响电网的稳定性。因此，需要配置合理的储能系统。当发电量小于用电量时，风光互补发电量全部供给负荷使用，不足的部分由锂离子电池组放电提供；当发电量大于用电量时，一部分电能供给负荷使用，其余的电能储存于锂离子电池组中，当电池充满时，多余电能通过卸荷器消耗掉。

2）电动汽车供电系统。作为储能系统，锂离子电池可以为电动汽车进行充电，锂离子电池性能稳定，节能环保，对电动汽车进行充电时安全可靠。

3）通信基站的后备电源。在通信基站的应用中，锂离子电池储能节能环保，每个基站每年可以省电约7200kW·h，同时，锂离子电池不含有重金属，对环境无污染。

除此之外，锂离子电池在太阳能路灯中的储能、家庭用电的储能等领域也受到广泛关注，随着国家政策的支持以及能源危机，锂离子电池储能在智能电网、微电网、风光互补等领域有着巨大的潜在应用价值与市场。

5．常见电池性能比较

常见电池的性能比较见表3-3。可见，以钠硫电池、全钒液流电池和锂离子电池为代表的电池储能技术正向大容量、低成本、长寿命、高效率、高可靠性以及智能化的方向蓬勃发展。从国内外实际工程建设成果和发展趋势可以推断，大规模电池储能技术将伴随大规模可再生能源并网得到广泛应用和深入发展。

表3-3　常见电池的性能比较

电池种类	反应原理（充电方向）	比容量/[(W·h)/kg]	比功率/(W/kg)	循环次数/次	效率/%	自放电率/%
锂离子电池	负极：$xLi^{+}+xe^{-}+6C \longrightarrow Li_{x}C_{6}$ 正极：$LiFePO_{4} \longrightarrow Li_{1-x}FePO_{4}+xLi+xe^{-}$	110～160	1000～1200	1000～10000	0～95	0～1
钠硫电池	负极：$2Na \longrightarrow 2Na^{+}+2e^{-}$ 正极：$xS+2e^{-} \longrightarrow xS^{2-}$	150～240	90～230	2500	0～90	0
全钒液流电池	负极：$V2^{+} \longrightarrow V3^{+}+e^{-}$ 正极：$V5^{+}+e^{-} \longrightarrow V4^{+}$	80～130	50～140	13000	0～80	0
铅酸蓄电池	负极：$Pb+SO_{4}^{2-} \longrightarrow PbSO_{4}+2e^{-}$ 正极：$PbO_{2}+4H^{+}+SO_{4}^{2-}+2e^{-} \longrightarrow PbSO_{4}+2H_{2}O$	35～50	150～350	500～1500	0～80	25
镍氢电池	负极：$H_{2}O+e^{-} \longrightarrow 0.5H_{2}O+OH^{-}$ 正极：$Ni(OH)_{2}+OH^{-}-e^{-} \longrightarrow NiOOH+H_{2}O$	80～90	500～1000	400～500	0～70	5～20
镍镉电池	负极：$Cd_{2}-2e^{-}+2OH^{-} \longrightarrow Cd(OH)_{2}$ 正极：$2NiOOH+2H_{2}O+2e^{-} \longrightarrow 2Ni(OH)_{2}+2OH^{-}$	45～80	150～500	500～1000	0～70	5～20

3.2.2.3　电磁储能

电磁储能是将电能转化为电磁能进行存储，常见的储能方式有超级电容器储能（Super Capacitor Energy Storage，SCES）和超导储能（Superconducting Magnetic Energy Storage，SMES）两种。超导储能具有良好的动态特性，并且可以进行无损储能。超级电容器储能的能量密度高，可以进行多次充放电循环，具有能量储存寿命长和维护工作少等优点。

1．超级电容器储能

（1）发展情况。超级电容器是20世纪60年代发展起来的一种新型储能元件。目前，美国、德国、日本、韩国等都已将超级电容器储能应用于实际电网之中，并已实现了MW级的输出。在此领域，国外的研究重点主要集中于液体电解质和复合电极材料。在我国，北京有色金属研究总院、解放军防化研究院等单位正在开展超级电容器储能的相关研究；2005年，中国科学院电工研究所成功研制了适用于光伏发电系统的容量为300kW的超级电容器储能；另外，超级电容器储能的分布式配网问题也正处于研究中。超级电容器储能产品结构丰富，目前，已形成电容量0.5～1000F、工作电压12～400V、最大放电电流400～2000A等多系列产品，其最大储能达30MJ。主要应用于系统稳定控制、配合可再生能源发电、提高供电可靠性及改善电能质量等。此外，基于超级电容器与蓄电池的复合电池技术也已在电动汽车、孤立电力系统等方面进行研发。

（2）工作原理。超级电容器是一种利用电极和电解质在界面双电层储藏能量的新型容器，是在德国物理学家 Helmholz 提出的双电层理论的基础上演化发展形成的一种全新的储能器件。

超级电容器与现在通用的化学电源有所不同，既有传统电容的功能，也有电池的某些特性，其储能方式是通过双电层与氧化还原假电容电荷来进行。但是超级电容器与普通电池不同，它的储能过程是一种物理过程，没有化学反应参与其中，因此其储能过程是可逆的，基于这样的原因，超级电容器的循环使用寿命非常长。图 3-15 为普通电容器与超级电容器的结构。

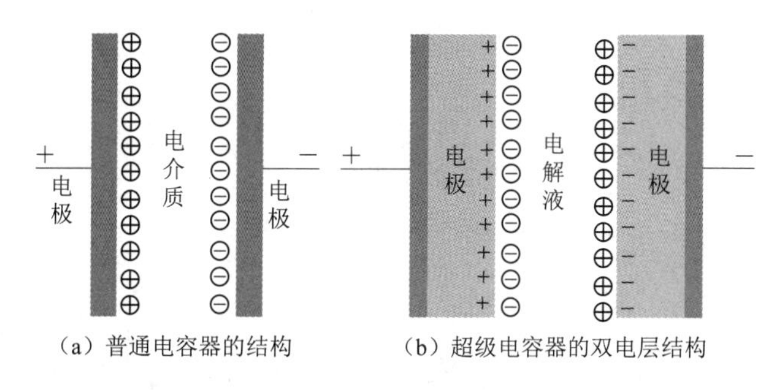

（a）普通电容器的结构　（b）超级电容器的双电层结构

图 3-15　普通电容器与超级电容器的结构

超级电容器的原理介于静电电容和化学电池之间，根据超级电容器的结构不同和电极上的反应不同，可把超级电容器分成对称型或者非对称型两类。也可根据电解液的不同分为固体电解质、液体电解质和有机电解质三种类型。还可根据其储能原理的不同分为双电层电容和法拉第准电容两类。

1）双电层电容是在电极与溶液界面通过电子或离子的定向排列造成电荷的对峙而产生的。对一个电极与溶液系统，会在电子导电的电极和离子导电的电解质溶液界面上形成双电层。当两个极板上承受一定电压时，溶液中的阴、阳离子分别向正、负电极迁移，从而在电极表面形成双电层；电场取消以后，电极上的正负电荷与溶液中极性相反的电荷离子相互吸引而使双电层稳定，在正负极间产生相对稳定的电位差。这时对某一电极而言，会在一定距离内（分散层）产生与电极上的电荷等量的异性离子电荷，使其保持电中性；当将两极与外电路连通时，电极上的电荷迁移而在外电路中产生电流，溶液中的离子迁移到溶液中呈电中性，恢复原始状态。

2）法拉第准电容模型是在 1975 年由 Conway 提出的，是在电极表面和近表面或体相中的二维或准二维空间上，电活性物质进行欠电位沉积，发生高度可逆的化学吸脱附和氧化还原反应，产生与电极充电电位有关的电容。法拉第准电容存储的能量不仅包括双电层能量，电容体内的氧化还原反应也能够产生部分电荷。

超级电容器储能系统等效电路模型应该能够反映其内部物理结构及特点，参数要有精确度，并且应用的参数比较容易测量。目前常用的超级电容器等效模型有传输线模型、拜德极化电池模型、多阶梯模型、串联等效电阻模型等，如图 3-16 所示。

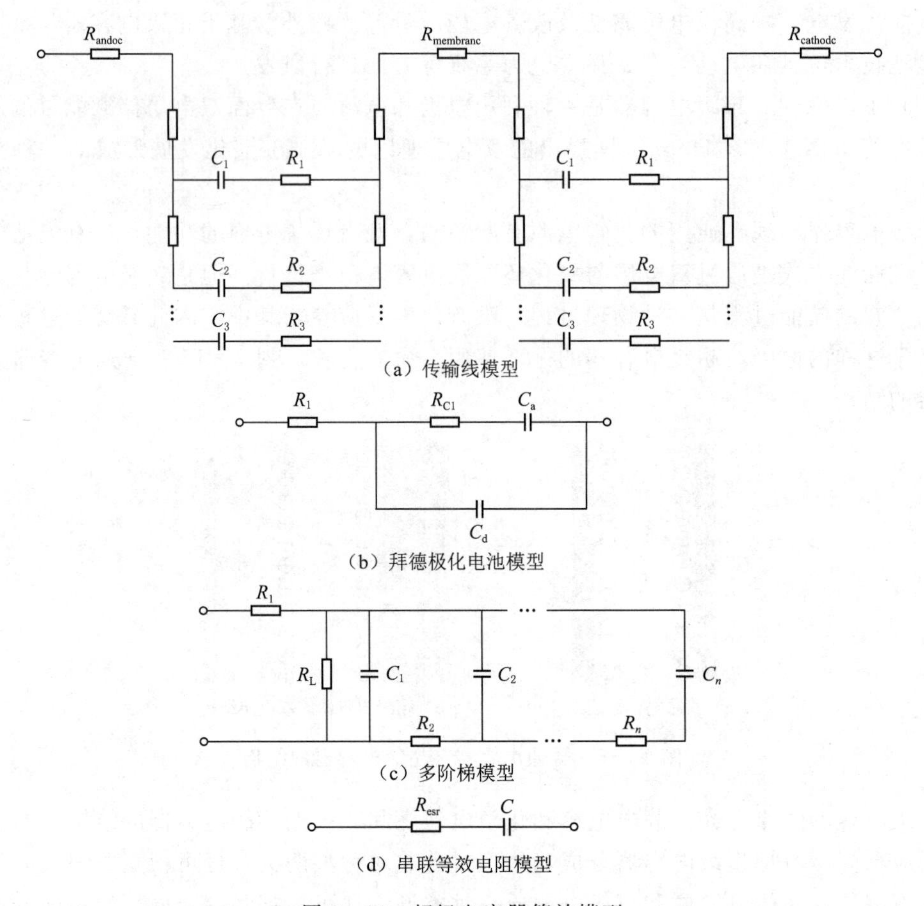

图3-16　超级电容器等效模型

超级电容器的等效内阻对电容充放电特性影响比较大，当给定一个电压扰动时，等效内阻可表示为

$$R_s=\frac{\Delta U}{\Delta I} \tag{3-16}$$

电容电压和电流的关系式为

$$i=C\frac{du_c}{dt} \tag{3-17}$$

等效电压 $u(t)$ 和端电压 $u_c(t)$ 的关系可表示为

$$u(t)=u_c(t)=iR_s \tag{3-18}$$

在工程里面，往往需要多个超级电容器进行串联或者并联来获得大电流和电压，因此组合后的等效电阻 R 和等效电容 C 分别为

$$\left.\begin{aligned}R&=\frac{N_sR_s}{N_p}\\C&=\frac{N_pC}{N_s}\end{aligned}\right\} \tag{3-19}$$

式中　N_s，N_p——串联器件数和并联支路数。

超级电容器有以下特点：

1）充放电速度快。一般的蓄电池充电时间需要几个小时，而超级电容器吞吐电流能力强，可进行大电流恒流充放电，充电过程仅需 10s～10min 便可完成。

2）循环使用寿命长。蓄电池循环充电次数在 2000 次左右，而超级电容能量转换可理解为物理过程，因此可达 1 万～50 万次，且无“记忆效应”。

3）大电流放电能力超强，充电电流可达几百安培。超级电容等效串联寄生电阻在 mΩ 级别，因此能量转换效率高，充放电过程损耗低。

4）功率密度高，可达 300～5000W/kg，相当于电池的 5～10 倍。

5）超低温特性好，其额定工作温度位于－40～70℃。

6）检测方便，电容器容量与电压值成正比，方便计算。

2. 超导储能

（1）发展情况。超导储能系统的发展经历了从低温超导到高温超导的过渡过程。传统的低温超导材料由于一般只能在液氦温区 4K 左右工作，需要配置高效的低湿冷却系统，降低了超导的经济性，限制了低温超导磁储能的应用。近年来高温超导材料技术不断发展，超导技术的应用温度也被推升至液氮温区 77K，使得超导材料的实用性大大提高，从而高温超导储能系统也得到了广泛研制和不断发展。目前，美国、日本、芬兰、德国、韩国等都已实现超导储能在实际系统中的应用，其最大实现功率已经达到 10MVA；在我国，现已研制成功了 25kJ～1MJ 的超导储能装置，中国科学院、中国电力科学研究院、华中科技大学、浙江大学等单位正在进行超导储能的研究，其侧重点主要包括第二代高温超导钡铜氧涂层导体超导储能单元、低功耗快速功率变换及其控制方法、动态建模与仿真、模块化系统的集成、分布式超导储能系统规划及其联网运行等，并将通过示范运行推动超导储能在实际项目中的应用。超导储能可用于与可再生能源发电配合、提供输配电网电压、频率调整、功率补偿、短路电流限制等方面的支撑。但与其他储能技术比较，超导储能存在成本高、维持低温所需费用昂贵等缺点。

（2）工作原理。超导储能系统的核心储能元件是超导磁体（Superconducting Magnet，SM），其在任意 t 时刻所存储的电磁能 $E(t)$ 可表示为

$$E(t)=\frac{1}{2}LI_{L}^{2}(t) \tag{3-20}$$

式中 L——超导磁体的电感；

$I_{L}(t)$——超导磁体的工作电流。

图 3-17 给出了典型超导储能系统的基本装置结构图。

超导磁体安装在封闭的低温杜瓦容器内，并采用低温制冷剂直接对超导磁体进行浸泡冷却，或采用低温制冷机间接对超导磁体进行传导冷却。当超导磁体冷却至临界温度以下时，处于超导状态，其损耗电阻近似为零。此时，超导磁体可等效为一个理想的纯电感元件。

为了实现长时间的无损能量储存，必须引入同样安装在低温杜瓦容器内的超导持续电流开关，并与超导磁体形成闭合储能回路。当外部电网出现功率波动时，超导持续电流开关断开，超导磁体将通过超导电流引线与具备双向能量流动功能的功率调节系统相连，最终实现与外部电网的在线能量交互操作。这样，通过对超导磁体的受控充放电控制，就可

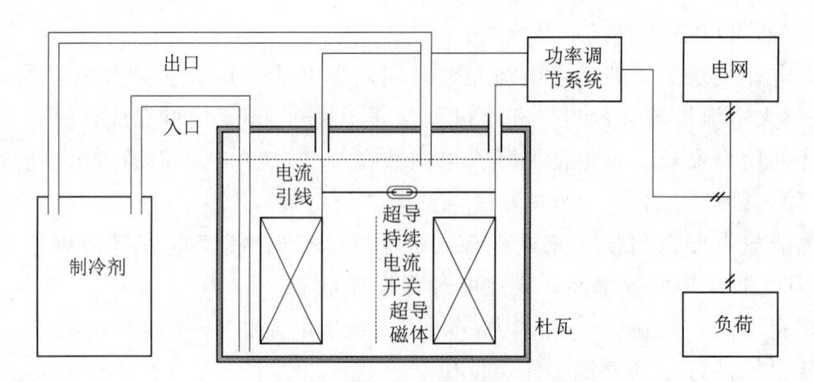

图3-17　典型超导储能系统的基本装置结构图

以将超导储能系统接入至外部电网系统中，用于解决包括功率波动、电压波动、电力调频、谐波抑制等在内的各种电力系统问题。

由于超导磁储能系统中的超导磁体工作在直流情况下，其与外部的交流电网进行能量交互操作时必须要通过具备双向能量流动功能的功率调节系统。从电路结构来看，超导储能功率调节系统主要分为电流型和电压型。由于超导磁体可等效为一个电流源，电流型功率调节系统即是将超导磁体直接通过电流源变流器后与交流电网相连。而电压型功率调节系统则是将超导磁体经直流斩波器转换成电压源后，再通过电压源变流器与交流电网相连。目前，世界范围内绝大部分的超导磁储能系统均采用了电压型功率调节系统。图3-18给出了典型电压型功率调节系统的电路拓扑图。

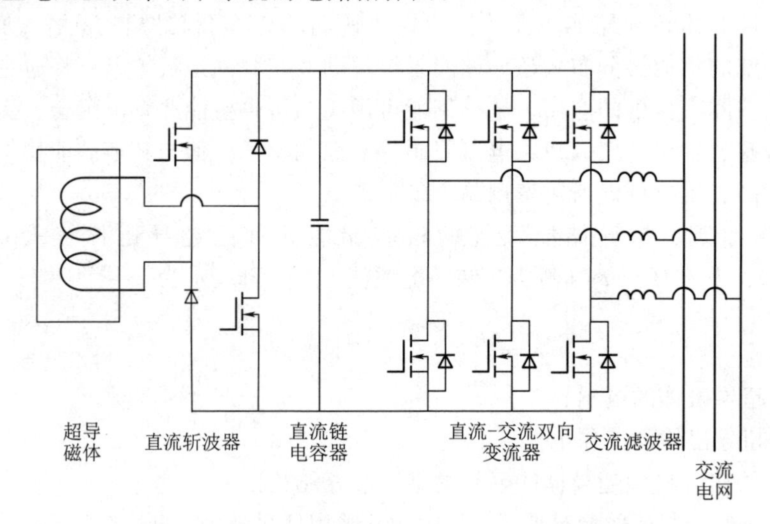

图3-18　典型电压型功率调节系统的电路拓扑图

典型电压型功率调节系统的核心部件包括超导磁体、直流斩波器、直流链电容器、直流-交流双向变流器、交流滤波器。由于图3-18中的直流斩波器起到了将电流源转换为电压源的作用，被称为电流-电压直流斩波器。

超导储能功率调节系统的基本原理如下：

1）当交流电网出现功率凹陷时，直流斩波器工作在放电状态，直流-交流双向变流器工作在逆变器状态，此时超导磁体对外部系统放电，以完成受控释放交流电网不足的电能功率的目的。

2）当交流电网出现功率凸出时，直流斩波器工作在充电状态，直流-交流双向变流器工作在整流器状态，此时外部系统对超导磁体充电，以完成受控吸收交流电网过剩的电能功率的目的。

3）当交流电网工作在额定功率时，直流斩波器工作在储能状态，直流-交流双向变流器停止工作，此时超导磁体形成自身储能回路，不与外部系统进行能量交互操作。

对超导储能在电力系统中的应用和功能进行总结，按照功能相关性进行划分，得到图3-19所示的功能分布图。

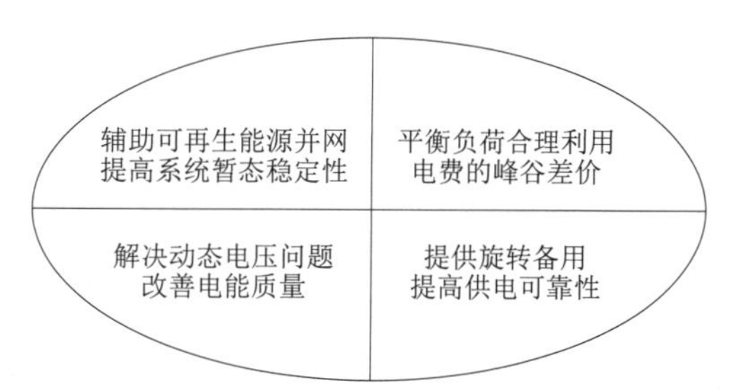

图3-19 超导储能在电力系统中的功能

超导储能的具体功能如下：

1）提供电力系统旋转备用容量。利用超导储能大功率、快响应的储能特性储存备用电能，作为电为系统备用容量以提高发电机组的利用率和供电可靠性。

2）用于改善电能质量。超导储能可动态地吸收或释放有功功率，可用来平抑负荷波动或者减小发电机输出功率变化对电网的冲击。超导储能还可作为敏感负荷和重要设备的不间断电源（UPS），保证重要负荷的供电可靠性。小容量超导储能可以参与稳定电网的频率，提高电力系统频率稳定性。

3）提供动态无功补偿，增强电压稳定性。超导储能同样可以快速地输送无功功率，进行动态无功功率补偿，降低电网电压波动，从而改善电力系统的暂态稳定性。此时，超导储能的功能与静态无功补偿装置STATCOM和SVC相似。

4）提高电力系统暂态稳定性。电力系统的结构和特性十分复杂，在运行过程中会受到各种随机的扰动，如电网故障、可再生能源发电系统故障切出等。通过对超导储能的合理控制，可提高电力系统对扰动的抵抗能力，改善电力系统的暂态稳定性。

5）用于分布式可再生能源发电系统，辅助可再生能源并网。对于风力发电和光伏发电等分布式可再生能源发电系统，超导储能可以动态地输出功率来平滑这些分布式发电系统的输出功率，从而使其满足输出功率平滑及电压稳定的要求。

3.2.2.4 储能方式对比

主要储能方式的技术性能比较见表3-4。

表3-4　主要储能方式的技术性能比较

储能方式	额定容量/MW	比容量/[(W·h)/kg]	比功率/(W/kg)	连续放电时间	效率/%	成本/[$/(kW·a)]	寿命/次（放电深度为80%）	响应时间	运行温度
飞轮储能	10^{-3}～10	40～230	>5×10³	15～15min	70～80	80	10^4～6×10^4	<1s	−40～50℃
铅酸蓄电池储能	10^{-3}～50	35～50	75～300	1min～数h	60～80	25	2×10^2～5×10^3	<10s	10～30℃
钠硫电池储能	10^{-3}～40	150～240	90～230	1min～数h	80～90	85	<3×10^3	<10s	290～320℃

续表

储能方式	额定容量/MW	比容量/[(W·h)/kg]	比功率/(W/kg)	连续放电时间	效率/%	成本/[$/(kW·a)]	寿命/次（放电深度为 80%）	响应时间	运行温度
锂离子电池储能	$<8\times10^{-2}$	150～200	200～315	1min～数 h	85～95	120	10^{3}～10^{4}	<10s	−10～50℃
全钒液流电池储能	<0.8	80～130	50～140	1min～数 h	70～80	60	$<1.3\times10^{4}$	<10s	10～35℃
抽水蓄能	10^{2}～2×10^{3}	—	—	4～10h	60～70	200	10^{4}～5×10^{4}	10s～4min	1～35℃
压缩空气储能	10～3×10^{2}	—	—	1～20h	40～60	150	8×10^{3}～3×10^{4}	1～10min	35～50℃
超级电容器储能	10^{-3}～1.5	0.2～10	10^{2}～5×10^{3}	0.1s～1min	80～95	85	10^{3}～10^{5}	<1s	−30～50℃
超导储能	5×10^{-3}～20	1～10	10^{7}～10^{12}	ms～15min	80～95	150	10^{4}～10^{5}	<5ms	4.2～77K

主要储能方式的技术特点及其应用比较见表 3－5，可以看出抽水蓄能、大规模电池储能和压缩空气储能比较适合作为能量管理系统，电池储能、超级电容器储能及飞轮储能更适合于调节电能质量，提高系统可靠性。从表 3－5 可以看出，几种主要的储能方式中飞轮储能、超导储能及几种电池储能均适合用于可再生能源发电及微电网中。

表 3－5　　主要储能方式的技术特点及其应用比较

储能方式	优　点	缺　点	应用范围
抽水蓄能	容量大，技术成熟，效率 60%～70%	投资大，建设周期长，受地形限制	削峰填谷，调相，紧急备用
飞轮储能	功率密度高，寿命长，响应速度快，建设周期短，环境友好	能量密度低，费用高，需要真空运行	调峰，可再生能源功率调节，不间断电源
超级电容器储能	功率密度高，寿命长，响应速度快，效率高	能量密度低，费用高	平滑负荷，电压补偿，启动支撑
超导储能	效率非常高（95%），毫秒级响应速度	成本高，低温系统复杂，运行维护周期短	平滑可再生能源输出功率波动，系统备用容量，为输电线路提供电压支撑
铅酸蓄电池储能	便捷的充放电控制，制作材料技术和工艺成熟，成本低，安全可靠	循环寿命短，能量密度低，在低温下性能差，环境不友好	热备用，频率控制，平衡负荷，削峰
锂离子电池储能	循环寿命长，工作电压高，可大电流充放电，安全性好	低温性能差，保持电池一致性困难	电压、频率控制，平滑可再生能源输出功率波动，削峰填谷
钠硫电池储能	循环寿命很长，响应速度快，高能量密度	效率略低，工作温度要求高（300℃）	平滑可再生能源输出功率波动，削峰填谷
全钒液流电池储能	电池活性物质理论寿命长，可深度放电，便于增容，组成的系统灵活	总体能量效率低，占地面积大，易腐蚀辅助设备	平滑可再生能源输出功率波动，削峰填谷，备用电源

3.3 光伏储能系统工作模式研究

3.3.1 光伏储能系统结构

光伏储能系统根据是否带隔离变压器可将光伏储能并网系统分为非隔离型、工频隔离型与高频隔离型三类。

1. 非隔离型光伏储能并网系统

非隔离型光伏储能并网系统与电网具有电气连接，实际的光伏发电系统中光伏组件与地之间存在对地寄生电容。潮湿环境或雨天，该寄生电容可达 200nF/kWp，而当众多光伏组件经串并联组成大规模光伏阵列后，寄生电容会更大。此对地寄生电容与光伏发电系统主电路和电网形成共模回路。逆变器中开关器件动作引起寄生电容电压变化，整个共模回路在寄生电容的共模电压激励下产生共模电流。如图 3-20 所示，共模回路的对地寄生电容与逆变器中滤波元件和电网阻抗形成谐振回路，当共模电流频率达到谐振回路的谐振频率点时，电路中会出现大的漏电流，此共模电流不仅增加了系统损耗，还会影响逆变器正常工作，同时向电网注入大量谐波，带来安全问题；另外，由于非隔离型光伏并网逆变器的桥臂与电网直接相连，维护人员碰到光伏侧时，电网电流流过桥臂将威胁人员安全，无法保证光伏侧的电气安全。出于上述考虑，电气隔离在光伏储能并网系统中的应用越来越广泛。

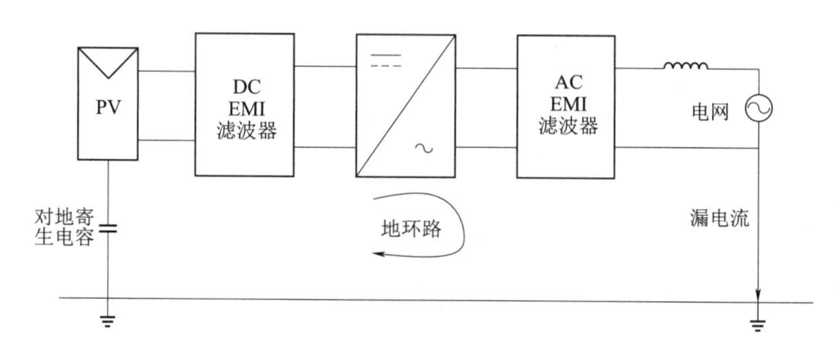

图 3-20 非隔离型光伏储能并网逆变器对地电流原理图

2. 工频隔离型光伏储能并网系统

工频隔离型光伏储能并网系统是目前最为常用的结构。其拓扑结构是在非隔离型光伏储能并网系统的基础上，在电网侧加入工频变压器，如图 3-21 所示。

光伏及储能装置分别经 Boost 变换器、Buck-Boost 变换器连接于直流母线，然后经三相并网逆变器变为与电网同频率的交流电能，再经工频变压器送入电网。此结构中的变压器具有电压匹配和电气隔离的作用。由于采用工频变压器对输入和输出隔离，使得控制电路和主电路的设计相对简单，同时也使得光伏阵列的输出直流电压匹配范围变大。相比于非隔离型光伏储能并网系统，引入工频隔离变压器可有效避免操作人员接触到光伏侧时电网电流流过逆变器桥臂对人产生伤害，系统的安全性能提高。同时，工频隔离变压器能够防止光伏储能并网系统向电网注入直流分量，能够有效防止配电变压器的饱和。

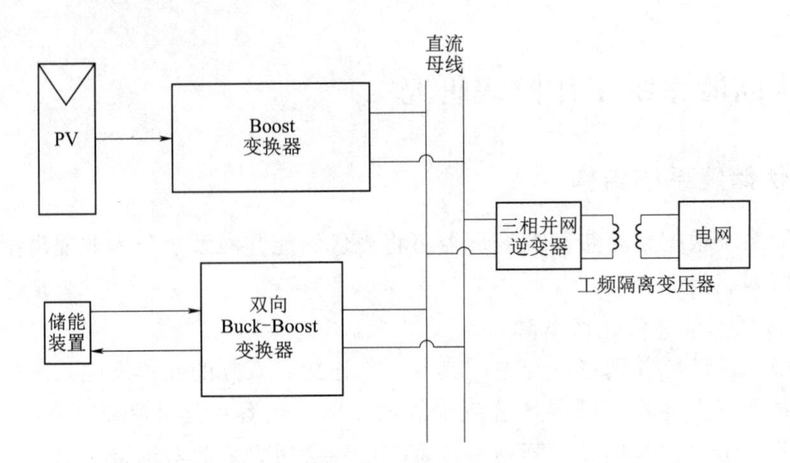

图 3-21 工频隔离型光伏储能并网系统

工频隔离型光伏储能并网系统一般用于光伏电站等功率较大的场合，工频隔离变压器具有重量重、体积大的缺点，家用光伏储能并网系统对体积要求较高，工频隔离型光伏储能并网系统并不适用。

3. 高频隔离型光伏储能并网系统

高频隔离型光伏储能并网系统逆变器在实现电网与光伏侧的电气隔离与电压匹配外，同时也可大幅降低变压器的体积、重量与成本。图 3-22 为高频隔离型光伏储能并网系统。

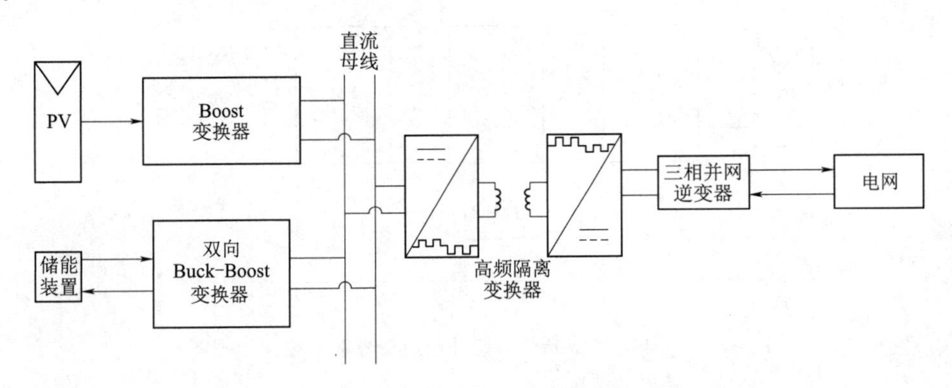

图 3-22 高频隔离型光伏储能并网系统

高频隔离变换器的引入不仅具备工频隔离型光伏储能并网系统电气隔离、防止注入电网直流分量的优点，而且能够提高效率、减小体积和降低成本，极大地丰富了中小功率光伏储能并网系统的拓扑结构，同时系统变换环节也将变得更为复杂。高频隔离型光伏储能并网逆变器主要应用于低功率等级的太阳能发电系统中，对于其推广应用有着重要的意义。

3.3.2 光伏储能并网系统的工作模式

（1）工作模式1。光伏阵列输出的最大功率 P_{pvmax} 大于负荷需要的功率 P_{dc}，此时蓄电池已经充满。蓄电池停止充电，Buck - Boost 变换器停止工作，Boost 变换器工作于 Non - MPPT 控制模式，光伏阵列不再工作于最大功率点，而是按照给定的输出功率进行工作，此种工作情况属于极端运行模式，如图 3 - 23 所示。

(2) 工作模式 2。光伏阵列输出的最大功率 P_{pvmax} 大于负荷需要的功率 P_{dc}，此时蓄电池可以正常进行充放电。Boost 变换器工作于 MPPT 控制模式，Buck - Boost 变换器工作在 Buck 工作模式，光伏阵列输出的多余能量 ΔP 通过控制充电电流值大小给蓄电池充电，系统的这种工作状况属于正常工作模式，如图 3 - 24 所示。

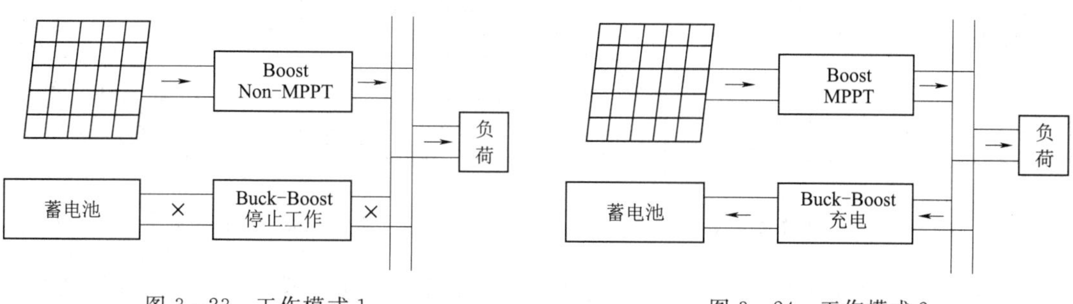

图 3 - 23　工作模式 1　　　　图 3 - 24　工作模式 2

(3) 工作模式 3。考虑到蓄电池充放电电流值的限制，尤其是蓄电池的充电电流不能过大。当蓄电池充电电流达到最大可能值时，Buck - Boost 变换器工作在 Buck 工作模式，给蓄电池以最大电流进行充电，光伏阵列输出的最大功率 P_{pvmax} 仍大于负荷需要的功率 P_{dc}，Boost 变换器就要工作于 Non - MPPT 控制模式，避免母线功率过大，处于非正常工作模式，如图 3 - 25 所示。

(4) 工作模式 4。当光照强度变小时，光伏阵列输出的功率就会降低，当光伏阵列输出的最大功率 P_{pvmax} 降低到不能满足负荷需要的功率 P_{dc} 时，Boost 变换器工作于 MPPT 控制模式，使光伏阵列尽可能多地发出功率，蓄电池放电，以补充母线上不足的功率，此时 Buck - Boost 变换器工作在 Boost 工作模式，处于正常的工作模式下，如图 3 - 26 所示。

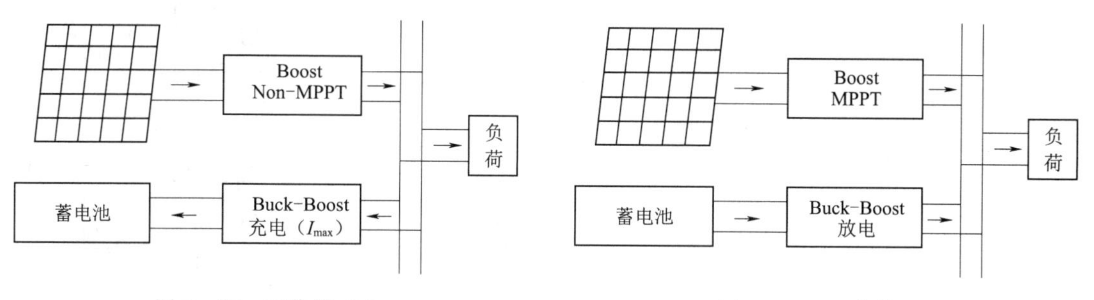

图 3 - 25　工作模式 3　　　　图 3 - 26　工作模式 4

(5) 工作模式 5。当母线上负荷突然增大很多时，此时光照强度很弱，光伏阵列输出的最大功率 P_{pvmax} 比负荷需要的功率 P_{dc} 小很多，Boost 变换器工作于 MPPT 控制模式，蓄电池以最大电流值给母线提供能量，以补充母线上不足的功率，此时 Buck - Boost 变换器工作在 Boost 工作模式，若仍不能满足负荷的功率需求，就要有选择性地切除部分不重要的负荷，此时处于非正常运行模式，如图 3 - 27 所示。

（6）工作模式 6。当系统遇到连续的长时间阴雨天或是使蓄电池长时间放电的其他情况，蓄电池本身是有一定的容量限定的，当蓄电池电量降低到一定值时，为避免蓄电池过度放电而损坏，Buck - Boost 变换器就需要停止工作，处于关断模式，同时也就导致整个系统停止工作，如图 3 - 28 所示。

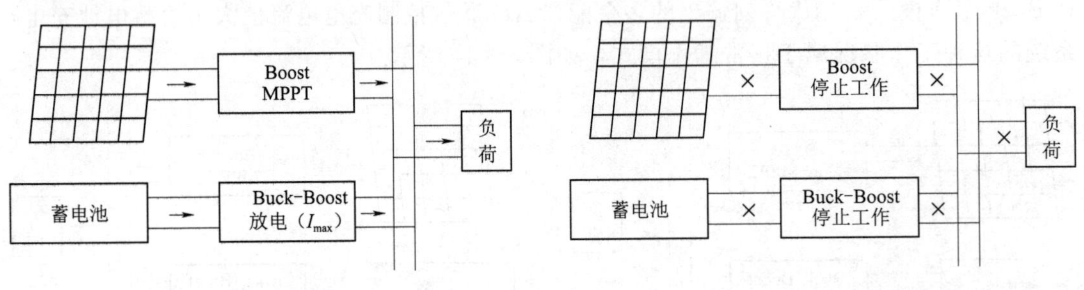

图 3 - 27　工作模式 5　　　　图 3 - 28　工作模式 6

综上所述，将光伏储能系统的工况详细地划分成了 6 种工作模式，其中工作模式 2 及工作模式 4 没有受任何条件影响，为系统正常的工作模式；工作模式 3 及工作模式 5 因受到蓄电池充放电电流幅值的影响，就会处于非正常的工作模式下；而剩下的工作模式 1 和工作模式 6，由于有变换器处于停止工作状态，也属于非正常工作模式，处于停机状态。将以上 6 种工作模式概括为表 3 - 6。

表 3 - 6　　光伏储能系统工作模式

工作模式	功率情况	SOC	控制方案	能量流动
1	$P_{pvmax}>P_{dc}$	≥95%	蓄电池停止工作，PV 工作于 Non - MPPT	负荷 蓄电池
2	$P_{pvmax}>P_{dc}$	<95%	蓄电池充电，PV 工作于 MPPT	负荷 蓄电池
3	$P_{pvmax}>P_{dc}$	<95%	蓄电池以 I_{INmax} 充电，PV 工作于 Non - MPPT	负荷 蓄电池
4	$P_{pvmax}<P_{dc}$	>40%	蓄电池放电，PV 工作于 MPPT	负荷 蓄电池

续表

工作模式	功率情况	SOC	控制方案	能量流动
5	$P_{pvmax}<P_{dc}$	>40%	蓄电池以 I_{Omax}放电，PV 工作于 MPPT	负荷 蓄电池
6	$P_{pvmax}<P_{dc}$	<40%	蓄电池停止工作，PV 停止工作	负荷 蓄电池

第 4 章

光伏发电 MPPT 技术

4.1 MPPT 技术

光伏电池输出的功率因受外部环境的温度、光强及负荷等因素的影响而呈现非线性变化，短时间内光照强度和电池温度不变时，光伏电池有一个最大功率输出点，称此最大输出功率值为光伏发电系统的最大功率点。让光伏电池输出一直处于最大功率点状态，可有效提高光伏电池的能量转化效率，有必要根据外界环境的变化实时调整光伏电池的输出功率点，使其输出功率点接近或在最大功率点运行，通过调节影响光伏电池输出功率的变量找到光伏电池最大功率输出状态，这一过程即被称作 MPPT。在光伏发电系统的相关研究中，MPPT 控制一直作为关键问题之一被广泛研究。

图 4-1 描述了光伏电池阵列在外界温度恒定、光照强度变化条件下的光伏电池输出特性和 MPPT 实现原理。图 4-1 中 C_1 和 C_2 分别为不同光照强度下的光伏电池输出特性曲线，且 A_2、B_3 分别为不同光照强度下的最大功率点，L_1、L_2、L_3 表示不同阻性负荷的伏安特性曲线。光伏电池的输出 $I-U$ 特性曲线与负荷特性曲线的交点就是光伏发电系统的工作运行点。

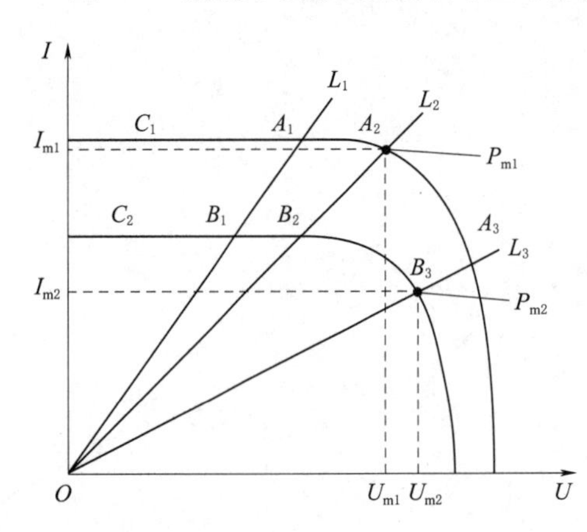

图 4-1 光伏电池输出特性和 MPPT 实现原理

对于负荷特性曲线为 L_1 的负荷，在光照强度为 C_1 时，光伏发电系统运行在 A_1 点处，并非光伏电池的最大功率点 A_2。为了使光伏发电系统能工作在最大功率点，必须通过 MPPT 调整负荷特性曲线，使其由 L_1 变为 L_2。若光照强度减弱，光伏电池输出特性曲线由 C_1 变为 C_2，系统的工作点会发生变化，由 A_2 变为 B_2。对于曲线 C_2，工作点 B_2 并不是最大功率点，因此，光伏发电系统又需要调节负荷特性，由 L_2 变到 L_3，使系统运行点由 B_2 变到 B_3。

通过对 MPPT 控制过程的分析可知，光伏电池 MPPT 的控制策略就是通过实时测量光伏电池的输出电压、电流，从而计算出光伏电池的输出功率，并基于此输出功率做一定的控制算法预测，得出当前环境温度与光照条件下所能出现的最大功率输出值。然后，通过 MPPT 控制改变负荷特性曲线，实现功率匹配，使系统能工作在最大功率点处，满足系统输出最大功率点的基本要求。

4.2 DC－DC 变换器实现 MPPT 控制原理

DC－DC 变换器通过适当的控制算法调节其开关导通占空比，能实现输出功率的调节。对于光伏阵列来说，通过调节 DC－DC 变换器的开关占空比能实现等效输出阻抗的调节，从而完成光伏阵列的 MPPT 控制。图 4－2 所示为采用 Buck 降压电路的 MPPT 控制拓扑。

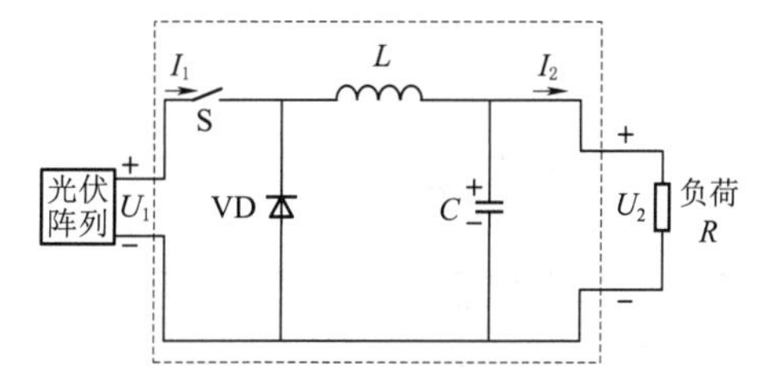

图 4－2 采用 Buck 降压电路的 MPPT 控制

由 Buck 降压电路的基本工作原理可得

$$U_2=DU_1 \tag{4-1}$$

式中 D——Buck 电路开关管的占空比。

假设各元器件均为理想元件，无功率的损耗，则 Buck 电路输入端与输出端功率相等，即 $U_1I_1=U_2I_2$，则有

$$I_2=\frac{I_1}{D} \tag{4-2}$$

综合式（4－1）和式（4－2）可得，从 Buck 电路输入端看去的等效输出阻抗为

$$x_{i,j}(t+1)=x_{i,j}(t)+v_{i,j}(t+1) \tag{4-3}$$

由式（4－3）可以看出，光伏阵列输出端先接 DC－DC 变换器再接负荷，就可以通过控制 DC－DC 电路的开关管占空比 D 来调节光伏阵列的等效输出阻抗。

根据戴维南定理可将图 4－2 的电路图转化为图 4－3 的等效电路图。

如图 4－3 所示，首先光伏阵列作为电能供给侧，可将其等效为电压源串联电阻的模型，而将后级的 DC－DC 电路和负荷一起等效为输出阻抗 R_{eq}。根据最大功率传输定理可知，当且仅当输出端等效电阻与电源内阻相同，即 $R_{eq}=R_0$，输出端能获得唯一的最大功率 P_m。

因此，DC－DC 变换器作为 MPPT 控制器，能够通过调整开关管占空比 D 寻找到最合适的等效输出阻抗，使光伏阵列的输出功率达到最大，从而实现光伏阵列的 MPPT 控制过程。

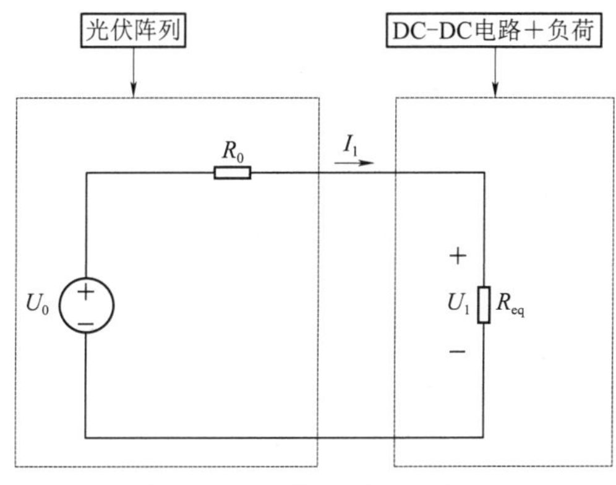

图 4－3 戴维南等效电路图

DC－DC 变换器也被称为直流斩波电路，通过控制电力电子开关器件的导通与关断改变开关的占空比，使输入的直流电压可调，变为所需要的输出直流电压。光伏发电系统中的 DC－DC 变换器的作用包括：①将光伏阵列产生的直流电升高或降低转化为后级所需要的电压等级；②DC－DC 变化器还作为最大功率跟踪控制器，实现光伏阵列最大输出功率点的实时动态追踪。DC－DC 变换器的种类很多，其中常见的基本斩波电路存在

Buck 变换器、Boost 变换器、Boost - Buck 变换器、Cuk 变换器、Sepic 变换器和 Zeta 变换器 6 种。如图 4 - 4 所示。

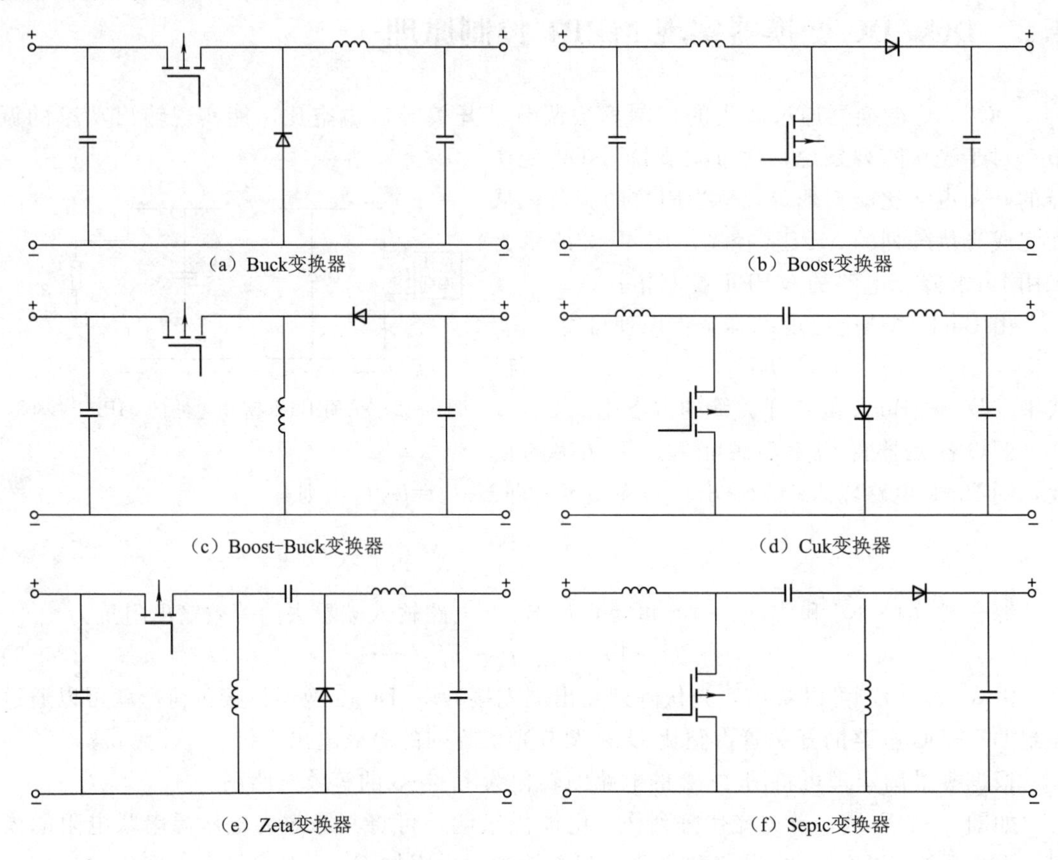

图 4 - 4　常见的基本 DC - DC 变换器

在这 6 种常见的 DC - DC 变换器中，Buck 变换器和 Boost 变换器是最基本的类型，Buck 变换器只能应用于降压电路中，负荷侧所需的直流电压等级较低，一般仅用于自带储能设备的独立式光伏发电系统；而 Boost 变换器应用于需要升高光伏阵列输出电压的情形，常用于将光伏阵列输出的较低直流电压并入电网中，Boost 变换器有拓扑简单、易于控制，同时转换效率高等优势。因此，Boost 斩波电路使用相当广泛。

4.3　MPPT 主要控制方法及分析

MPPT 控制策略是提高光伏利用效率的有效措施，也是国内外研究的热点和重点。MPPT 控制策略主要包括恒定电压法、短路电流法、扰动观察法、电导增量法等传统控制策略，还有一些在传统方法的基础上改进的控制方法。新颖的智能控制方法包括模糊控制法、粒子群算法、神经网络法、遗传算法及其优化算法。相比较而言，虽然新颖的控制方法理论上响应速度快、控制精度高，但实现起来较复杂，成本高，目前在工程应用中比较少，应用最多的还是传统方法和在其基础上改进的控制方法。

目前 MPPT 控制方法主要存在以下问题：

（1）不能同时兼顾控制速度和精度的问题。MPPT 算法往往为了实现特别精确的效果，导致算法非常复杂、臃肿，从而牺牲了速度。如果只顾提高跟踪速度的话，经常精简算法，减少一些运算步骤，导致跟踪精度下降。

（2）出现误跟踪现象。由于 MPPT 的控制思想是跟踪到最大功率点，就很难保证光伏电池输出功率的变化完全是由光照强度或温度等环境条件的改变而引起的，扰动本身也可能给整个系统带来最大功率点的跟踪误差。当外界环境变化非常快的情况下，MPPT 算法的判据就容易出现误跟踪情况，因为算法的计算速度跟不上环境的变化，从而出现偏差。

（3）MPPT 算法的实验验证很难。无论是采用短时实测还是统计的方法验证 MPPT 算法的有效性都不可靠。短时实测的方法只能反映一段时间内的效果，而且不具有普遍性，在环境变化的情况下，得出的效果可能会不同。而长期统计的方法虽然能够反映算法的运行效果，但耗时太长，而且不能得到准确的功率特性曲线。

（4）忽略局部遮挡的条件。传统及改进型的 MPPT 算法通常只考虑了光照均匀变化时的情况，而忽略局部遮挡的特殊情况，因此设计出来的跟踪方法会在局部极值点附近徘徊，引起误判问题的发生。

4.3.1 恒定电压法

恒定电压法（Constant Voltage Tracking，CVT）是基于光伏阵列在不同的光照环境下其最大功率点处的输出电压都几乎为光伏电池开路电压的 0.76 倍，在一个较小的电压范围内认为该电压是恒定的。其跟踪过程是：控制器采集获取不同温度下光伏阵列最大功率点处的工作电压，然后定时地控制输出电流为零，测量此时的电压为开路电压，通过 PI 反馈调节光伏输出电压，通过 PWM 信号使其输出电压保持在开路电压的 0.76 倍处，然后循环往复。

恒定电压跟踪法的优点是原理简单、容易实现。但其缺点也很明显，需要定时地测量获取系统的开路电压，造成能量损失，另外：在环境变化情况下，其鲁棒性较低；在系统长时间运行的情况下，跟踪性能也变差。另外恒定电压法忽略了环境温度的影响，不适合环境因素变化频繁或者温度变化剧烈的情况下使用。

当发生局部遮挡时，传统的单峰 $P-U$ 特性曲线呈现多峰值特性，相较于单峰特性曲线，多峰 $P-U$ 特性曲线的最大功率点的分布显得更为复杂，最值点偏离原最大功率点的程度相较于单峰曲线时的情况会更为严重，此时，在单峰条件下性能不佳的恒定电压法会更加力不从心，因此，该方法对于多峰值情况的 MPPT 仍有待完善。

4.3.2 短路电流法

短路电流法的控制方法与开路电压法较为相似，即将光伏电池的输出电流定格在某一特定点上，有

$$I_{in}=I_{set} \tag{4-4}$$

恒定电流法的思想基础是，在光照和温度变化不大的情况下，电池输出的最大功率点

所对应的电流为该电池短路电流值乘以一个比例参数附近。

在单峰值条件下，短路电流法的缺陷较为突出：该方法的控制思想基础较为薄弱，因为光照强度会对光伏电池的光生电流产生明显的影响，从而明显改变光伏电池的短路电流，且实际运行条件下，昼夜更替会致使光照强度出现大幅度的循环变化，若短路电流值低于设定的电流值，则有可能导致控制方法失效，甚至对光伏器件的安全造成威胁。

在多峰值情况下，在光照较为充足的白天，由于局部遮挡，$P-U$ 曲线呈现多极值特性，最大功率点电流可能会远远偏离设定的电流值，该情况下，如果继续采用恒定电流法，会导致光伏发电系统的工作点远远偏离最大功率点，从而造成能源浪费；在夜间，恒定电流法则会出现与单峰情况下同样的问题。因此，该方法对于局部遮挡情况的适应能力仍有待提高。

4.3.3　扰动观察法

扰动观察法（Perturbation and Observation Algorithm，P&O）是目前光伏发电系统中 MPPT 控制最常用的算法之一。其基本工作原理是：由光伏电池的输出 $P-U$ 曲线可知，当光伏电池工作在最大功率点 P_m 左侧时，$dP/dU>0$；当光伏电池工作在最大功率点 P_m 右侧时，$dP/dU<0$；只有在最大功率点 P_m 处时，$dP/dU=0$。

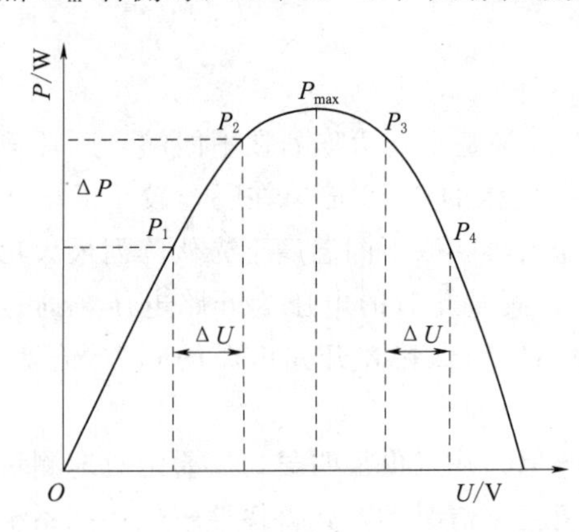

图 4-5　扰动观察法的 $P-U$ 曲线图

扰动观察法的控制过程为：让光伏电池工作在一个初始电压，通过调节 DC-DC 变换器的占空比，给光伏电池输出电压一个周期性的扰动；比较扰动前后的功率变化，若功率值增加，即沿 $dP/dU>0$，则表示扰动方向正确，可朝同一方向扰动，反之，若功率值减小，则向相反的方向扰动。

如图 4-5 所示，占空比经过变化后，光伏电池的输出功率如果较上一时刻的差值 ΔP 为正值，则占空比继续保持该方向变化；反之，则向相反的方向变化。表 4-1 为其控制规则。

表 4-1　扰动观察法控制规则表

ΔP	ΔU	U 的变化方向	ΔP	ΔU	U 的变化方向
负值	负值	电压增加	正值	负值	电压减少
负值	正值	电压减少	正值	正值	电压增加

重复此判断操作，直到追踪到某一功率点处产生小范围振荡，便可认定追踪到了最大功率点。扰动观察法的算法流程图如图 4-6 所示。

扰动观测法是工程应用中较为广泛的方法，该方法控制原理简单、被测参数少、对传感器精度要求不高、硬件的设计较为容易，适合利用数字控制编程来实现。如果光伏发电系统对传感器电路的硬件要求性不高，能够实现 MPPT 的有效跟踪。然而，由于扰动电压的存在，系统稳态运行时，在最大功率点两侧始终有小幅度的振荡，因此降低了整个系统的稳定性，造成功率的严重损耗。除此之外，电压初始值和扰动步长的选取较为困难；若扰动步长 ΔU_c 取值太小，虽然能够提高跟踪精度，但跟踪速度大大降低；若 ΔU_c 取值太大，能够提高跟踪速度，但稳态时波形震荡严重，追踪精度不高。且当光照强度变化较大时容易出现误判的现象，因此在工程应用中要根据实际情况选取适当的初始电压跟扰动步长。

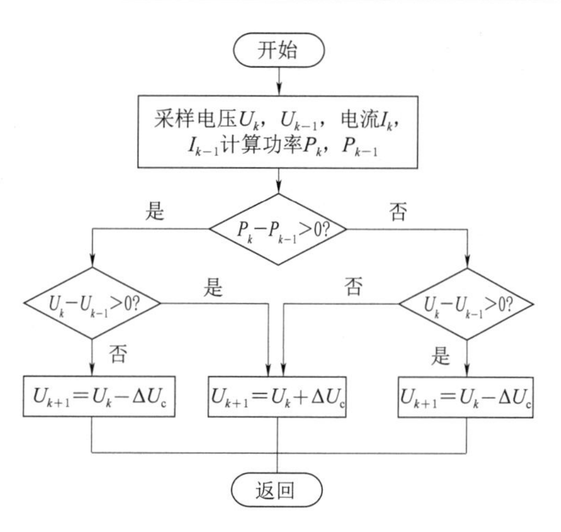

图 4-6 扰动观测法的算法流程图

4.3.4 电导增量法

电导增量法（Incremental Conductance，INC）也是目前较为常用的一种光伏MPPT控制方法之一，其控制效果好，控制稳定度高，但对控制系统设备的要求也较高。它是从光伏发电系统输出功率随输出电压变化率而变化的角度，来推导系统工作于最大功率点时的电导和电导变化率之间的关系，从而提出的MPPT算法。

电导增量法和扰动观察法类似，通过改变控制器的占空比使光伏电池的输出电压发生变化，然后根据改变后光伏电池的输出功率对电压的微分的正负，决定下一步占空比变化方向来实现的。在使用相同步长情况下，电导增量法在达到最大功率点后光伏电池输出功率波动的幅度比扰动观察法要小，相较于扰动观察法算法复杂度要高。

如图 4-7 所示，占空比经过变化后，如果 dP/dU 值为正值，则占空比继续保持该方向的变化；如果 dP/dU 为负值，则向相反的方向变化；若 dP/dU 值为零，则表明达到了最大功率点，此时占空比不变。

根据光伏电池在最大功率点处的输出 $P-U$ 曲线的斜率 K 为零，有

$$K=\frac{dP}{dU}=\frac{d(UI)}{dU}=I+U\frac{dI}{dU} \tag{4-5}$$

表 4-2 为电导增量法控制规则。

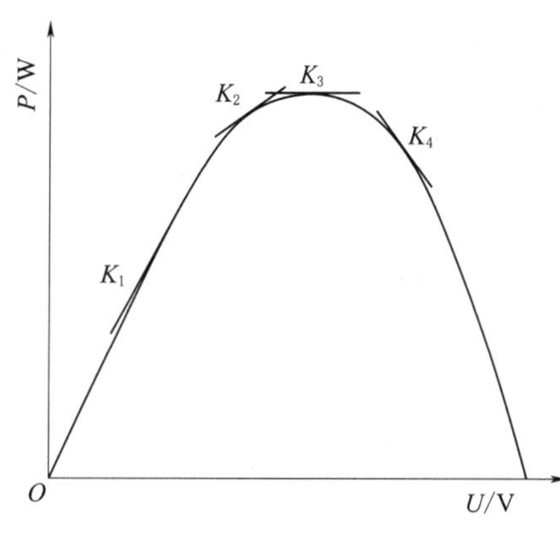

图 4-7 电导增量法的 $P-U$ 曲线图

当 $dP/dU=0$ 时，光伏阵列的输出功率值最大，可以推导出系统处于最大功率点的关系式为

$$\frac{I}{U}+\frac{dI}{dU}=G+dG=0 \tag{4-6}$$

式（4-6）中的输出特性曲线的电导用 G 表示，电导增量的增长量用 dG 表示，进一步推导得到最大功率点的判别过程为：当电导变化量与电导和大于0时，系统工作于最大功率点左侧，需增大输出电压值；当电导变化量与电导和等于0时，系统工作于最大功率点处，输出电压保持不变；当电导变化量与电导和小于0时，系统工作

表 4-2　　电导增量法控制规则表

K	ΔP	U 的变化方向	K	ΔP	U 的变化方向
正值	负值	电压减少	负值	负值	电压增加
正值	正值	电压增加	零值	不变	不变
负值	正值	电压减少			

于最大功率点右侧，需减小输出电压值。

如图 4-8 所示为电导增量法的算法流程图，由于计算电导增量 dG 牵扯到判别式中的分母 $dU=0$ 的情况下会导致系统无法判决，进而致使算法出现错误，所以要进一步判断 U_k-U_{k-1} 的值是否为 0，若为 0 则返回重新采样电压值。

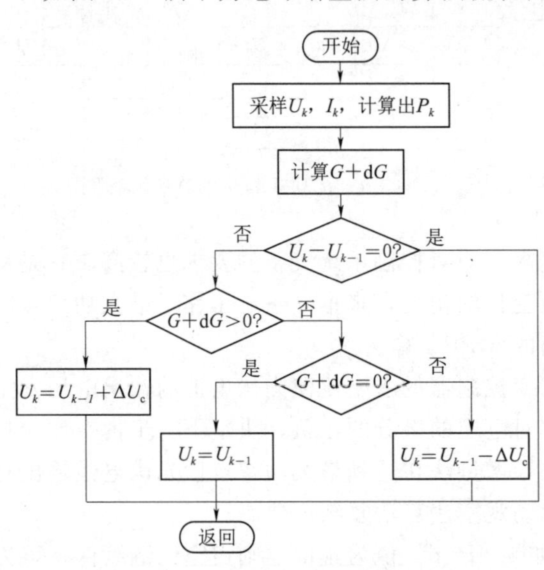

图 4-8　电导增量法的算法流程图

由于电导增量法是基于光伏器件输出物理特性曲线，误判率低，且当外部环境变化较快时，也能够快速准确地追踪到最大功率点。在工程应用中，还应设置死区时间，进而消除系统稳定工作时的振荡。但是，电导增量法中要反复进行大量的微分计算，所以其控制器的选择上要保证运算速度足够快。因此电导增量法的缺点是对于电压初始化参数变化较为敏感，如果初始化参数选择的不合理就会导致功率的大量损失，为了保持算法的准确性还需要高精度的传感器，对系统的硬件要求较高，进而提高了安装成本。

4.3.5　智能 MPPT 算法

近年来，一些智能 MPPT 控制方法也成为科学工作者们研究的热点，包括粒子群算法、模糊控制法、人工神经网络控制法等。这些智能 MPPT 控制方法对于非线性变化特性的变量较为适用，抗扰动性能好，能够解决复杂环境下光伏发电系统最大功率点的控制问题。

4.3.5.1　粒子群算法

通过对鸟群觅食行为的研究，研究人员提出了粒子群算法（Particle Swarm Optimization，PSO）。觅食开始时鸟群比较分散，在觅食过程中鸟儿通过与其他鸟儿之间不断进行交流来改变自己当前的位置和速度，这些鸟儿就会逐渐聚集在一起直至找到食物。将这个问题转化成一个数学问题即粒子群算法，算法中的粒子相当于群体中的鸟儿，食物相当于粒子群算法中的最优值。

为了将粒子群算法寻找最优值的思想应用到 MPPT 算法中，需要将粒子群算法具体成数学公式。粒子 i 的速度为 $\boldsymbol{v}^i=(v_{i,1},v_{i,2},\cdots,v_{i,n})$，位置为 $\boldsymbol{x}^i=(x_{i,1},x_{i,2},\cdots,x_{i,n})$。在算法运行过程中，每个粒子需要通过记录比较自己寻找的历史最优值（P_{best}）、整个群体所有粒子寻找到的最优值（G_{best}）来不断更新自己当前的位置 $\boldsymbol{x}^i$。每个粒子通过自己的当前位置、当前速度、当前位置与自己历史最佳位置之间的距离、当前位置与群体历史最佳位置之间的距离这四个参数来改变自己当前位置和速度，使每个粒子朝着 P_{best} 和 G_{best} 逼近。

如图4-9所示，粒子群算法首先初始化随机粒子的速度 v、位置 x、当前迭代次数 K、迭代总次数 β、当前已经运行粒子数 M 以及总粒子数 μ。每隔 ε 秒后运行下一个粒子，直到运行完全部粒子进行下一次迭代。然后更新粒子的速度和位置，计算公式为

$$v_{i,j}(t+1)=\omega v_{i,j}(t)+c_1r_1[P_{i,j}-x_{i,j}(t)]+c_2r_2[P_{g,i}-x_{i,j}(t)] \tag{4-7}$$

$$x_{i,j}(t+1)=x_{i,j}(t)+v_{i,j}(t+1) \tag{4-8}$$

式中 $P_{i,j}$——P_{best}对应的位置；

$P_{g,i}$——G_{best}对应的位置；

ω——惯性因子；

c_1，c_2——加速系数；

r_1，r_2——随机数，用来增加粒子追踪的随机性。

c_1，c_2 又称学习因子，通过调节这两个值，改变粒子趋近于 P_{best} 和 G_{best} 的步进值的比重。选取合适的 c_1 和 c_2，能很好地综合 P_{best} 和 G_{best} 的位置信息，不但能加快粒子收敛速度，还能避免其陷入局部的峰值。当 $c_1=0$ 时，粒子只考虑到群体的信息，虽然会加快收敛速度，但粒子只考虑 P_{best} 的信息则容易陷入局部峰值。而当 $c_2=0$ 时，粒子缺乏群体经验，是一群杂乱无章的粒子，很难得到最优解。一般设置 $c_i=Q$ 来平衡随机因素的影响。

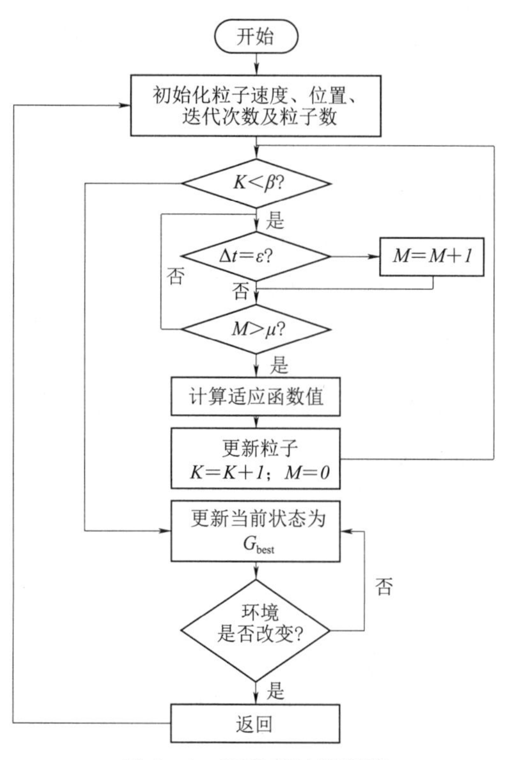

图4-9 PSO算法流程图

式（4-7）中，$\omega v_{i,j}(t)$ 使粒子能够参考自己当前的变化趋势，通过调节 ω 来维持自己的当前运动状态。$c_1r_1[P_{i,j}-x_{i,j}(t)]$ 表示粒子对自己的认知部分，使粒子参考到自己的历史位置从而偏向 P_{best} 移动。$c_2r_2\times[P_{g,i}-x_{i,j}(t)]$ 表示粒子对群体的认知部分，使粒子偏向 G_{best} 移动。这三个部分相互平衡，相互制约，需要通过调节参数来平衡这三个部分，使算法达到最优的性能。

4.3.5.2 模糊控制法

模糊控制法是基于模糊集理论的一种典型的智能控制算法，它将专家的经验和知识

表示为语言规则用于控制，对数学模型不精确、复杂的非线性系统具有较好的作用。所以很适合采用模糊控制方法对光伏发电系统进行 MPPT 追踪控制。基于模糊控制的 MPPT 控制方法的输出变量选择为被控制对象的输出变量 e_c 和偏差变化率 Δe_c。将采集得到的控制信号进行模糊推理和模糊决策而得到控制量的模糊集，模糊集经模糊判决便得到了所需控制对象的精确量，从而达到想要的控制目的。假定 E 为输入变量的误差，E 的变化率用 CE 来表示，则有

$$E(k)=\frac{P(k)-P(k-1)}{I(k)-I(k-1)} \tag{4-9}$$

$$CE(k)=E(k)-E(k-1) \tag{4-10}$$

其中第 k 次的电流采样值为 $I(k)$，第 k 次的功率采样值为 $P(k)$。当 $E(k)=0$ 时，说明追踪到了最大功率点。

如图 4-10 所示，具体的逻辑控制规则如下：

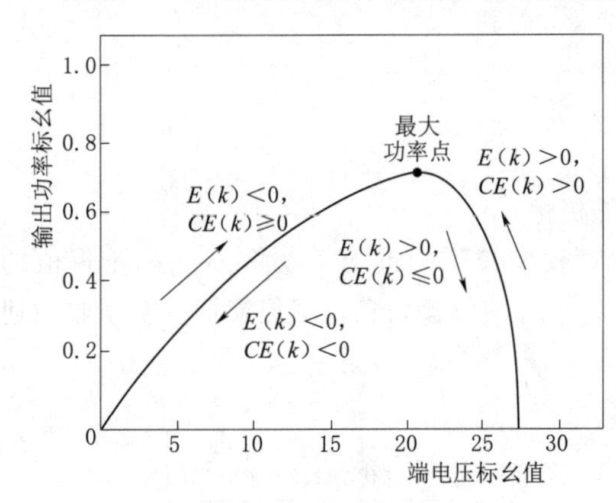

图 4-10　模糊控制逻辑规则示意图

(1) $E(k)<0$，$CE(k)\geqslant 0$，当前采样点的值位于最大功率点的左侧且向最大功率点右侧搜索，此时需要给予正向扰动电压。

(2) $E(k)<0$，$CE(k)<0$，当前采样点的值位于最大功率点的左侧且向最大功率点右侧搜索，此时需要给予正向扰动电压。

(3) $E(k)>0$，$CE(k)\leqslant 0$，当前采样点的值位于最大功率点的右侧，且向最大功率点左侧搜索，此时需要给予负向扰动电压。

(4) $E(k)>0$，$CE(k)>0$，当前采样点的值位于最大功率点的右侧，且向最大功率点右侧搜索，此时需要给予负向扰动电压。

具体控制过程如下：

(1) 模糊化。把采集得到的数字量转化为模糊控制器可以识别的模糊量的过程就称为模糊化。通过调节 PWM 占空比的大小进一步控制输出功率的大小，具体调节值需要用模糊控制器根据隶属函数和模糊规则表来决定。产用语言变量的语言值有：PB（正大）、PM（正中）、PS（正小）、ZE（正零）、NS（负小）、NM（负中）、NB（负大），并将它们的论域划分为 14 个和 12 个等级。$E=\{-6,-5,-4,-3,-2,-1,-0,+0,+1,+2,+3,+4,+5,+6\}$，$CE=\{-6,-5,-4,-3,-2,-1,-0,+0,+1,+2,+3,+4,+5,+6\}$。其中，$E\in(-50,50)$，$CE\in(-0.058,0.058)$，通过量化因子把他们分别转化到模糊论域中。

E、CE、dU 的隶属度函数相同，如图 4-11 所示。

选择三角形作为隶属度函数来表达输入变量（E，CE）和输出变量 ΔU 与它们相应语言变量之间的隶属度，如图 4-12 所示为占空比隶属度函数示意图。离原点越近（误差越小），曲线越陡；离原点越远（误差越大），曲线越平缓。

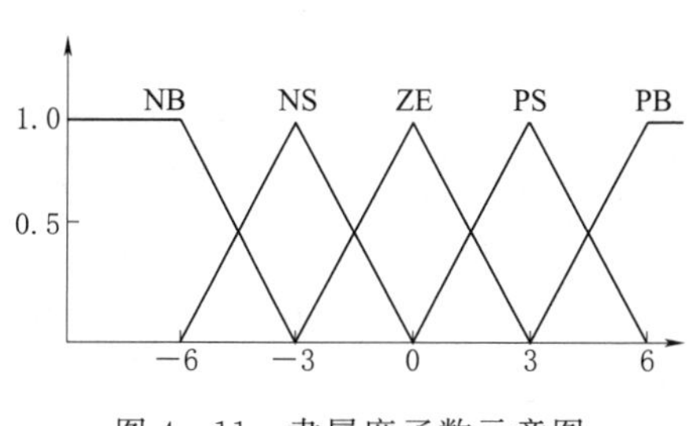

图4-11 隶属度函数示意图

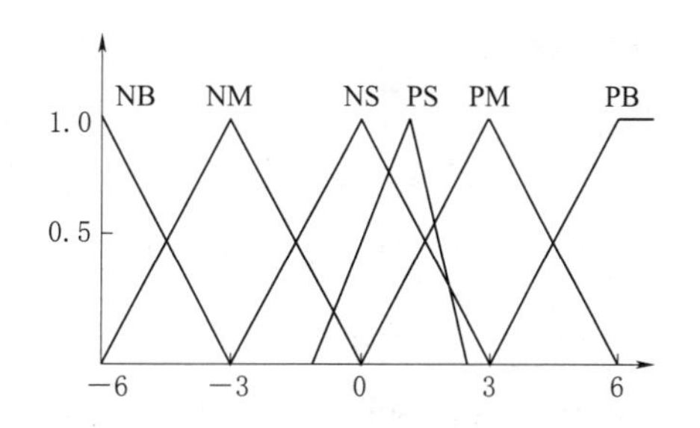

图4-12 占空比变化隶属度函数

（2）模糊推理。根据得到的模糊量制作出运算规则，进而得出模糊控制输出量依旧是模糊量的形式的过程，即通过不同的 E 和 CE 的组合来确定 $\mathrm{d}U$ 的变化规则。模糊规则推理见表4-3。

表4-3　模糊规则推理表

CE	E			
	NS	ZE	PS	PB
NB	PS	PS	ZE	ZE
NS	PS	PS	ZE	ZE
ZE	PS	ZE	NS	NB
PS	ZE	NS	NS	NB
PB	ZE	NB	NB	NB

（3）解模糊。解模糊是指将语言表达的模糊量恢复到精确量的过程，也就是根据输出模糊子集的隶属度计算出确定的输出变量。解模糊的方法很多，其中最大隶属法（MOM）重心法（COG）使用较多。重心解模糊法的计算公式为

$$\mathrm{d}U=\frac{\sum_{i=1}^{n}u(U_i)\cdot U_i}{\sum_{i=1}^{n}u(U_i)} \tag{4-11}$$

式中　$\mathrm{d}U$——模糊控制器输出的修正值。

由输入值对应的语言变量，根据隶属度函数及模糊控制规则就可以判断出输出量 $\mathrm{d}U$ 所对应的值。

4.3.5.3　人工神经网络控制法

由于人工神经网络是由大量简单处理单元相互连接而组成，不仅可以进行并行处理采集得到的信息，还能进行非线性化转换，通过模仿人体大脑结构和处理信息方式的复杂网络称为人工神经网络。在神经细胞中，负责接收信息是细胞体向外延伸的纤维体而组成的树突，并由后面的轴突输出到神经元末梢的神经元动作脉冲信号。神经元之间传递信息的路径为：由树突接收信息，并通过轴突发出，最终达到神经末梢，并传递给另一个细胞的树突，此连接处叫做突触。

如图4-13所示为经过简化和抽象后得到的人工神经元模型。

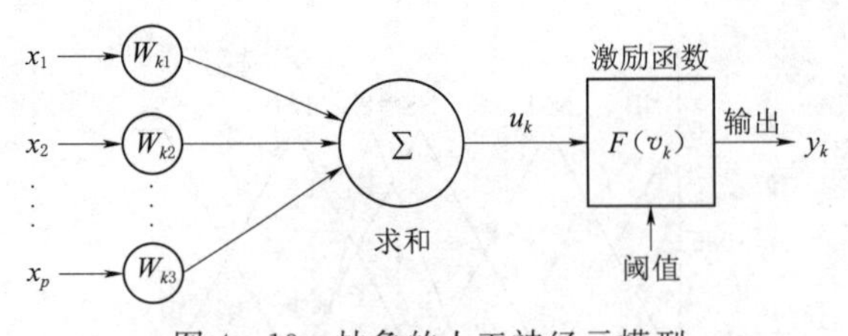

图 4-13　抽象的人工神经元模型

人工神经元模型主要包含以下要三个基本要素：

(1) 连接权。连接权跟生物神经元的突触相互对应，连接权的权值用来表示各个神经元之间的连接强度，权值的正和负分别对应于系统的激活和抑制。

(2) 求和函数。用于求取各输入信号的加权和（线性组合）。

(3) 激励函数。能够把神经元输出幅度限制在一定范围内和非线性映射作用的便是激励函数，激励函数一般在（0，1）或（−1，1）两个区间之间取值。此外，还有一个阈值 θ_k（或偏置 $b_k=-\theta_k$）。

以上的作用原理可分别以数学的形式表达出来，即

$$u_k=\sum_{j=1}^{p}w_{kj}x_j, v_k=u_k-\theta_k, y_k=F(v_k) \tag{4-12}$$

式中　x_1，x_2，…，x_p——神经元树突的输入信号；
ω_1，ω_2，…，ω_p——神经元 k 的权值；
u_k——线性合成结果；
θ_k——阈值；
$F(v_k)$——激励函数；
y_k——生物神经元突触的第 k 个神经元的输出信号。

如果输入的信号增加一维，必须把阈值 θ_k 加入到里面，可表示为

$$u_k=\sum_{j=1}^{p}w_{kj}x_j, y_k=F(v_k) \tag{4-13}$$

通常来讲，人工神经网络控制法包含输入层、隐含层和输出层三层神经网络。分别用光伏电池的电流、电压和温度来模拟输入层的三个神经元。值得注意的是，用来控制 Boost 升压电路进而确保光伏电池在最大功率点工作的一个神经元处在输出层。

4.4　局部遮挡下 MPPT 控制技术研究

光伏阵列在实际应用中其并非一直运行在理想光照情况下，光伏列阵受外界环境的影响，产生阴影变化的主要原因有固定建筑设施的阴影、动物排泄物、鸟类动物移动阴影与树木阴影和云层遮挡影响光照强度。

由光伏阵列的特性分析可知，其输出功率与太阳辐射强度密切相关。光伏阵列接收到的太阳辐射强度与阴影作用有极大的关系，因此，对局部遮挡下的光伏阵列输出特性的研究对光伏 MPPT 技术的发展意义重大。

在实际应用中，不同种类的云层形成的阴影是影响光伏阵列输出功率的主要影响因素。目前对这些云层主要分类如下：

(1) 低云。主要分布在高度较低的空中，存在形式主要有层云、积云与波状云，主要成分为微小水滴。

（2）高云。主要分布在高度较高的空中，存在形式主要有卷层云、卷积云与卷云，主要成分为冰，可以透光形成日晕。

（3）中云。主要分布在介于低云与高云之间的中高度空中，存在形式主要有高层云与高积云。因其介于低云与高云之间，主要成分既包含微小水滴也包含冰，且厚度较厚。

（4）直展云。分布一般跨越多个云层，主要形式有雨层云和雨积云。其中雨层云主要分布在低云与中云之间较低高度的空中，雨积云分布跨度较大，云层垂直向上从低云高度到高云高度。

4.4.1　热斑效应

阴影导致光伏阵列中各组件之间出现光照强度不均匀的情况，使光伏阵列输出特性发生变化，称为局部遮挡条件对光伏阵列输出特性的影响。当部分光伏组件受到阴影影响时，一部分光伏组件可能转化成负荷，消耗系统发出的电能并且产生热量。当局部受影响时间较长时，该部分光伏组件不断发热最终导致光伏电池起火从而危害整个光伏发电系统，这种现象称之为热斑效应。目前世界上已经有多起光伏发电系统着火事故被证实与热斑效应有关，热斑效应对光伏发电危害巨大，而阻止阴影的产生往往不切实际，需要采用一定的保护策略。

目前国际电工委员会针对热斑效应问题起草制定了一系列严格的标准。在实际应用中一般采取加装二极管的方式来解决热斑效应问题，即并联一个旁路二极管和串联一个隔离二极管。当光伏组件受遮挡转化为负荷时，其中旁路二极管导通起到旁路作用，从而避免影响其他处于正常工作状态下的光伏电池正常运行和受遮挡的光伏组件不断发热，同时隔离二极管能够防止受遮挡的电池消耗能量。虽然并联二极管很好地解决了光伏电池的热斑效应，但是在局部遮挡条件下，加装的二极管导致光伏发电系统的功率电压曲线出现多峰值现象，使得传统的单峰 MPPT 方法失效。

4.4.2　全局最大功率点

不均匀光照条件下光伏阵列的输出 $P-U$ 特性曲线不再具有唯一的最大功率点，使用传统 MPPT 控制算法，光伏发电系统追踪到的最大功率点有可能只是局部最大功率点，而不是全局最大功率点（Global Maxmium Power Point，GMPP）。传统 MPPT 控制虽然有多种方法，但最核心的思想都是依据均匀光照下光伏电池输出曲线具有唯一最大功率点，再通过判断输出电压的位置来确定电压变化方向来追踪最大功率点。

由图 4-14 可知，该光伏阵列的输出 $P-U$ 特性曲线有 3 个局部最大功率点，分别为 P_1、P_2 和 P_3，其中 P_2 是光伏阵列的全局最大功率点。光伏发电系统的 MPPT 控制开启时，光伏阵列的输出电压 U 有可能会处于 $U_1 \sim U_6$ 中任何一处。若输出电压 U 刚开始处于 U_1 或 U_2 的位置，采用传统的 MPPT 控制方法，控制器会判断到输出电压 U 处于最大功率点左边或右边，

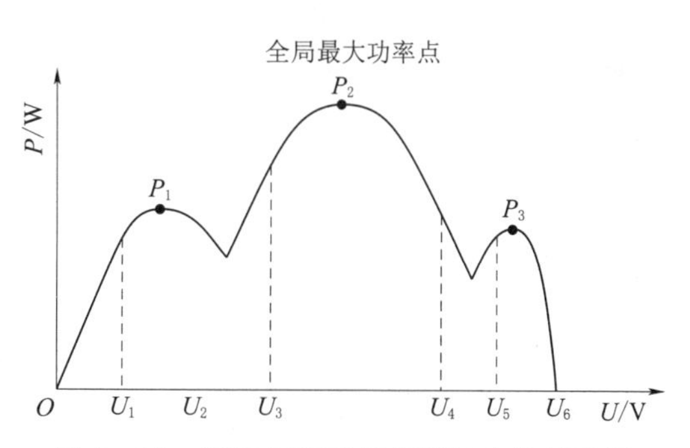

图 4-14　传统 MPPT 控制算法失效示意图

继续保持或改变 U 增大方向，并最终稳定于输出最大功率点 P_1，但 P_1 只是局部最大功率点并不是全局最大功率点。同理，若光伏阵列输出电压 U 刚开始处于 U_3、U_4 或 U_5、U_6 的位置，传统 MPPT 控制方法稳定输出的分别是各自的局部最大功率点 P_2 和 P_3，这其中只有 P_2 恰好是真正的全局最大功率点。

4.4.3　局部遮挡下的 MPPT 控制方法

针对局部遮挡这一问题，MPPT 控制算法主要有基于传统 MPPT 控制的全局扫描法和基于现代控制理论的智能全局 MPPT 控制算法两大类。

基于传统 MPPT 控制的全局扫描法实现的基础依然是传统的 MPPT 控制算法，但是为了避免进入局部最大功率点，对算法进行了一定的改进。目前对传统算法改进主要有两种形式：①在设计算法前对光伏阵列的输出特性进行预处理，大概确定全局最大功率点出现的范围，再在确定的小范围内运用传统算法追踪；②当传统 MPPT 控制算法陷入局部最大功率点时，加入大步长扰动电压跳出局部最大功率点，再次进行比较。

基于现代控制理论的智能全局 MPPT 控制算法主要是运用现代先进的控制算法来找寻全局最优解，如以遗传算法、模拟退火算法、蚁群算法、粒子群算法等全局搜索算法为代表的 MPPT 算法，这类算法由于其仿生、智能等特性，能够对一个范围内进行全局寻优，从而极大地避免了类似传统“爬山”法那样陷入局部极值的情况，这使其具备应对多极值情况的基本素质。在单峰值功率特性曲线的情况下，这类方法能够轻易地寻找到最大功率点的位置，在阴影遮挡造成的多极值特性曲线的 MPPT 应用中，这类方法也能够通过全局搜索，找到满足要求的工作点。但是，这类算法有一个较为突出的缺点，就是计算量较大，以遗传算法为例，该方法以算法的形式模拟生物进行种群繁殖时遗传基因交叉、变异等行为为主要原理，通过这种模拟自然界的随机性来对全局进行寻优，该方法的计算量会随着种群个体数、遗传迭代次数的增加呈指数级上升，在实际的工业应用中，由于承载 MPPT 方法的硬件一般为单片机、DSP、PLC 等，这类纯控制功能的硬件的计算能力较为有限，而高性能的计算芯片由于成本的限制，无法得到大规模采用，因而，这类需要消耗巨大计算量的方法推广起来难度较高。

传统 MPPT 控制方法虽然算法简单、更容易实现，但该类方法因为并未真正比较所有功率点，所以容易发生误判，并未跟踪到全局最大功率点，且这种算法一般响应时间较长。智能全局 MPPT 控制方法采用现代控制理论，一般精度较高，响应速度也比较快，但是算法都比较复杂，实现难度大。传统的应用于单峰 MPPT 的算法，由于控制思想不成熟、方法适应性低、成本高等各种因素，无法满足在阴影遮挡情况下的多峰值功率曲线的全局寻优。

4.4.4　多峰 MPPT 算法设计关键点

在局部遮挡情况下，由于光伏电池本身输出特性的非线性、光伏电池对环境因素的敏感性、并联二极管的电气特性等因素，为 MPPT 算法设计带来了更多的问题，算法设计时需要考虑的因素更多，困难程度更大。

4.4.4.1 工作点的搜索范围

在 MPPT 问题中，尤其是在阴影遮挡的情况下，光伏电池工作点的搜索范围是设计算法时所需要考虑的首要因素，其原因有如下：

（1）搜索范围关乎算法的准确性。在传统的 MPPT 算法中，恒定电压法和恒定电流法等方法由于直接将控制变量设置为定值，其对光伏电池工作点的搜索范围几乎为零，这使其只能在唯一的环境条件下达到最大功率点，丧失了算法在多环境下的准确性，没有真正具备 MPPT 的能力；扰动观察法和电导增量法等方法通过“爬山”类方法进行搜索，实现了在单峰值功率曲线下的 MPPT，在该种情况下具备较高的准确性，而在阴影遮挡等因素造成的多峰值功率曲线中，由于“爬山”类方法思想的局限，功率点的搜索被收窄，算法极易陷入局部极值点而造成算法准确性下降；以遗传算法、模拟退火算法、蚁群算法、粒子群算法等为代表的全局搜索算法由于算法思想具备全局搜索能力，即使是阴影遮挡造成的功率曲线多峰值条件，这类算法依旧具备覆盖全范围的工作点搜索能力，能够在该种情况下满足准确性的要求。因而，搜索范围对于准确性的影响很大，搜索范围越大，得到全局最优解的可能性就越高，算法的准确性就越好。

（2）搜索范围关乎算法的适应性。恒定电压法和恒定电流法等方法几乎不设搜索范围，因而对于多变的环境的适应能力很差，对于光伏电池功率曲线的单峰值和多峰值情形都较难应付；扰动观察法和电导增量法等方法通过“爬山”类方法能够满足单峰值功率曲线下的 MPPT 需求，在该情况下的适应性较好，而对于多峰值情形，由于算法思想的原因，其搜索范围相对单峰值情形有所减小，算法易陷入局部极值点，因此，这类方法对于多峰值情形的适应能力较差；以遗传算法、模拟退火算法、蚁群算法、粒子群算法等为代表的全局搜索算法能够同时应对单峰值以及多峰值情况，这类方法在各种外界因素下，搜索范围都能够覆盖全局，因而，其对于多种环境的适应性较好。因此，搜索范围对于算法适应性有较大影响，搜索范围越大，算法的适应性越好。

（3）搜索范围关乎算法的快速性。恒定电压法和恒定电流法等方法由于直接将控制量设为恒定值，算法几乎不需要执行时间，因而对于硬件的要求很低，符合光伏发电出现早期硬件性能不强的基本情况；以扰动观察法和电导增量法等为代表的“爬山”类方法，其算法思想简单，算法的执行过程不需要消耗太多的计算量，算法执行时间短，因而在工业中得到广泛采用；以遗传算法、模拟退火算法、蚁群算法、粒子群算法等为代表的全局搜索算法由于算法思想本身的原因，对于多极值情况有较好的鲁棒性，但是，同样由于仿生算法思想的缘故，其对于计算量的消耗十分巨大，一般的控制类芯片难以满足其需求，同时，该类算法消耗的时间随着迭代次数和个体数的增长而增长，快速性不甚理想。因此，搜索范围对于算法快速性的影响不容忽视，搜索范围越大，算法的快速性会随之下降。

综上所述，光伏电池阵列的工作点搜索范围对于光伏 MPPT 算法的性能表现至关重要，前一节中所陈述的三类方法的搜索范围各有不同，导致了它们在准确性、适应性和快速性方面的区别，其中，准确性和适应性与搜索范围呈正相关关系，而快速性则会随着搜索范围的增加而降低，因而，设计一个针对光伏阵列多峰值功率曲线的 MPPT 算法，就是要在这三方面做出取舍，使得方法既能够具备相当的准确性和适应性，保证其在复杂环境下的可用性，又必须兼顾快速性，不能因过于追求前两者而增加巨量的运算，导致控制芯片的硬件成本过高而无法大范围地应用。

4.4.4.2　工作点的搜索策略

搜索策略指的是在搜索范围大致确定的情况下，如何有效且快速地找到符合要求的工作点的具体方法。搜索策略对于MPPT算法以及光伏发电系统整体的影响如下：

（1）搜索策略关乎算法对系统的适应性。MPPT算法的搜索范围影响到光伏发电系统对于不同环境的适应性，那么在确定了搜索范围之后，搜索策略就成为该算法能否顺利运行并实现相应跟踪功能的关键。光伏MPPT问题可以归结为一种寻优问题，对于寻优问题，按照目标函数类型可分为静态目标函数寻优以及动态目标函数寻优两类。对于前者，寻优问题的目标函数是非时变的，可表现为以任意方式寻找到目标时，其所对应的值都是恒定不变的，对于这样的情况，任何的搜索策略在迭代计算过程中所得到的反馈信息是完全一致的，此时，只需要针对目标函数的静态表现制定相应策略就可达成目标；而当目标函数具有动态特性时，即目标函数具有时变性和暂态特性时，以不同的方式寻找目标，其所对应的值可能是不同的。以传统的Boost电路为例，其传递函数可表示为

$$G=\frac{ax+b}{x^2+cx+d} \tag{4-14}$$

该传递函数的极点为一对负实部的共轭极点，在控制信号发生改变时，Boost电路的相应特性有由稳态特性和暂态特性所组成，其暂态特性由初值、稳态值以及极点分布所决定。因而，由功率变换器为控制器件的光伏MPPT系统，其在实际运行过程中可理解为一个动态系统，对于动态系统，其目标函数会具备一定的动态特性，因而，在进行MPPT求解时，如果搜索策略不当，很有可能无法得到准确的工作点参数，即电压、电流、功率等参数，导致搜索策略在迭代计算过程中所得到的反馈信息出现偏差，影响寻优算法的搜索方向，导致算法失效，严重时甚至会影响系统的稳定性。传统的MPPT算法中，恒定电压法和恒定电流法等方法由于直接将控制变量设置为定值，没有寻优过程，因而不存在算法对系统的适应性差的问题；对于以扰动观察法和电导增量法等为代表的“爬山”类方法，当其搜索的步长设置过大时，便会由于系统的动态特性而导致算法获取信息的无效化，系统出现反复振荡，影响系统的稳定性；对于遗传算法、模拟退火算法、蚁群算法等全局搜索算法，由于其初始选取的随机性，当个体之间的电压相差过大时，同样会导致在寻优过程中由于系统的动态特性而造成反馈的无效化，从而造成算法失效。

（2）搜索策略关乎系统响应的快速性。工作点的搜索范围对于系统的快速性有着至关重要的影响，在搜索范围相同的情况下，搜索的策略就成为影响系统快速性的又一关键因素。在传统的MPPT算法中，恒定电压法和恒定电流法等方法由于直接将控制变量设置为定值，其对光伏电池工作点的搜索范围几乎为零，因而不存在对应的搜索策略，其快速性也是最好的；以扰动观察法和电导增量法等为代表的“爬山”类方法，其搜索策略大致可以描述为以步长为参数的顺序搜索，这类方法中的步长值选取将成为影响系统快速性的决定性因素；以遗传算法、模拟退火算法、蚁群算法、粒子群算法等为代表的全局搜索算法，其搜索思想广泛借鉴了自然界中的随机和进化原理，能够找到符合条件的全局最优

解，但这类方法往往需要对求解目标进行反复的迭代计算，所消耗的计算量在这三类方法中是最大的，因而其快速性普遍不够理想。

综上所述，在设计局部遮挡下的 MPPT 算法时，需要对搜索范围和搜索策略进行仔细考量，权衡算法在准确性、适应性、快速性上的表现，并充分考虑系统的动态特性对算法执行过程的影响，才能保证 MPPT 算法的实际可行性。

第5章

光伏功率预测技术

5.1 光伏功率预测技术分类

20世纪80年代，德国、西班牙、美国、日本等国家进入光伏发电研究领域，并进行了光伏功率预测理论及应用技术研究。我国早在20世纪90年代就开始发展光伏发电硬件制造产业，但直到21世纪初才进入光伏功率预测技术研究领域。

光伏功率预测技术从模型上可分为统计法和物理法，从时间尺度上可分为中长期预测、短期预测和超短期预测。通常把几个月以上的预测称为中长期预测，可以为电网规划、投资、设计等提供帮助；提前1～4天的预测称为短期预测，有助于调度部门对机组安排启停计划；提前15min～4h的预测称为超短期预测，可以实时修正机组输出功率曲线，减少分布式电源对电网的冲击。

5.1.1 光伏功率预测的统计法研究

统计法是指利用统计学原理，挖掘历史数据中的潜在规律，继而据此推断未来时刻的预测值。它的思路一般是利用历史统计数据分析天气数据与光伏发电量之间的关系，建立统计模型，再根据实测发电量数据和天气预报数据预测未来短期内的光伏发电量，是一种直接预测法。其常用方法有时间序列法（Time Series Method）、人工神经网络法（Artificial Neural Network，ANN）和支持向量机法（Support Vector Machine，SVM）等。

1. 时间序列法

时间序列法是指根据一段历史时间序列预测未来发展趋势，又称为时间序列趋势外推法。这种方法适用于预测连续过程中的事物。它需要有大量历史数据资料，按时间序列排列成数据序列，其变化趋势和相互关系要明确和稳定。供预测用的历史数据资料有的变化表现出比较强的规律性，由于它过去的变动趋势将会延续到未来，这样就可以直接利用过去的变动趋势预测未来。但多数的历史数据由于受偶然性因素的影响，其变化不太规则。利用这些资料时，要消除偶然性因素的影响，把时间序列作为随机变量序列，采用算术平均、加权平均和指数平均等来减少偶然因素，提高预测的准确性。常用的时间序列法有滑动平均法（Moving Average，MA）、加权滑动平均法（Weighted Moving Average Method，WMAM），自回归滑动平均法（Autoregressive Moving Average Method，ARMA）和指数平均法（Exponential Smoothing，ES）等。

时间序列法在光伏预测领域的形成时期较早。20世纪80—90年代，西班牙的

Sidrach-de-Cardona 在文献［4］中最先开展了将多元线性回归模型用于独立光伏发电系统发电量预测的研究工作。美国学者 Chowdhury 在文献［5］中开展了利用自回归滑动平均法和差分自回归移动平均法对光伏发电系统发电量进行预测的研究。内华达大学的 Hassanzadeh 在文献［6］中使用改进的自回归滑动平均法开展对 75kW 独立光伏发电系统晴天逐小时发电量的预测，误差为 23.0%～43.0%。云南师范大学的李光明在文献［7］中开展了基于多元线性回归模型光伏发电系统发电量预测理论研究。东北电力大学的兰华等在文献［8］中利用自回归滑动平均法对吉林地区的并网光伏电站的晴天输出功率进行了试验预测。

时间序列法方法简单、易于实现，但预测精度低、不能适应天气的变化。当光伏功率与天气数据存在良好的线性关系时预测精度较高，但总体性能较差，模型预测误差一般为 9.0%～45.0%。

2. 人工神经网络法

人工神经网络法是 20 世纪 80 年代以来人工智能领域兴起的研究热点。它由大量并行的、高度相关的节点（神经元）构成，每个节点代表一种特定的输出函数，称为激励函数（Activation Function）。每两个节点间的连接都代表一个对于通过该连接信号的加权值，称之为权重，这相当于人工神经网络的记忆，是一个高维的非线性映射关系。神经网络的学习规则就是调整不同神经元之间的权重。

20 世纪 90 年代开始，日本的 Hiyama 和 Yona 在文献［10］、［11］中最先采用前向反馈神经网络算法对光伏阵列发电量进行预测的研究。东京农业技术大学在文献［12］中进一步开展了将递归神经网络模型、多层感知器神经网络模型、径向基函数神经网络模型进行组合的研究，组合神经网络具有多样性的特点，相比于传统神经网络具有更高的抗噪声能力和更广泛的预测性能。近几年来，Almonacid 等在文献［13］、［14］中采用多层感知器神经网络方法对分布式并网光伏电站逐小时发电量进行预测，误差在 3.9%～6.6%。上海东华大学在文献［15］、［16］中最先将人工神经网络法用于光伏发电系统发电量预测研究领域。Chakraborty 等在文献［17］中采用模糊神经网络（ARTMAP）方法，将太阳辐射强度、温度、压力、湿度、时间作为输入，预测每小时的日类型信息，但仅预测了 1h 内的发电量，误差约为 30%。Yona 等在文献［18］中也采用了模糊神经网络方法，但没有区分日类型，当日类型发生变化时模型存在预测失效的可能，误差约为 15.7%。陈昌松等在文献［19］、［20］中开展了采用径向基函数神经网络方法的技术试验，并在试验基础上建立了基于数值天气预测数据的神经网络光伏发电量预测模型；后来又在文献［21］中采用神经网络对数值天气预测数据进行模糊识别，建立了基于模糊识别的神经网络发电预测模型，在晴天和阴天测试误差小于 14%。代倩等提出采用气温、湿度等气象因子组合代替太阳辐射强度，利用 SOM 对天气类型聚类识别，分季节建立基于人工神经网络（BP）的无辐射强度发电量短期预报模型，测试误差在 15%以下。

人工神经网络法具有算法复杂、运算量大、学习能力强的特点，在简单和复杂天气状况下的预测准确度都比较高，是近些年中小型光伏电站功率预测的重要方法。

3. 支持向量机法

支持向量机法属于统计方法范畴，多用来进行短期和超短期预测。它的主要原理是基于历史气象资料和同期光伏功率资料，选择合适的支持向量机模型进行建模，使用训练样本和一定的参数寻优方法进行学习，然后代入预测样本对未来时刻的输出功率进行预测。

在国外，法国玛格丽特太阳能协会在文献［22］中最早将支持向量机模型和广义可加模型用于独立光伏发电系统发电量预测的试验，意大利的Bracale等在文献［23］中提出了基于贝叶斯统计理论的光伏发电量预测方法。在国内，华北电力大学的栗然等于2008年将支持向量机引入光伏功率的计算，在文献［24］中最先利用气象资料和NASA提供的保定地区太阳辐射数据，建立了支持向量机回归光伏功率预测模型。随后朱永强等在文献［25］中进一步采用光伏阵列发电量、地表太阳辐射量、气温等观测数据，提前1h对光伏功率进行预测，建立了时间序列的最小二乘支持向量机（Least - squares Support Vector Machine，LS - SVM）模型。文献［26］提出使用灰色关联度选取相似日的方法，增强训练样本的有效程度，然后利用最小二乘支持向量机预测光伏功率。文献［27］借鉴傅美平等学者的文献，使用最小二乘支持向量机对光伏功率进行超短期预测，输入样本考虑了天气因素所占的不同比重，被赋予不同权值。

近年来，加入支持向量机模型的组合模型逐渐得到使用。2013年，文献［28］提出一种短期光伏功率预测方法，先通过聚类经验模态分解法（Ensemble Empirical Mode Decomposition，EEMD）将光伏序列分解成平稳分量，再将光伏历史功率数据分为突变与非突变两种情况，分别搭建支持向量机模型预测，得到RMSE为5.5，效果较好。2014年，文献［29］提出非负矩阵分解（Nonnegative Matrix Factorization，NMF）和支持向量机相结合的短期光伏功率预测模型，将样本分解得到的非负低维映射矩阵作为支持向量机输入，减少了变量维数和冗余信息，获得了较好结果。

统计方法的优点是程序简单，对光伏发电系统的安装资料没有要求；缺点是需要大量的历史统计数据。若数据充足，则统计方法计算结果精度高；若数据缺乏，则精度降低。

5.1.2 光伏功率预测的物理法研究

物理法的思路一般是根据历史统计数据预测未来短期内的太阳辐射，然后根据预测到的数据和光伏组件的光电转换效率得到光伏发电量，是一种间接预测法。其常用方法可分为简单物理模型法和复杂物理模型法两类。

1. 简单物理模型法

20世纪90年代初期，简单物理模型法研究最早出现在欧洲。德国的Hammer等在文献［31］中最先构建了利用卫星资料、气象观测资料和电力参数进行预测的简单物理模型，日本学者在文献［32］、［33］中也提出了利用太阳辐射强度预测光伏阵列输出电能的物理预测模型。近年来，基于观测和卫星遥感反演辐射资料的简单物理模型法，以及基于HIRLAM中尺度天气模式投入实际应用。陈正洪等在文献［35］、［36］中开展并研制出了基于WRF中尺度天气模式和简单物理模型法的“太阳能光伏发电预报系统（1.0版）”。

简单物理模型法较为复杂，其参数会决定该模型的复杂程度，且计算需依赖气象数据和卫星资料；优点是不需区分天气条件，在各种天气下大部分模型准确率都较高。

2. 复杂物理模型法

近年来，随着大型风电场、光伏电站等新能源发电系统并网，对电网稳定性和可靠性提出了更高要求，也促进了复杂物理模型法的产生和发展。Lorenz 等在文献［37］中率先提出根据欧洲中心天气预报中心预报数据，并结合光伏电站观测资料的复杂物理模型预测法，试验测试结果显示预测误差小于 5.0%。在此基础上，在文献［38］中进一步引入了积雪参数，评估雨雪等天气状况下的光伏功率预测准确度明显提高。我国目前尚未在该方面开展相关研究。

复杂物理模型法建模方式更为复杂，参数更多，但因功能完善，可以应对多种复杂天气，如降雨、降雪、多云等，总体准确率较高。因在复杂天气状况下具有预测优势，可能成为国外光伏电站未来主要的预测方法。

物理法不需基于大量历史数据，光伏电站运行初期即可进行预测；缺点是模型较复杂，需要光伏发电系统地形图、坐标、功率曲线和光电转换效率等数据，目前多用于国外中小型并网光伏电站的发电量预测。

5.2 山区光伏功率特性分析

相对于传统发电，光伏发电具有独特的并网特性。对于其长期功率而言，光伏发电具有周期性（即季节性）的特点；对于其短期功率而言，光伏发电具有波动性与间歇性的特点。

5.2.1 山区光伏功率影响因素分析

与风电相似，影响山区光伏电站功率的因素也可归结为外部因素（太阳辐射强度、温度、云层厚度等）和内部因素（光伏发电系统的转换效率等）两大类，其中太阳理论辐射量和大气状况是影响光伏电池接收光照强度的两个主要因素；而光伏发电系统的转换效率决定了其获取太阳能资源的实际能力。

1. 太阳辐射

太阳理论辐射量主要取决于太阳高度角。虽然太阳高度角随时间、地区纬度不断变化，但是到达地球的太阳辐射量是可以通过计算得到的。

大气状况主要受天气类型（晴天、雨天）和空气悬浮物（沿海地区盐雾浓度、内陆地区沙尘、城市废气）两类因素影响。

在一定范围内，光电流与光照强度成正比，而光照强度对光电压的影响很小，光照强度在一定范围内变化时，光伏组件的开路电压基本保持恒定。因此，光伏电池的功率与光照强度在一定范围内基本成正比。

2. 温度

随着光伏电池温度的增加，开路电压减小，而光电流略有上升，因此，光伏电池的输出功率略有下降。

3. 光伏发电系统的转换效率

对于光伏发电系统，其自身的转换效率虽然是一个技术问题，但在一定程度上也受到环境条件的影响，如环境温度、湿度等。一般环境温度与光伏发电系统效率正相关，大气湿度与光伏发电系统的转换效率负相关。

综上可知，光伏发电系统的输出受光照、温度等环境因素的影响，其输出功率会呈现较大的变化，特别是天气多变时，呈现较为明显的随机性与不可控性；连续日但不同日类型情况下光伏发电系统出力差异较大；光伏发电系统输出功率大小跟照射到光伏组件表面的太阳辐射强度成正比；季节变化对光伏发电系统的影响也很大。

5.2.2　山区光伏功率特性

与山区风电一致，山区光伏也可分为长期与短期多尺度特性进行分析。以贵州为例，根据贵州太阳辐射和光照的空间分布特征，以及影响太阳能利用的气候因子，贵州太阳能开发潜力最大的区域集中在贵州西部（威宁的全部地区、六盘水和兴义的部分地区），约占贵州面积的18%。该区域海拔高、空气透明度好，辐射量高、光照时数长、一年中云覆盖时间短、温度适宜，有利于太阳能光热、光电的综合应用。以贵州PJ光伏电站为例，作为西部山区光伏电站的代表进行功率特性分析。

5.2.2.1　山区光伏长期功率特性

1. 年度变动性

基于NASA空间辨识度为40km×40km的光照数据，对1984—2005年22年间某光伏电站（纬度26.7197°，经度103.8146°）的光照数据进行统计分析，如图5-1所示。

由图5-1可知，各年度某光伏电站的垂直光照量波动较小，年利用小时数在1500h左右，年度光照平均值为4.4873kW/(m^2·a)，光照量波动标准差为0.1081kW/(m^2·a)，表明PJ光伏电站逐年光照强度不具有周期性。

2. 月、季度变动特性

由于在一定范围内，光伏发电的输出功率基本与光照强度成正比关系，而光照强度又随昼夜变化和季节交替而呈现规律性的周期变化。因此，山区光伏输出功率随季节的交替而呈现出明显的周期性，夏季输出功率大，冬季输出功率明显变小，而这一特性与负荷需求吻合。依据Homer软件对某光伏电站发电量进行模拟仿真，获得某光伏电站的年度发电量曲线，将并绘制各月发电量曲线，如图5-2所示。

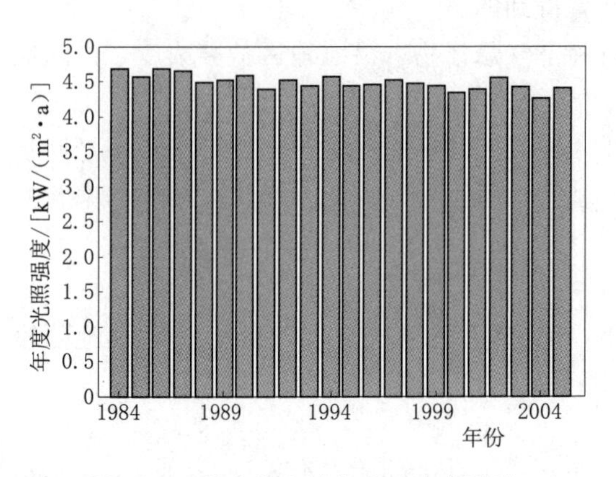

图5-1　某光伏电站年度垂直光照量

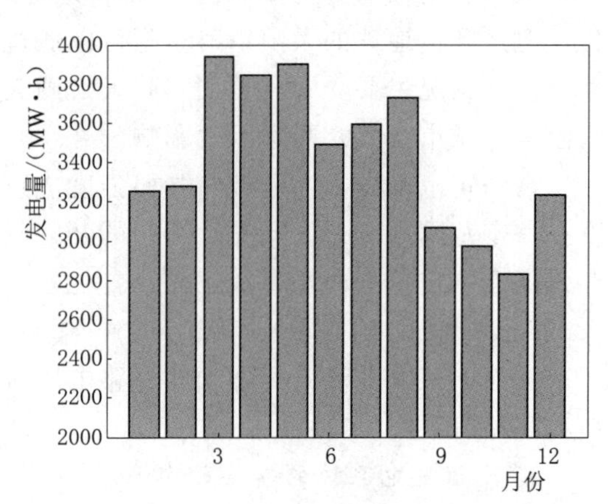

图5-2　某光伏电站各月发电量曲线

由图 5-2 可知，某光伏电站的输出功率呈现出春夏输出功率大，秋冬输出功率小的特性；光伏输出功率在 3 月达到最大值，且 5 月、8 月也分别达到峰值，9 月、10 月输出功率偏低，11 月输出功率极小，出现了季节性的波动。

5.2.2.2 山区光伏短期功率特性

1. 日功率波动特性

光伏发电系统功率受到光照强度、工作温度、阴影等多种外部因素的影响，而这些外部因素又时时刻刻在变化，因此光伏发电系统功率具有波动性特征。图 5-3 为某光伏电站日发电量情况。

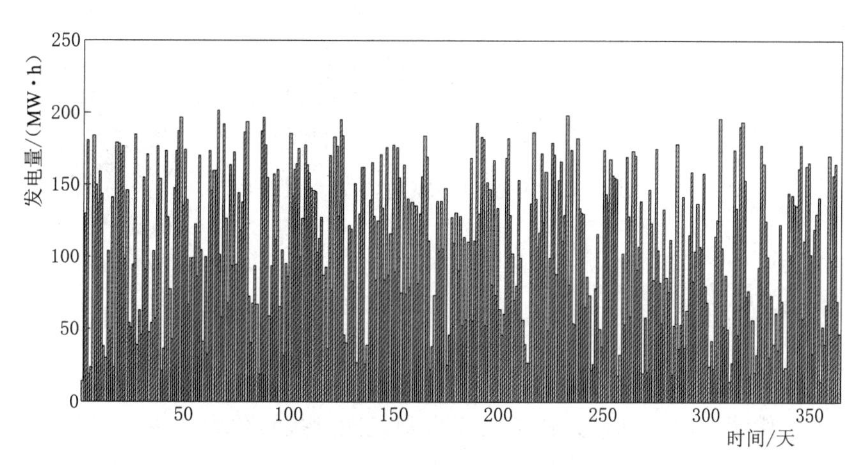

图 5-3 某光伏电站日发电量情况

由图 5-3 可知，某光伏电站的发电量逐日变化显著，其日平均发电量为 109.9083MW·h，最大日发电量为 201.2544MW·h，最小日发电量为 13.6955MW·h，日发电量波动标准差为 51.9483MW·h。可见某光伏电站的日发电量具有较强的波动性。图 5-4 为其光伏电站日平均有功功率曲线。

由图 5-4 可知，某光伏电站发电时间段为 7：00—20：00，在 13：00 功率达到最大。

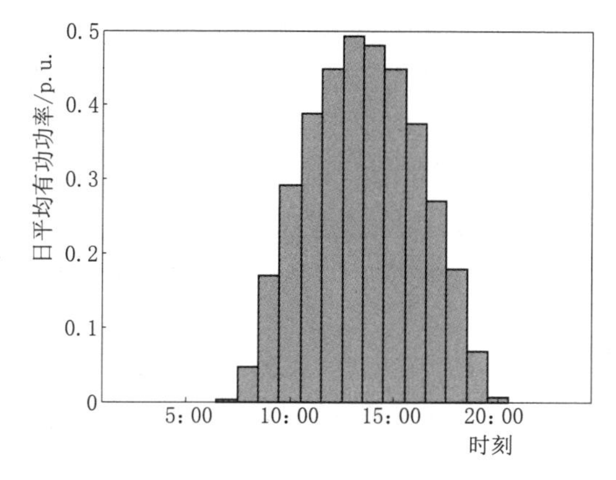

图 5-4 某光伏电站日平均有功功率

2. 小时功率波动特性

对某光伏电站功率以 1h 为步长进行一阶差分计算，获得波动幅度频度图，如图 5-5 所示。

由图 5-5 可知，光伏电站功率的一阶差分值为零的概率为 0.4584，而这主要是由于夜间长时间功率为零造成的。其小时功率波动标准差为 6.8223MW，且小时功率的变动范围在额定装机容量的－50.47%～45.35%内，可见某光伏电站的各小时功率具有较强的波动性。

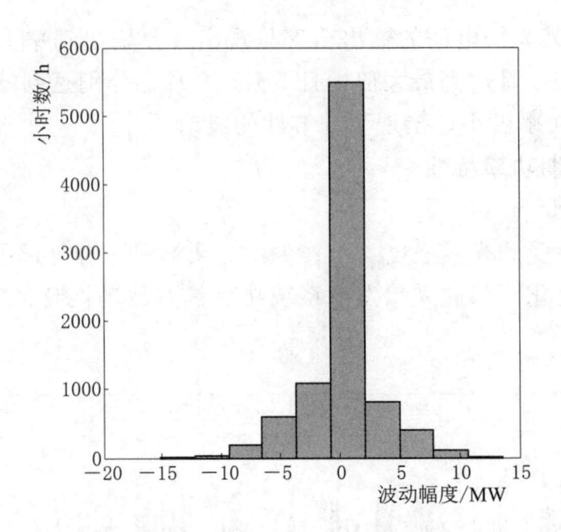

图5-5　某光伏电站功率波动幅度频度

5.3　山区光伏功率模型

光伏发电作为人类利用太阳能的一种重要方式，近些年来获得了广泛的发展。其主要原理是根据光生伏特效应，利用光伏电池将太阳光能直接转化为电能。一个完整的光伏发电系统主要由光伏组件、控制器、逆变器和无功补偿器4大部分组成。本节首先构建光伏功率概率模型；然后结合光伏电站的光照-功率特性，构建光伏电站计及外部因素的光伏功率概率模型。

5.3.1　光照强度和光伏功率概率模型

1. 光照强度概率模型

为体现太阳辐射的随机性，一般多采用光照强度概率模型（Beta模型），该模型从概率论的角度描述太阳辐射在一段时间内的概率分布。采用基于非参数估计中的核密度函数，可以刻画长时间尺度内光照的概率分布。

非参数估计中的核心概念为经验密度函数。设 X_1，X_2，…，X_n 是取自总体 X 的样本，x_1，x_2，…，x_n 表示样本观测值，令

$$f_n(x)=\begin{cases}\dfrac{f_i}{h_i}=\dfrac{n_i}{nh_i} & ,x\in I_i,i=1,2,\cdots,k \\ 0 & ,\text{其他}\end{cases} \tag{5-1}$$

式中　$f_n(x)$——样本的经验密度函数，是总体密度函数的一个非参数估计；

I_i——区间 i；

h_i——区间的长度，称为窗宽或带宽，其决定了经验密度函数的形状；

f_i——样本落在区间 I_i 中的频率。

若令

$$\phi(x,x_i)=\begin{cases}\dfrac{1}{nh_j}, x\in I_j, x_i\in I_j\\ 0 \quad, x\in I_j, x_i\notin I_j\end{cases} \tag{5-2}$$

则有

$$f_n(x)=\sum_{i=1}^{n}\phi(x,x_i)$$

经验密度函数的定义表明，某一点 x 处密度函数估计值的大小与该点附近（划分区间宽度）含有的样本点个数有关。x 附近样本点个数多，则密度函数估计值大；反之较小。为克服区间划分的限制，引入了 Parzen 窗函数，即

$$H(u)=\begin{cases}1, |u|\leqslant\dfrac{1}{2}\\ 0, 其他\end{cases} \tag{5-3}$$

式中　u——样本点与集聚中心的距离。

由于 Parzen 将 x 邻域内的所有点看做等同的点，无法体现出由于邻域内各点距离不同而对密度函数的贡献，因此，引入核密度函数，以有效衡量 x 邻域内点的密度。

设 X_1，X_2，…，X_n 是取自一元连续总体 X 的样本，在任一点 x 处的总体密度函数 $f(x)$ 的核密度估计定义为

$$f_h(x)=\frac{1}{nh}\sum_{i=1}^{n}K\left(\frac{x-X_i}{h}\right) \tag{5-4}$$

式中　h——窗宽；

K——核函数（Kernel Function）。

K 应满足

$$K(x)\geqslant 0, \int_{-\infty}^{+\infty}K(x)\mathrm{d}x=1 \tag{5-5}$$

常见的核函数类型有正态函数、三角函数、Epanechnikov 函数、二次函数、三角函数等。采用基于正态核函数对贵州某光伏电站的光照进行非参数估计，可获得概率分布，如图 5-6 所示，其窗口宽度为 0.002811。

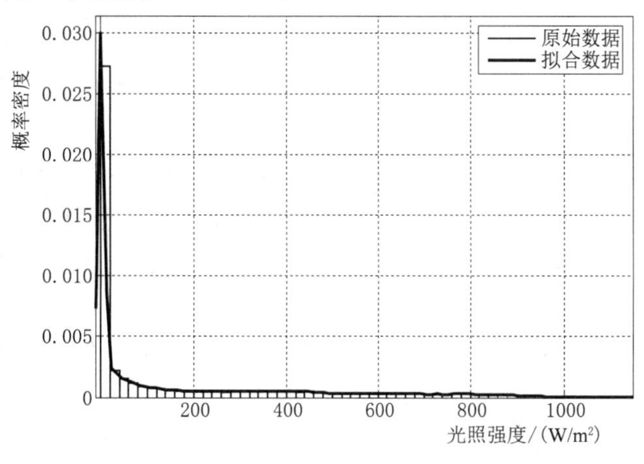

图 5-6　长期光照强度概率分布

2. 光伏功率概率模型

在理想状态下，光伏模块的可用输出功率为一个分段函数：当$r \leqslant r_{rated}$时，其输出功率随光强线性递增；当$r > r_{rated}$后，光伏模块输出功率将维持在额定输出功率，其表达式为

$$P^{pv}(r_g)=\begin{cases}\tilde{\omega}_g^{pv}(r_g/r_{rated}), & r \leqslant r_{rated}\\ \tilde{\omega}_g^{pv} & ,r > r_{rated}\end{cases} \tag{5-6}$$

式中　r_{rated}——光伏模块的额定光照强度；

$P^{pv}(r_g)$——对应的额定输出功率。

光伏阵列实际输出功率曲线如图5-7所示。

根据光伏阵列输出功率与光照强度的关系，可以导出光伏发电系统输出有功功率概率密度函数。采用基于正态核函数的非参数估计进行概率拟合，其窗口宽度为1.4709，拟合结果如图5-8所示。

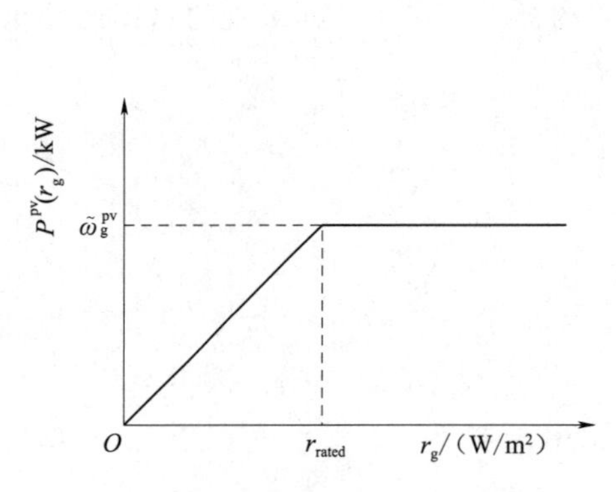

图5-7　光伏阵列实际输出功率

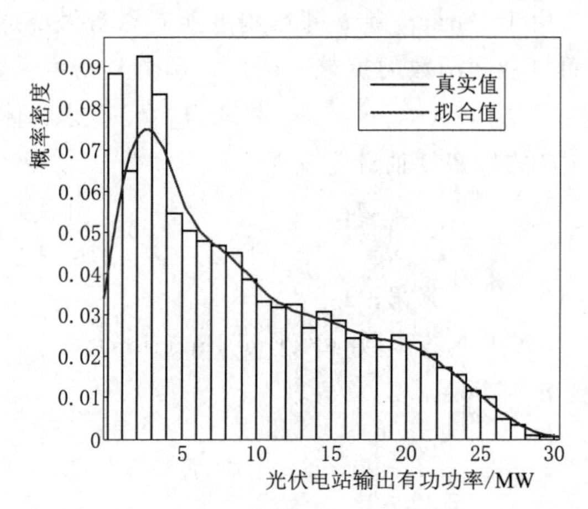

图5-8　光伏长期输出有功功率概率分布

5.3.2　计及外部因素的光伏输出有功功率概率模型

根据光照的概率分布和光伏能量转换的线性模型，可获得光伏功率的边缘概率分布。由于光照与光伏功率的关系仍非完全线性，为计及两者间的非线性因素，基于Copula理论构建了光照-光伏功率的联合概率密度。

Copula一词源自法语，原意是连接、交换。Copula理论可追溯到1959年，Sklar提出将一个N维联合概率分布函数分解为N个边缘分布函数和1个Copula函数，此Copula函数描述了N个随机变量间的相关性。1999年，Nelsen提出了严格的Copula函数定义：把随机向量$\boldsymbol{X}_1$，$\boldsymbol{X}_2$，…，$\boldsymbol{X}_N$的联合分布函数$F(x_1, x_2, \cdots, x_N)$与各自的边缘分布函数$F_{x_1}(x_1)$，…，$F_{x_N}(x_N)$相连接的连接函数，即为Copula函数$C(u_1, u_2, \cdots, u_N)$，满足

$$F(x_1,x_2,\cdots,x_N)=C[F_{x_1}(x_1),F_{x_2}(x_2),\cdots,F_{x_N}(x_N)] \tag{5-7}$$

1959年Sklar定理的提出奠定了Copula理论的基础。Copula函数可用于描述多元随机变量之间的相依结构，该函数将多元随机变量的联合概率分布表示为各自边缘分布的“连接”，是构建多元相关随机变量联合分布的有力工具。

二元Copula函数是指满足以下性质的函数$C(u,v)$：①$C(u,v)$的定义域为$[0,1]\times[0,1]$；②$C(u,v)$有零基面，并且是二维递增的；③对于任意u，$v\in[0,1]$，满足$C(u,1)=u$，$C(1,v)=v$。

所谓的有零基面是指：至少存在一个$u_0\in[0,1]$和一个$v_0\in[0,1]$，使得$C(u_0,v)=C(u,v_0)=0$。二维递增是指：对任意$0\leqslant u_1\leqslant u_2\leqslant 1$和$0\leqslant v_1\leqslant v_2\leqslant 1$，有

$$C(u_2,v_2)-C(u_2,v_1)-C(u_1,v_2)+C(u_1,v_1)\geqslant 0 \tag{5-8}$$

假定$F(X)$和$G(y)$是连续的一元分布函数，令$U=F(x)$，$V=G(y)$，可知U、V均服从$[0,1]$上的均匀分布，则$C(u,v)$是一个边缘分布均为$[0,1]$上的均匀分布的二元联合分布函数，对于定义域内任意一点(u,v)，有$0\leqslant C(u,v)\leqslant 1$。

Sklar定理可表述为：设F是边缘分布为F_1，F_2，…，F_n的随机变量z_1，z_2，…，z_n的联合概率分布函数。则存在一个Copula函数C，对任意$X\in R$，有

$$F(z_1,z_2,\cdots,z_n)=C[F_1(z_1),F_2(z_2),\cdots,F_n(z_n)] \tag{5-9}$$

如果F_1，F_2，…，F_n都是连续的，则C是唯一的。反之，如果C是一个Copula函数，则由式（5-9）所决定的F是随机变量z_1，z_2，…，z_n的联合概率分布。

由Sklar定理可知，当确定了多元随机变量的边缘分布和合适的Copula函数后，就可以得到这些随机变量的联合概率分布，这也正是Copula函数在实际应用中的优势所在。因此，Sklar定理不仅证明了Copula函数的存在性，还给出了建模方法，建模过程主要分为2步：①构建各变量的边缘分布；②找到一个合适的Copula函数，确定其参数作为描述各变量间相关结构的工具。

因Copula函数中含有众多分类，而光伏功率与光照强度间的关系具有显著的上部相关、尾部渐进独立特性，因此，可采用Gumbel-Copula构建光伏功率与光照间的联合概率密度，即

$$C_G(u,v;\theta)=\mathrm{e}^{-[(-\log u)^{\theta}+(-\log v)^{\theta}]^{\frac{1}{\theta}}} \tag{5-10}$$

式中　u——光伏功率累积概率密度；

v——光照累积概率密度；

θ——相依参数，经参数估计获得，为4.5844。

采用Copula随机数生成器构建的Gumbel-Copula进行随机抽样5000次获得的结果如图5-9所示。

进一步地将温度的因素考虑进光伏功率的影响因素中，采用t-Copula获得光照-温度-光伏功率的三元联合概率密度，其关联矩阵为

$$\begin{matrix} 1.0000 & 0.9376 & 0.5803 \\ 0.9376 & 1.0000 & 0.5679 \\ 0.5803 & 0.5679 & 1.0000 \end{matrix}$$

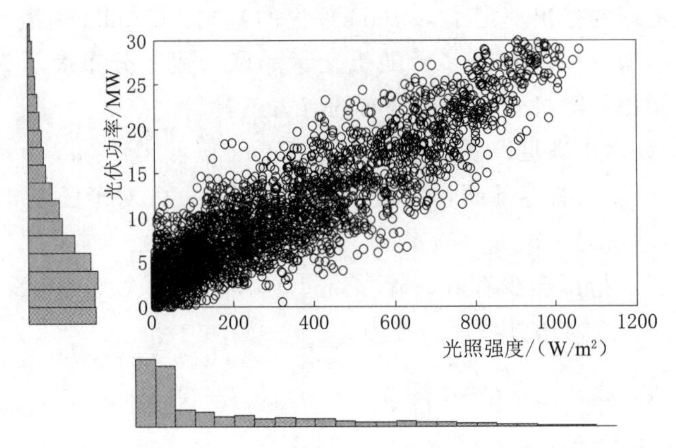

图5-9　计及外部因素的光伏功率模拟抽样结果

5.4　光伏发电系统影响因素分析

天气多变时，光伏发电系统输出功率呈现较为明显的随机性与不可控性，连续日但不同日类型情况下光伏输出差异较大，光伏发电系统输出功率大小跟照射到光伏组件表面的太阳辐射强度成正比，季节变化对光伏发电系统的影响也很大。

光伏功率预测，主要分析太阳辐射强度和温度等气象因素对光伏发电系统功率的影响。根据光伏电站2个月的实测数据，采用相关系数法分析光伏发电系统功率与太阳辐射强度、温度和风速之间的关系，其中光伏电站发电数据来源于贵州电力科学研究院光伏试验系统，海拔1062.51m。

图5-10～图5-12分别是光伏功率与太阳辐射强度、温度和风速的相关性。

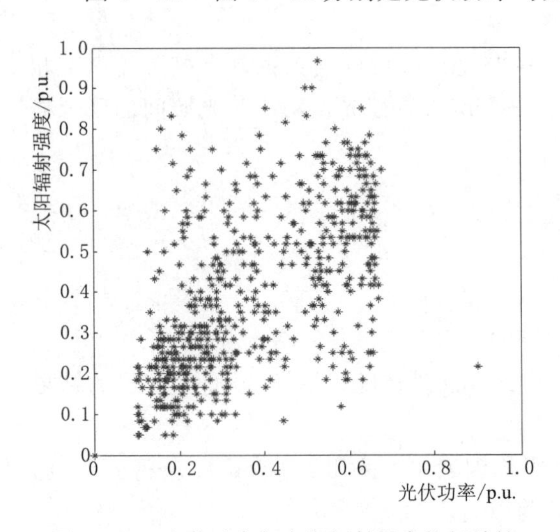

图5-10　光伏功率与太阳辐射强度的相关性

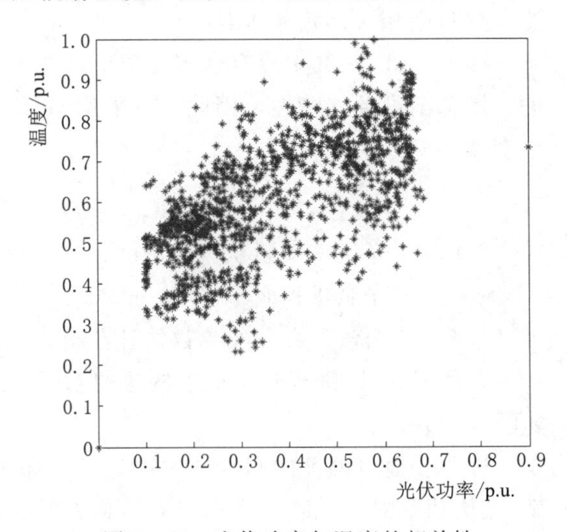

图5-11　光伏功率与温度的相关性

相关性分析是指对两个或多个具备相关性的变量元素进行分析，从而衡量两个变量因素的相关密切程度。相关性系数的计算公式为

$$r_{XY}=\frac{\sum_{i=1}^{N}(X_i-\overline{X})(Y_i-\overline{Y})}{\sqrt{\sum_{i=1}^{N}(X_i-\overline{X})^2}\sqrt{\sum_{i=1}^{N}(Y_i-\overline{Y})^2}} \tag{5-11}$$

式中 r_{XY}——变量 X 和 Y 的相关性系数。相关系数在 0.8 以上，认为变量间有强相关性；相关系数位于 0.3～0.8，认为变量间弱相关；低于 0.3 则认为变量不具备相关性；

X，Y——变量；

N——样本总数；

X_i，Y_i——X 和 Y 的第 i 个样本；

$\overline{X}$，$\overline{Y}$——N 个 X、Y 样本的平均值。

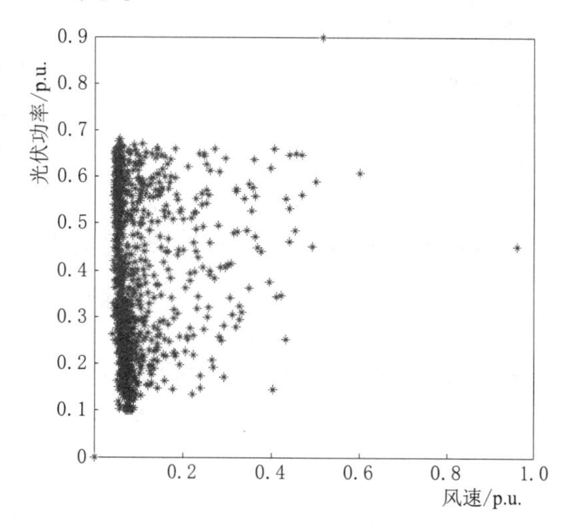

图 5-12 光伏功率与风速的相关性

由相关性系数公式求得光伏功率和太阳辐射强度的相关性系数为 0.64，光伏功率和温度的相关性系数为 0.55，光伏功率和风速的相关性系数为 0.13。因此，光伏功率与太阳辐射强度和温度有相关性，而与风速之间相关性很弱。

5.5 适合山区的短期光伏功率预测方法

基于传统统计学的预测方法只有在样本数量足够多的情况下其性能才有理论上的保证。但贵州地区光照较弱，光伏功率数据与气象因素数据关联性较差，如果采用传统统计法预测，则有效样本数量较少，无法达到精确预测的目的，因此需建立适合西部山区的短期光伏功率预测方法。

由于支持向量机模型是基于结构风险最小化原理的回归模型，具有保证全局最优下的最大泛化能力，同时对样本数量要求低，适合小样本建模，因此非常适于对山区光伏电站的功率预测。

本节提出适合山区的短期光伏功率预测方法；首先采用灰色关联度分析法对历史数据进行分类，构建与待预测日强相关的小样本；随后建立具有良好小样本预测和泛化能力的支持向量回归机（Support Vector Regression Machine，SVR）模型，采用全局网格搜索（Grid Search，GS）与遗传算法（Genetic Algorithm，GA）相结合的方法对 SVR 参数进行优选；最终对输入预测样本进行计算，得到短期预测结果。

5.5.1 短期光伏功率预测方法的建模过程

1. 基于灰色关联度的样本筛选

由于支持向量回归机的拟合、预测效果与输入样本密切相关，因此，结合影响光伏短期的相关因素分析，采用灰色关联度分析（Grey Relational Analysis，GRA）对历史数据进行归类、优选。

选取相似日的方法可以提高预测精度，也可以降低支持向量回归机样本训练时间。传统选取相似日的方法是基于人工经验的选取，常常会引入不良样本，增大预测误差。目前选取相似日的方法有证据理论、聚类分析、趋势相似度法和灰色关联法等。

此处采用灰色关联度分析方法选取相似日，计入的因素为温度、太阳辐射强度，使得训练样本和预测日之间在气象特征上具有较高相似性，可以提高预测精度。计算历史日 n 天的因素序列为

$$\boldsymbol{X_m}=[x_m(1),\cdots,x_m(t)](m=1,\cdots,n) \tag{5-12}$$

与待预测日的因素序列之间的相关度为

$$\boldsymbol{X_0}=[x_0(1),\cdots,x_0(t)] \tag{5-13}$$

式中 t——计入因素个数。

首先求取待预测日因素序列与历史日因素序列的差序列矩阵 $\boldsymbol{\Delta}=[\Delta_{10},\cdots,\Delta_{m0},\cdots,\Delta_{n0}]'$，其中 $\boldsymbol{\Delta_{m0}}=[|x_m(1)-x_0(1)|,\cdots,|x_m(t)-x_0(t)|]$，再求取两级最大差和最小差为

$$\Delta_{\min}=\min(\boldsymbol{\Delta}) \tag{5-14}$$

$$\Delta_{\max}=\max(\boldsymbol{\Delta}) \tag{5-15}$$

最后计算 $\boldsymbol{X_0}$ 对 $\boldsymbol{X_m}$ 的灰色关联度为

$$r(\boldsymbol{X_0},\boldsymbol{X_m})=\frac{1}{t}\sum_{k=1}^{t}\frac{\Delta_{\min}+\rho\Delta_{\max}}{\Delta_{m0}(k)+\rho\Delta_{\max}} \tag{5-16}$$

其中

$$\Delta_{m0}(k)=|x_m(k)-x_0(k)|$$

式中 ρ——分辨系数，取0.5。

2. 支持向量机回归模型及参数选择

支持向量机模型分为支持向量分类机（Support Vector Classification Machine，SVC）和支持向量回归机两种。对功率进行预测需要根据历史规律对未来数据进行拟合，因此采用支持向量回归机，此处选择回归机中的 ε-SVR 算法。

对于非线性光伏功率，通过非线性函数 $\Phi(x)$ 将每个样本点映射到高维空间，在高维空间中作线性回归。样本点为

$$G\{(x_i,y_i)\}_{i=1}^{n} \tag{5-17}$$

式中 x_i——输入向量，包括温度归一化值和相似日的光伏功率值，计及温度归一化值是由于分析的温度与光伏功率之间有强相关性；

y_i——输入向量，是真实值；

n——样本点个数。

则预测模型为

$$f(x)=\boldsymbol{\omega}^{\mathrm{T}}\boldsymbol{\phi}(x)+b,\boldsymbol{\omega}\in\boldsymbol{R}^n \tag{5-18}$$

式中 $f(x)$——模型输出的预测值；

$\boldsymbol{\omega}$——权向量；

x——训练样本；

b——偏置。

根据 Vapnik 的最小化结构风险原则，其结构风险定义为

$$R_{reg}(f)=\frac{1}{2}\|\boldsymbol{w}\|^2+C\frac{1}{l}\sum_{i=1}^{l}e_i \tag{5-19}$$

其中

$$e_i=f(x)-y_i$$

式中 $C\frac{1}{l}\sum_{i=1}^{l}e_i$——经验风险，由 ε 不敏感损失函数来度量；

$\frac{1}{2}\|\boldsymbol{w}\|^2$——正则化部分，反映的是函数 $f(x)$ 的泛化能力；

C——正则化系数，决定正则化部分和经验风险之间的平衡。

$$e_i=\begin{cases}0, & |y-f(x)|\leqslant\varepsilon\\ |y-f(x)-\varepsilon|, & |y-f(x)|>\varepsilon\end{cases} \tag{5-20}$$

因此，ε-SVR 的目标函数为

$$\begin{aligned}&\min\frac{1}{2}\|\boldsymbol{w}\|^2+C\frac{1}{l}\sum_{i=1}^{l}(\xi_i+\xi_i^*)\\ &s.t.\quad y_i-\boldsymbol{w\phi}(x_i)-b\leqslant\varepsilon+\xi_i,\xi_i\geqslant 0\\ &\qquad \boldsymbol{w\phi}(x_i)+b-y_i\leqslant\varepsilon+\xi_i^*,\xi_i^*\geqslant 0\end{aligned} \tag{5-21}$$

式中 ξ_i，ξ_i^*——松弛变量。

为求解该问题，引入拉格朗日乘子和核函数，根据对偶理论，把该问题变为

$$\begin{aligned}&\max-\frac{1}{2}\sum_{i=1}^{l}\sum_{j=1}^{l}(\alpha_i^*-\alpha_i)(\alpha_j^*-\alpha_j)K(x_i,x_j)\\ &\quad-\varepsilon\sum_{i=1}^{l}(\alpha_i^*+\alpha_i)+\sum_{i=1}^{l}y_i(\alpha_i^*-\alpha_i)\\ &s.t.\sum_{i=1}^{l}(\alpha_i^*-\alpha_i)=0,0\leqslant\alpha_i^*,\alpha_i\leqslant C/l\end{aligned} \tag{5-22}$$

解得

$$f(x)=\sum_{SV}(\alpha_i^*-\alpha_i)K(x_i,x)+b \tag{5-23}$$

可以看出，只要知道核函数的形式即可做预测，而不需要知道映射函数 $\phi(x)$ 和高维空间 R^n。目前常用的核函数有线性函数、多项式函数、径向基函数、多层感知器函数，其中径向基核函数为

$$K(x_i,x)=e^{\frac{-\|x_i-x\|^2}{2p^2}} \tag{5-24}$$

综上，ε-SVR 模型需要选择正则化系数 C、参数 ε 和核参数 p。

3. 参数自适应

以某年 2 月 1 日—3 月 15 日的相似日作为训练样本，以 3 月 16 日为测试样本，则当 p 在 0.001～10 内以步长 0.05 变化，C 在 0.1～40 内以步长为 2 变化，ε 在 0.001～0.01 内以步长为 0.001 变化时，试验 1 结果见表 5-1。

表 5-1　　随 ε 变化的平均 RMSE 值

ε	平均 RMSE 值	ε	平均 RMSE 值
0.001	0.0820	0.006	0.0828
0.002	0.0821	0.007	0.0830
0.003	0.0822	0.008	0.0828
0.004	0.0823	0.009	0.0828
0.005	0.0824	0.01	0.0830

从表 5-1 可以看出，平均 RMSE 值均位于 0.082～0.083，变化较稳定，即参数 ε 对模型性能的影响不显著。因此，可对 ε 取定值，由于参数 ε 在 ε-SVR 模型中控制着支持向量的稀疏性，ε 越大，支持向量的个数就越少，当大于某一值时，就会出现“欠学习”现象，增大预测误差。所以令 $\varepsilon=0.001$。

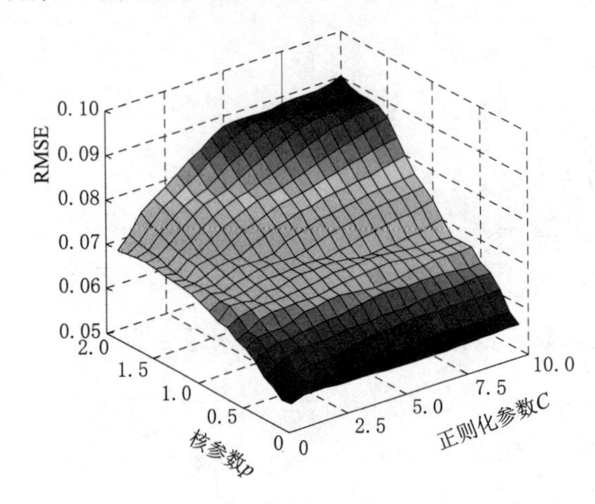

图 5-13　平均 RMSE 值随 p 和 C 的变化值

然后，令 p 在 0.001～2 内以步长 0.01 变化，C 在 0.1～10 内以步长 1 变化，$\varepsilon=0.001$，设计网格搜索试验 2，计算每个参考点的平均 RMSE 值，形成三维网格，如图 5-13 所示。

通过网格搜索，进一步缩小参数寻优范围。然而网格搜索涉及的参考数组由人工设定，结果较为粗糙，同时遍历所有参考点耗时较长，因此第二阶段采用遗传算法确定最优模型参数。遗传算法不依赖于初始种群，通过复制、交叉和变异作用，具有较好的全局优化特性。步骤如下：

(1) 随机产生初始种群，个体数目取 20，根据实际数据，分别从 (0.1，10) 和 (0.001，1) 范围内随机选取 C 和 p 的值，计算初始种群个体的适应度。适应度函数为结构风险倒数，即

$$R_{\text{reg}}(f)=\frac{1}{\frac{1}{2}\|\boldsymbol{w}\|^2+C\frac{1}{l}\sum_{\text{SV}}|f(x_i)-y_i-\varepsilon|} \tag{5-25}$$

(2) 依据遗传算法的突变和交叉策略，在解空间中生成新的子代个体，并对子代个体进行适应度评估。

(3) 依据个体适应度对子代和父代种群进行贪婪选择。

(4) 经过一定数量的迭代后，就会得到最优的 C 和 p，即所选的 C 和 p 使得结构风险最小。

表 5-2 选取了 3 组训练样本进行收敛性分析，每组数据寻优 300 次，记录下每次的适应度作统计，除去一些明显的异值，剩下数据的个数占总数据个数的 93%，其均值为 1.9392，方差为 0.00072。可知，遗传算法具有较好的收敛性。

表 5-2 收敛性分析

序号	适应度均值	适应度方差	占百分比/%
数据组 1	1.9392	0.00072	93
数据组 2	2.1374	0.00079	94
数据组 3	1.7295	0.00071	94

5.5.2 短期光伏功率预测方法的预测流程

(1) 对光伏功率历史数据、影响因素数据进行归一化。

(2) 采用计算灰色关联度的方法选取关联度最大的 3 天为待预测日的相似日，相似日的光伏功率数据和气象因素数据共同构成训练样本和测试样本，作为 ε - SVR 模型的输入。

(3) 使用全局网格搜索和遗传算法二阶段寻优方式选取最佳正则化参数 C 和核参数 p。

(4) 利用 ε - SVR 模型进行光伏的短期日功率预测。

短期光伏功率预测流程图如图 5-14 所示。

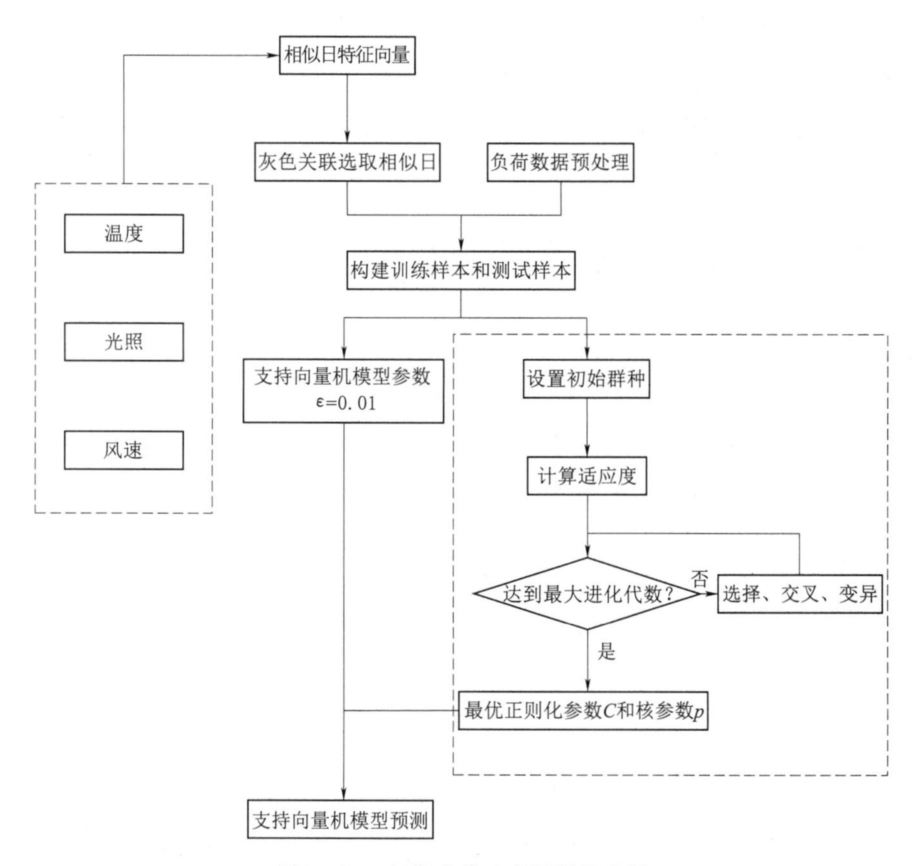

图 5-14 短期光伏功率预测流程图

5.5.3　贵州地区短期光伏功率预测结果

贵州电力科学研究院光伏试验系统位于东经 106°07′～107°17′，北纬 26°11′～27°22′，

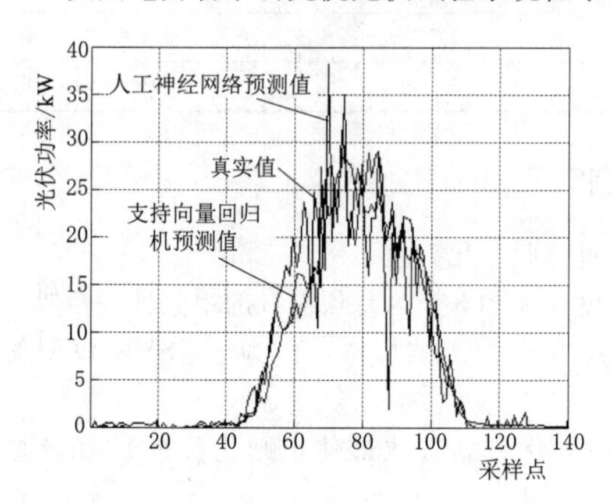

图 5-15　测试日的人工神经网络模型与支持向量回归机模型预测效果比较

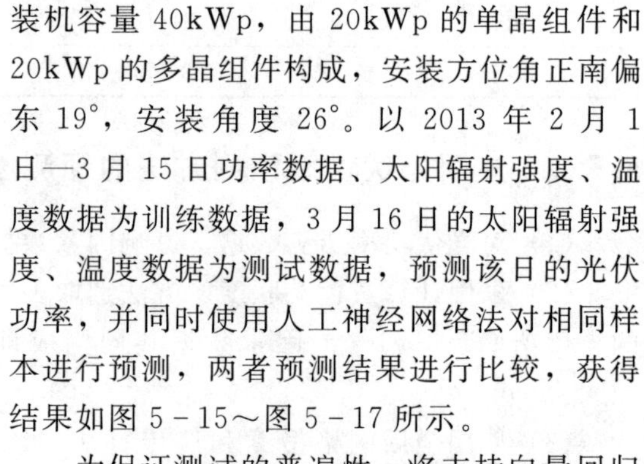

装机容量 40kWp，由 20kWp 的单晶组件和 20kWp 的多晶组件构成，安装方位角正南偏东 19°，安装角度 26°。以 2013 年 2 月 1 日—3 月 15 日功率数据、太阳辐射强度、温度数据为训练数据，3 月 16 日的太阳辐射强度、温度数据为测试数据，预测该日的光伏功率，并同时使用人工神经网络法对相同样本进行预测，两者预测结果进行比较，获得结果如图 5-15～图 5-17 所示。

为保证测试的普遍性，将支持向量回归机方法与人工神经网络法做多次对比试验，获得 RMSE 结果对比，见表 5-3。

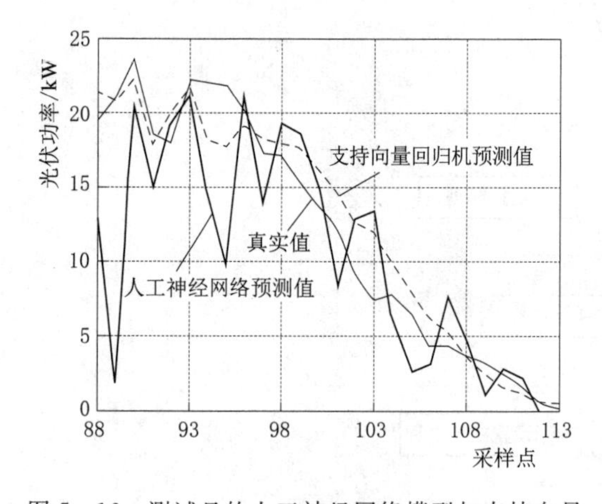

图 5-16　测试日的人工神经网络模型与支持向量回归机模型预测效果比较局部图

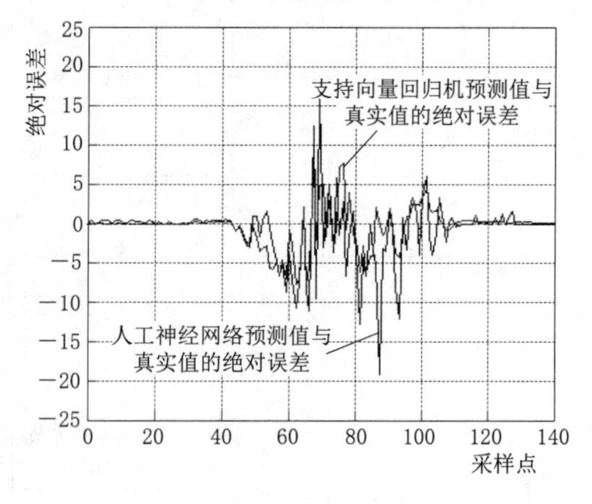

图 5-17　测试日的人工神经网络模型与支持向量回归机模型预测误差比较图

表 5-3　人工神经网络模型与支持向量回归机模型测试结果对比

序号	人工神经网络	支持向量回归机	序号	人工神经网络	支持向量回归机
预测日 1	8.9	7.28	预测日 5	5.88	5.55
预测日 2	7.29	4.86	预测日 6	3.72	2.98
预测日 3	7.37	6.58	预测日 7	9.01	9.7
预测日 4	7.41	2.84	预测日 8	5.64	4.62

由图 5-15～图 5-17 可以直观地看出，对比人工神经网络预测法，短期光伏功率预测方法 GRA-GS/GA-SVR 可更精确地表述光伏功率的短期特征，更好地跟踪功率变动，具有较小的预测误差和较为精确的拟合能力。从表 5-3 可以定量得知，除去第 7 个

测试天，常规人工神经网络预测法得到的 8 个预测日的平均 RMSE 值为 6.789%，支持向量回归机方法的平均 RMSE 值为 5.551%，提高精度为 1.238%，能满足预测要求，为决策者提供更精确的信息。

5.6 适合山区的超短期光伏功率预测方法

短期预测通常指预测自上报时刻起未来 1～2 天的功率情况，超短期预测通常指预测自上报时刻起未来 15min～4h 的功率情况，结合两种预测方式可以为电网调度提供更丰富的指导信息。超短期预测可以协助调度部门实时修正常规电源功率曲线，管控联络线潮流，为电力系统平稳运行提供更多信息支撑。

贵州地区气象因素与光伏功率关联性较弱，因此超短期功率预测考虑只从历史功率数据中挖掘规律。基于贵州地区光伏和气象数据，提出一种光伏功率超短期预测的新思路（EMD - SVM - GA 法）：首先使用经验模态分解对光伏功率序列进行平稳化分解；然后使用支持向量机模型进行预测。光伏功率由于受到不确定的气象因素影响，导致序列多频谱交叠，随机性强。而经验模态分解（Empirical Mode Decomposition，EMD）可以自适应地将非线性序列分解，使波动随机的序列转换为若干波动周期相对固定的分量，降低了机器学习的难度，对处理光伏功率序列有巨大优势。

5.6.1 超短期光伏功率预测方法的建模过程

1. 光伏功率序列的经验模态分解

由美籍华裔博士 Norden E. Huang 提出的经验模态分解法是一种全新的信号处理方法。它将不同特征尺度的信号从原始的非线性、非平稳信号中分离出来，得到若干个具有不同特征尺度的分量信号和一个表征系统变化态势的趋势信号，分别称为本征模函数 IMF 和剩余分量。IMF 可看作不含复杂谐波的振动分量，表征了系统内在的振动模态。相比传统的序列分解方法——小波分解，经验模态分解法不需凭借经验选取小波基和分解级数，具有自适应的特点，更易处理非平稳、非线性信号，因此将其应用于光伏功率序列的分解具有较大优势。

光伏功率序列的经验模态分解法分解步骤如下：

（1）识别功率信号 $x(t)$ 中所有极大值点并使用三次样条插值法（Cubic Spline Interpolation Method）拟合信号上包络线 $e_{up}(t)$。

（2）识别功率信号 $x(t)$ 中所有极小值点并使用三次样条插值法拟合信号下包络线 $e_{low}(t)$。计算均值包络线，即上下包络线的平均值 $m_1(t)$，示意图如图 5 - 18 所示。

$$m_1(t)=\frac{e_{up}(t)+e_{low}(t)}{2} \tag{5-26}$$

（3）筛选 IMF。提取局部信息，即

$$h_1(t)=x(t)-m_1(t) \tag{5-27}$$

判断 $h_1(t)$ 是否满足筛分终止条件。若满足，则 $h_1(t)$ 为筛分得到的第一个 IMF 分

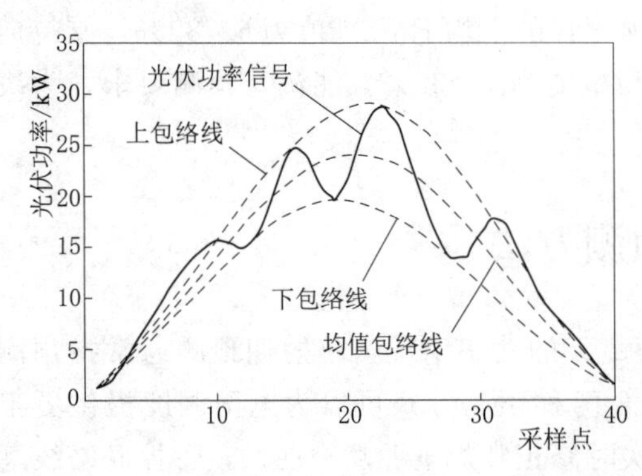

图 5-18　光伏出力信号的上、下、均值包络线

量记为

$$c_1(t)=h_1(t) \tag{5-28}$$

若 $h_1(t)$ 不满足终止条件，则将 $h_1(t)$ 视为新的信号 $x(t)$，自第（1）步开始重新筛选，直到选出合适的 IMF 分量，同样记为

$$c_1(t)=h_1(t) \tag{5-29}$$

（4）将 IMF 分量剔除，即令 $r_1(t)=x(t)-c_1(t)$。若 $r_1(t)$ 极值点数目不小于 2 个，则将 $r_1(t)$ 作为新的信号，从第（1）步开始进行新一轮筛分；若 $r_1(t)$ 极值点数目不足 2 个，则停止分解，$r_1(t)$ 作为剩余分量予以保留。

最终，光伏功率信号被分解为若干本征模函数和一个剩余分量，公式表示为

$$x(t)=\sum_{i=1}^{N}c_i(t)+r_{\mathrm{N}}(t) \tag{5-30}$$

式中　$c_i(t)$——第 i 个本征模函数；

$r_{\mathrm{N}}(t)$——剩余分量。

$c_i(t)$ 反映了信号中不同频率的成分，$r_{\mathrm{N}}(t)$ 表征了系统变化的趋势。

筛分终止条件通过连续两个筛分结果的标准差来确定。设此时进行第 k 次筛分，则当 σ 小于给定数值 $\sigma_{\max}$ 时，筛分停止，即

$$\sigma=\sum_{j=1}^{n}\frac{|h_{(j,k-1)}(t)-h_{(j,k)}(t)|^2}{h_{(j,k-1)}^2(t)} \tag{5-31}$$

式中　$h_{(j,k-1)}(t)$，$h_{(j,k)}(t)$——两个连续筛分的结果序列；

n——序列样本点个数。

$\sigma_{\max}$ 若数值过小，则迭代次数较多，实际意义不大；若数值过大，则分解不出理想的 IMF。当 $\sigma_{\max}$ 取值在 0.1～0.2 时，分解效果较好。

2. 支持向量机预测模型

使用支持向量机模型进行回归拟合。在 EMD-SVM-GA 模型中，支持向量机用于对单个分量进行回归预测。同样选用径向基核函数作为映射，并使用遗传算法对选择惩罚系数 C 和核参数 p 进行寻优。

3. 遗传算法

遗传算法是受生物进化学说启发而发展起来的。它采用编码、选择、交叉、变异等操作，在问题空间搜寻最优解。遗传算法作为一种全局搜索方法，不需目标函数明确的数学方程和导数表达式，原理清晰、普适性强，特别适用于复杂的非线性问题求解，寻优效率高，因此可被用来对光伏样本进行计算。

使用遗传算法为参数寻优的主要步骤如下：

（1）染色体编码。由 0 和 1 组成的二进制就是最常用的编码形式。通过该步骤，将问

题转换到遗传算法的搜索空间。

(2) 初始化种群。种群规模直接影响算法性能。一般认为规模位于20～200内能实现种群多样性与算法复杂度之间的折中。

(3) 计算每个个体的适应度。适应度一般根据目标函数设定，它的大小直接影响到个体生存概率的大小，并影响算法收敛速度。

(4) 选择。根据生物界优胜劣汰的选择思想，按适应度值选择进入下一代的个体。

(5) 杂交。从群体中选择某对个体，以交叉概率 $p_{\mathrm{Crossover}}$（$0<p_{\mathrm{Crossover}}<1$）进行交叉操作，即互相交换染色体某位基因。

(6) 变异。以一个很小的概率 p_{Mutation} 随机改变染色体某一位基因。

(7) 搜索停止或返回第二步进行新一轮迭代。

5.6.2 超短期光伏功率预测方法的预测流程

(1) 经验模态分解法分解。将选取的光伏功率历史序列 $x(t)$ 运用经验模态分解法分解为 l_{p} 个分量，其中包括 l 个本征模函数 IMF_1，IMF_2，…，IMF_l 和一个剩余分量 r，即 $l_{\mathrm{p}}=l+1$。

(2) 构造训练样本和测试样本。超短期预测的预测样本为下一时刻的光伏功率值，训练样本为此前时刻的功率序列。设序列 $\{x_{i1},\ x_{i2},\ x_{i3},\ \cdots,\ x_{in}\}$（$n$ 为数据个数）为分解出的 l_{p} 个分量中的第 i 个分量。为满足建模要求，将序列 $\{x_{i1},\ x_{i2},\ x_{i3},\ \cdots,\ x_{in}\}$ 转化为符合支持向量机输入格式的矩阵形式（X_t，Y_t），其中 $X_t=\{x_{t-m},\ x_{t-m+1},\ \cdots,\ x_{t-1}\}$，$Y_t=x_t$，$t=1,\ 2,\ \cdots,\ n$。$m$ 为滑动窗口大小，通常取为3，表示根据前 m 个功率值推断第 $m+1$ 个功率值大小。

(3) 参数寻优。对每组训练样本分别运用遗传算法迭代在种群内寻找参数最优解。最大进化代数 $maxgen$ 设置为500，种群数量 $sizepop$ 设置为20，交叉概率 $p_{\mathrm{Crossover}}=0.4$，变异概率 $p_{\mathrm{Mutation}}=0.01$，$C$ 搜索范围为 [1，20]，p 搜索范围为 [1，100]，寻优得到最佳 C、p。

(4) 滚动预测。对每个分量分别建立标准支持向量机回归模型，共得到 l_{p} 个预测模型。分别输入步骤 (2) 中构建的训练样本，运用步骤 (3) 寻优得到的最佳参数进行机器学习，形成针对特定训练样本的预测模型。随后输入预测样本，得到预测值。实际预测需滚动完成，每得出一个当前时刻功率值即放入分解序列中分解，同时淘汰时间最远的数据，保持序列长度不变，通过支持向量机预测后得到下一时刻的预测值。

(5) 结果合成。分别预测后，得到 l_{p} 个预测结果。因经验模态分解法具有完备性，即分解结果通过相加重构后，可以完全恢复原始序列，因此也通过相加求和的方式将预测结果叠加得到最终结果。

(6) 误差评价。借鉴国家能源局在《风电场功率预测预报管理暂行办法》中对风电场实时功率预测的评价要求，选取RMSE值作为衡量预测结果的指标。RMSE值对大误差反应敏感，计算公式为

$$RMSE=\frac{\sqrt{\frac{1}{s}\sum_{j=1}^{s}(P_j-P_j')^2}}{Cap}\times 100\% \tag{5-32}$$

式中　s——预测样本数；

P_j——第 j 个预测样本的实测值；

P'_j——第 j 个预测样本的预测值；

Cap——光伏电站容量。

EMD－SVM－GA 法对超短期光伏功率预测的流程图如图 5－19 所示。

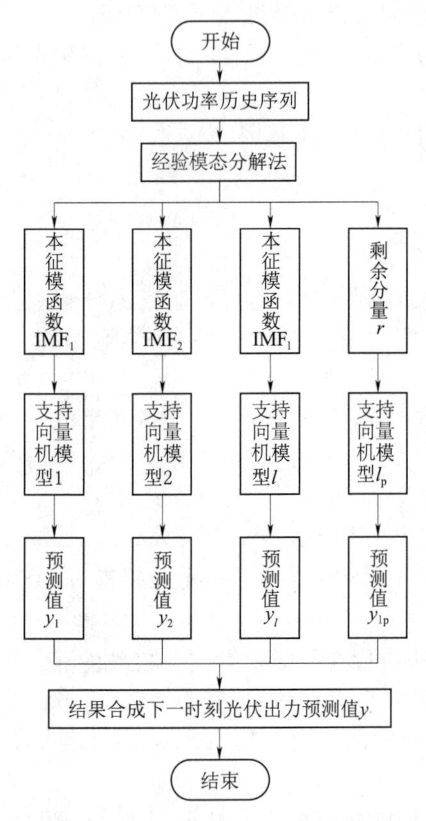

图 5－19　EMD－SVM－GA 法预测流程图

5.6.3　贵州地区超短期光伏功率预测结果

以贵州电力科学研究院光伏试验系统 2013 年实测功率数据为仿真样本，使用 EMD－SVM－GA 模型对下一时刻的功率值进行预测。该采样数据时间间隔为 15min。观察历史数据后发现，早晨 8：00 之前及下午 18：00 之后，光伏基本无功率，因此选取预测时段为每日 8：00—17：45。

本算例选择 2013 年 10 月 1—3 号 3 天的预测时段功率数据，共计 120 个，滑动窗口 $m=3$。使用经验模态分解法对样本数据进行分解，得到 4 个本征模函数 IMF_1～IMF_4 和一个剩余分量 r，分解结果如图 5－20 所示。取每个分量的前 85 个数据为训练样本，后 35 个数据为测试样本，构造 5 个支持向量机模型，预测之后将 5 个结果叠加得到最终结果。预测情况如图 5－21 所示。

由图 5－21 可见，EMD－SVM－GA 法的预测结果能很好地跟踪功率变化趋势，在平缓和拐角处都有较好的拟合能力。经计算，所有测试样本的 RMSE 值为 2.38％，满足实际需要，有较高的应用价值。

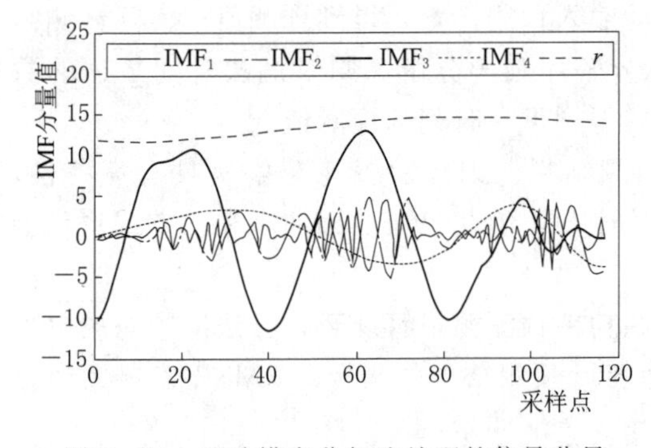

图 5－20　经验模态分解法处理的信号分量

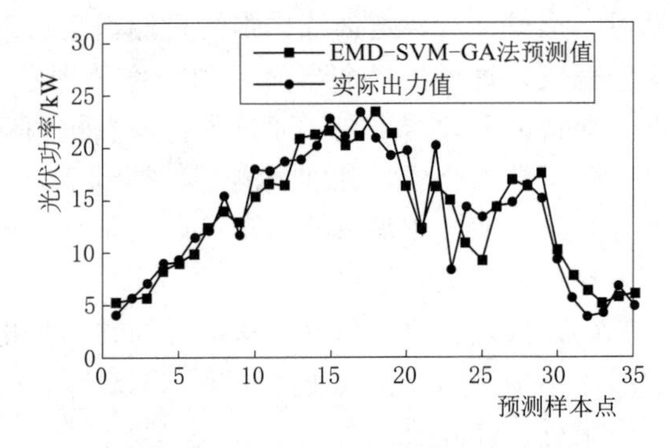

图 5－21　EMD－SVM－GA 法预测值与实测值比较

为进一步探究经验模态分解对预测的影响，分别构建 SVM－GA 模型和 LSSVM－GA（最小二乘支持向量机-遗传算法）模型，对同一时间段功率进行预测。理论上经验模态分解法对样本起到平稳化作用，让样本更容易被学习，可以提高预测精度。为验证经验模态分解法分解实际中对预测结果的贡献，使用未经分解的数据作为训练样本和测试样本，利用标准支持向量机和最小二乘支持向量机模型进行预测，结果如图 5-22 所示。

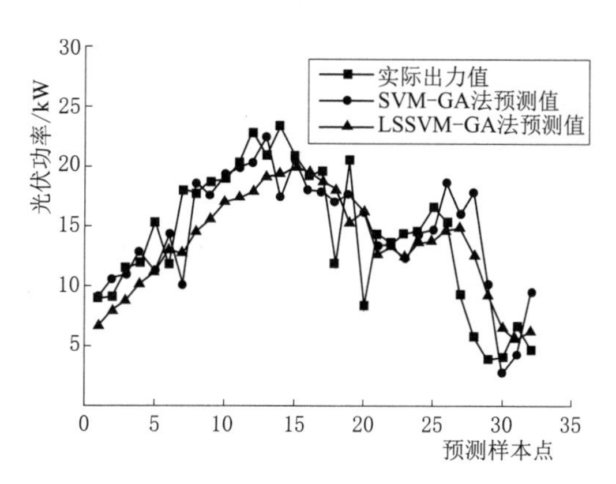

图 5-22 SVM-GA 法、LSSVM-GA 法预测值与实测值比较

经计算，SVM-GA 模型的预测误差的 RMSE 值为 3.34%，LSSVM-GA 模型的为 5.05%，均大于 EMD-SVM-GA。其中 SVM-GA 模型在拐点处出现几次较大误差，容易导致决策人员的错误判断，且滞后现象较严重。LSSVM-GA 模型与实际功率曲线贴合度较弱，且不能反映曲线波动，因此实用性均不如 EMD-SVM-GA 模型。

同时另选两组样本并使用同样三种模型（EMD-SVM-GA、SVM-GA 和 LSSVM-GA）进行预测，将得到的结果汇总至表 5-4。

表 5-4　三种模型的 RMSE 比较　%

项目	EMD-SVM-GA	SVM-GA	LSSVM-GA
样本一	2.38	3.34	5.05
样本二	4.08	6.62	5.51
样本三	2.21	7.83	5.68
平均 RMSE 值	2.89	5.93	5.41

其中样本一、样本三代表晴天状况，样本二代表阴天状况。阴天时云层较厚，移动明显，因此原始数据的波动性要强于晴天天气。因此，参考误差 RMSE 值进行纵向比较时可以发现，相对阴天，预测方法对晴天天气有更好的预测效果；横向比较时可以发现，EMD-SVM-GA 的平均 RMSE 值为 2.89%，低于 SVM-GA 的 5.93%和 LSSVM-GA 的 5.41%。结合图 5-21 和图 5-22 可知，EMD-SVM-GA 模型对曲线有更好的拟合能力，尤其对曲线的抖动性处理较好，因此总体上呈现较高的预测精度和较大预测优势。

第6章

光伏并网控制技术

6.1 概述

光伏发电系统是将光伏电池组件产生的直流电通过并网逆变器的变换，转换成与电网匹配的同频同相的交流电。按照是否接入电网，可将光伏发电系统分为独立光伏发电系统和并网光伏发电系统。独立光伏发电系统即不与电网发生连接的光伏发电系统，通常用于偏远地区的供电，主要由光伏组件、直流控制器、蓄电池组成，若要为交流负荷供电，还需要配置交流逆变器。而对于并网光伏发电系统，当光伏发电系统发电量大于微网内用电量时，将多余的电量供给大电网，当光伏发电系统发电量小于微网内用电量时，大电网将为微电网供电。因为并网光伏发电系统是直接将电能输入电网，免除了蓄电池的配置，省掉了蓄电池储能和释放的过程，所以可以充分利用所发的电能与电网互动，从而减小能量损耗，降低系统的成本。光伏并网控制器作为分布式光伏电源与电网的接口设备，能够保证光伏组件输出的电力与电网电力的电压、频率等电性能标准一致。逆变器也可以称为逆变电源，是通过控制半导体功率开关的接通和断开来将直流电转变为交流电的一种变流转置。

由于全球能源危机的出现，很多发达国家都在积极发展新型的可替代能源。近几年，美国、德国、澳大利亚、日本等国家对本国的光伏技术研究与产业扶持力度加大，使得光伏并网逆变器的生产数量急剧增加，全球逆变器的出售量也逐年增加。全球的光伏逆变器市场主要集中在欧洲，它们有完善的光伏产业链，并且光伏逆变器的技术排在世界的前列。而我国光伏并网发电技术的研究起步比较晚，与国外光伏并网发电技术相比还有很大的差距，光伏并网逆变器基本没有实现产品化。

随着电力电子元器件的发展、数字信号处理技术的应用以及现代控制理论的提出，基于电力电子技术的能量转换方式发生了巨大的变化。首先，电力电子元器件经过了从20世纪60年代的晶闸管（SCR）到70年代的可关断晶闸管（GTO）和电力晶体管（BJT），到80年代的功率场效应管（MOSFET）、绝缘栅极晶体管（IGBT）、MOS控制晶闸管（MCT）和静电感应功率器件的不断发展，为逆变器向高频化、大容量化发展奠定了理论基础与研发条件；其次，数字信号处理技术的应用改善了逆变器的输出波形、加快了开关管的开关频率、提高了相应电网瞬间变换速度；最后，先进的控制技术如矢量控制技术、多电平变换技术、重复控制、模糊逻辑控制等的提出，也有助于减小滤波器的体积和提高系统的效率。因此，并网逆变器将会沿着频率更高、体积更小、功率更高、效率更高的方向发展。逆变器是光伏并网系统的关键部分，其控制算法性能将影响并网过程中的系统稳定性，因此控制算法的研究对于分布式光伏电源并网非常重要，本章将从逆变器的控制算法入手，介绍一些常用方法的原理及特点，为后续的研究提供帮助。

6.2 光伏并网逆变器的分类

逆变器及逆变技术按输出交流电相数可分为单相逆变器、三相逆变器、多相逆变器；按输入直流电源性质可分为电压源型逆变器、电流源型逆变器；按主电路拓扑结构可分为推挽逆变器、半桥式逆变器、全桥逆变器；按输出交流电的频率可分为低频逆变器、工频逆变器、中频逆变器、高频逆变器；按照功率变换的级数可以分为单级式和多级式，其中单级式指在同一级电路中完成升降压和 DC－AC 转换，而多级式指在前一级或前几级电路中实现升降压或者隔离，在后级实现 DC－AC 变换，常见的为两级式；按照逆变器是否带有隔离变压器以及变压器的类型，可以分为工频隔离型、高频隔离型和非隔离型[39]。

在常见的光伏并网逆变器系统中，光伏阵列和电网是不隔离的，即光伏组件和电网电压具有电气连接，因此也被称为非隔离型光伏并网逆变器。非隔离型光伏并网逆变器结构不含变压器，具有效率高、体积小、重量轻、成本低等诸多优势。目前，非隔离型光伏并网逆变器系统的最高效率可以达到 98%以上，因此，非隔离型拓扑结构迅速得到各国科研人员的重视和工业界的重视。而实际的光伏发电系统中，每个光伏组件与地之间存在一个对地寄生电容，该寄生电容是由于光伏组件内部电路与光伏组件金属框架间大面积的平板结构造成的。通常情况下，光伏组件的金属框架是接地的，从而形成了光伏组件输出端子和地电位之间的电容。

在潮湿环境或者雨天时，该寄生电容会达到 200nF/kWp，当很多的光伏组件经过串并联，组成大规模光伏阵列时，分布对地寄生电容将会变得更大。该对地寄生电容与光伏发电系统的主电路和电网形成共模回路。在逆变器工作中，关器件的动作会引起寄生电容上电压的变化。整个共模回路在寄生电容共模电压的激励下，产生共模电流。同时，在共模回路中，对地寄生电容能够与并网逆变器中的滤波元件和电网阻抗形成谐振通路，当共模电流的频率到达谐振回路的谐振频率点时，电路中会出现大漏电流，该共模电流在增加了系统损耗的同时，还会影响逆变器的正常工作并向电网注入大量谐波，带来安全问题；另外，由于非隔离型并网逆变器的桥臂与电网直接相连，当维护人员触碰到光伏侧时，电网电流会流过桥臂，对人体构成伤害，不能保证光伏侧的电气安全。出于以上考虑，越来越多的应用场合要求光伏并网逆变器实现电气隔离。

6.2.1 隔离型光伏并网逆变器

隔离型光伏并网逆变器中引入变压器来实现光伏阵列与电网的电气隔离。隔离变压器将电能转化成磁能，再将磁能转化成电能。隔离型光伏并网逆变器有效地提高了光伏侧的电气安全性，消除了光伏并网系统中的共模电流问题。根据变压器的不同工作频率，隔离型光伏并网逆变器可以分为工频隔离型和高频隔离型[40]。

1. 工频隔离型光伏并网逆变器

工频隔离型光伏并网逆变器是目前光伏发电系统中最为常用的结构。其拓扑结构是在非隔离型并网逆变器的基础上，在电网侧加入工频变压器，如图6-1所示。由光伏阵列产生的直流电能经过逆变器，变为与电网同频率的交流电能，再经工频变压器送入电网。此结构中的变压器具有电压匹配和电气隔离的作用。由于采用工频变压器对输入和输出隔离，使得控制电路和主电路的设计相对简单，同时也使得光伏阵列的输出直流电压匹配范围变大。相比于非隔离型光伏并网逆变器，引入工频变压器可以有效地避免操作人员接触到光伏侧时电网电流流过逆变器桥臂对人产生伤害，系统的安全性能提高。同时，工频变压器能够防止光伏发电系统向电网注入直流分量，能够有效防止配电变压器的饱和。

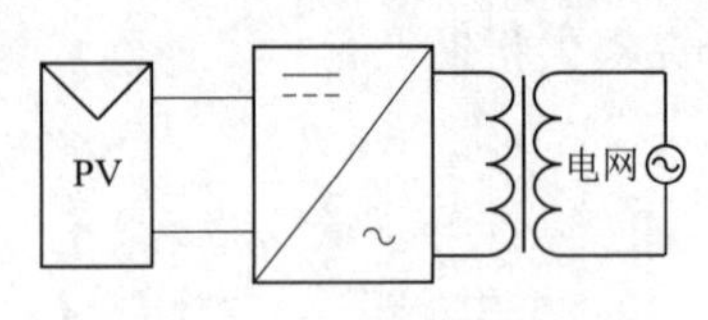

图6-1　工频隔离型光伏并网逆变器结构示意图

工频隔离型光伏并网逆变器可以有效地防止电网电流通过逆变器形成回路对接触到光伏电池两极的人员造成伤害，同时还可以在一定程度上抑制直流注入，具有结构简单、可靠性高、抗冲击性能好、安全性能良好的优点。然而，工频变压器具有重量重、体积大的缺点，其重量约占整个光伏并网逆变器总重量的50%，这成为了逆变器减小系统体积、提高功率密度的一大障碍，并且噪声高、效率低。另外，工频变压器也给逆变器产生了较大的损耗，增加了发电系统的成本和运输、安装的难度。

工频隔离型光伏并网逆变器是应用较早的一种拓扑结构。由于其在实际应用中的一些缺点，以及随着现代逆变技术的发展，在保留隔离型光伏并网逆变器的优点基础上，为了进一步提高系统功率密度，人们把更多的目光投向了高频隔离型光伏并网逆变器。

2. 高频隔离型光伏并网逆变器

同工频变压器相比，高频变压器具有质量轻、体积小等优点，因此采用高频链逆变技术的高频隔离型光伏并网逆变器有着广阔的应用前景。

变压器的相关计算公式有

$$\left.\begin{aligned} E_1 &= 4K_\varphi f N_1 B_m S_e \times 10^{-4} \\ E_2 &= 4K_\varphi f N_2 B_m S_e \times 10^{-4} \end{aligned}\right\} \tag{6-1}$$

式中　E_1——初级自感电动势；

S_e——铁芯有效截面积；

E_2——次级自感电动势；

f——交流电频率；

K_φ——电压波形因数；

N_1——初级绕组匝数；

B_m——磁感应强度；

N_2——次级绕组匝数。

从式（6-1）中可以明显看到，在电压和电流一定的情况下，变压器的原副边绕组匝数和工作频率成反比关系，铁芯截面积和工作频率也成反比关系。变压器的工作频率越高，变压器原边和副边的绕组匝数就会相应地减少，其所需的窗口面积也会减小，从而可以选择较小体积的铁芯。因此，提高变压器的工作频率成为了减小体积和重量的有效方法。在此基础上，Espelage 和 B. K. Bose 于 20 世纪 70 年代提出了高频链逆变技术的概念。在实现输入与输出的电气隔离上，高频链逆变技术采用高频变压器来替代低频逆变技术中的工频变压器，显著提高了逆变器系统的功率密度，减小了体积和重量。随着控制技术和器件的不断改进，高频隔离型光伏并网逆变器的效率也可以达到很高的水平。

在光伏并网系统中，国内外已经研究出多种基于高频链逆变技术的并网逆变器。通常，可以按照电路的结构特点来对高频隔离型光伏并网逆变器进行分类研究。主要包括周波变换型（DC－HFAC－LFAC）和 DC－DC 变换型（DC－HFAC－DC－LFAC）。

（1）周波变换型高频隔离光伏并网逆变器。周波变换型高频隔离光伏并网逆变器的结构如图 6－2 所示。这种并网逆变器由高频逆变器、高频变压器和周波变换器三个环节组成，形成了 DC－HFAC－LFAC 的两级变换结构。光伏组件发出的能量只经过两级变换，有助于效率的提高和逆变器系统体积、重量的减小。同时，由于此结构中省去了中间一级整流环节，可以控制电能的双向流动。但是，此类结构中含有较多的开关器件，使得控制系统变得复杂，不利于系统可靠性的提高。

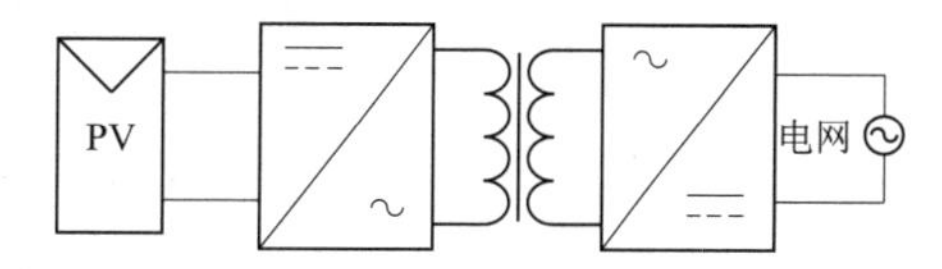

图 6－2　周波变换型高频隔离光伏并网逆变器结构示意图

（2）DC－DC 变换型高频隔离光伏并网逆变器。DC－DC 变换型高频隔离光伏并网逆变器结构如图 6－3 所示。此结构中光伏组件输出的电能通过 DC－HFAC－DC－LFAC 变换后馈入电网，其中的 DC－HFAC－DC 变换部分构成 DC－DC 变换器。从另一角度，在 DC－DC 变换型高频隔离光伏并网逆变器结构中，输入侧和输出侧分别含有一个 DC－AC 环节。输入侧的 DC－AC 环节实现将光伏组件产生的直流电转化成高频的交流电，以便通过高频变压器进行变压和电气隔离，再经过整流桥到达中间直流侧，形成并网所需的直流电压等级。输出侧的 DC－AC 环节实现将中间级直流逆变成与电网同频率的交流电，并入电网。中间直流侧的大电解电容使得前后级相互解耦，从而使控制系统得到简化。

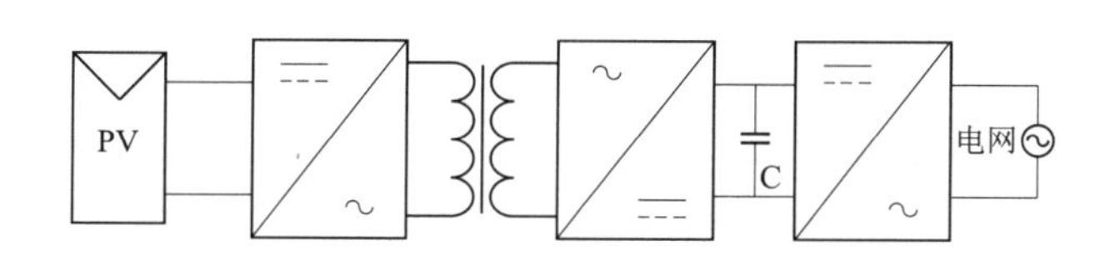

图 6－3　DC－DC 变换型高频隔离光伏并网逆变器结构示意图

DC－DC 变换型高频隔离光伏并网逆变器相比于工频隔离型光伏并网逆变器，同样具有体积小、重量轻等优点，但是该结构中应用了较多的功率开关器件，并且全部的开关器件工作在高频状态，系统的开关损耗较大。目前，高频隔离型光伏并网逆变器主要应用于低功率等级的光伏发电系统，提高效率、减小体积和降低成本对于其推广应用有着重要的意义。

6.2.2　非隔离型光伏并网逆变器

非隔离型光伏并网逆变器结构不含变压器，具有效率高、体积小、重量轻、成本低等诸多优势。目前，非隔离光伏并网逆变器系统的最高效率可以达到98%以上，因此，非隔离型拓扑结构迅速得到各国科研人员的重视和工业界的重视。但是，变压器的移除使得输入输出之间存在电气连接，由于光伏组件对地寄生电容的存在，逆变器工作时会产生共模漏电流，增大系统的电磁干扰，影响进网电流的质量，危害人身和设备安全。因此，共模漏电流的消除成为了目前非隔离型光伏并网逆变器的研究热点之一。

光伏组件对地寄生电容是指光伏组件的输出端子与地电位之间的电容。这部分电容的形成，是由光伏组件内部电路（PN结连接线）和光伏组件金属框架之间的大面积平板结构造成的。因此，该电容的大小与光伏电池的几何尺寸及其形状密切相关。除此之外，该电容值还与很多因素有关，比如光伏电池采用的生产技术、天气状况等外部环境条件。光伏电池对地分布电容为nF级至mF级。一般而言，晶体硅光伏电池的分布电容位于50～150nF/kWp，薄膜光伏电池可达到1μF/kWp。在阴雨天气或者潮湿地区，或者光伏电池表面有污垢存在时，寄生电容的等效极板面积增大，电容值相应地增大。

可见，光伏组件对地寄生电容、逆变器及其对地寄生电容、滤波器和电网通过地构成了一个漏电流回路，如图6-4所示。为了保证人员和设备的安全，漏电流必须被抑制在一定的范围内。根据德国DIN VDE 0126-1-1标准，当对地漏电流瞬时值大于300mA时，光伏并网系统必须在0.3s内与电网断开。

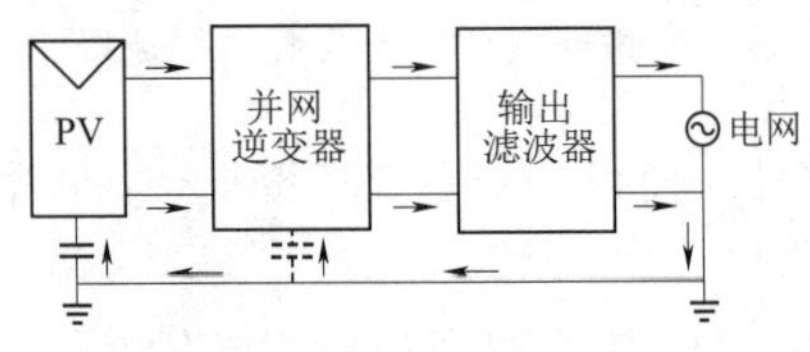

图6-4　非隔离型光伏并网逆变器系统漏电流回路

由于非隔离型光伏并网逆变器较隔离型光伏并网逆变器具有明显的优势，当前学术界和工业界对其开展了大量的研究，研究的方向主要为在确定无共模漏电流的前提下，尽可能地提高逆变器效率。目前非隔离型光伏并网逆变器的拓扑结构主要可以分为全桥类和半桥类两大类。

1. 全桥类非隔离型光伏并网逆变器

全桥类非隔离型光伏并网逆变器的直流电压利用率高，适合应用于输入电压变化范围宽的场合。目前已经提出了很多能抑制共模漏电流的全桥类非隔离型光伏并网逆变器，比较有代表性的拓扑结构包括H5拓扑、Heric拓扑、FB-DCBP拓扑、六开关型拓扑，如图6-5所示。

图6-5（a）所示的H5拓扑属SMA Solar公司所有，专利号为US 7411802 B2。H5拓扑仅在输入侧正端加入一支高频开关，使得续流阶段光伏组件输出端与电网断开，从而保证共模电压基本不变。该拓扑具有低成本、高效率等优点。但是开关管S_5在整个工频周期内高频工作，损耗发热最大，不利于散热设计。

图6-5（b）所示的Heric拓扑由Sunways公司拥有，其核心是在交流侧构建新的续流回路，从而实现续流阶段光伏电池输出端与电网断开。Heric拓扑较H5拓扑的器件损耗更小，因此效率更高，但是成本略高。

图6-5（c）所示的FB-DCBP拓扑由西班牙的Gonzalez R首先提出，该拓扑在直流侧引入了两支高频开关和两支钳位二极管，使得续流阶段时续流回路电位被钳位至$0.5U_{PV}$，从而实现了共模电压的完全消除。与H5、Heric拓扑相比，FB-DCBP拓扑漏电流抑制效果最好，但是器件数量最多，效率最低。

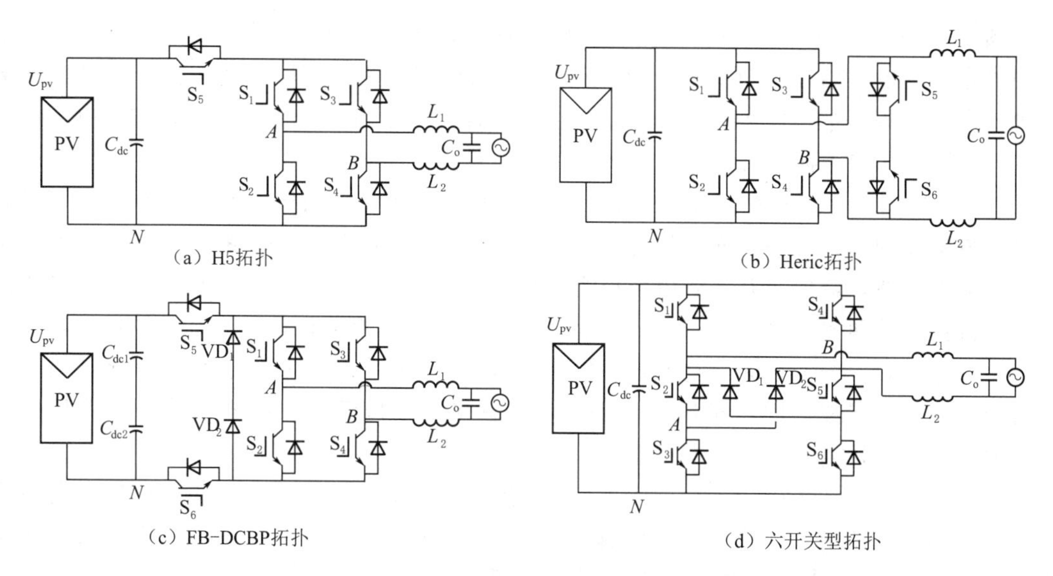

（a）H5拓扑　（b）Heric拓扑

（c）FB-DCBP拓扑　（d）六开关型拓扑

图 6－5　全桥类非隔离型光伏并网逆变器

图 6－5（d）所示的六开关型拓扑由 Wensong Yu 首先提出，由六支开关管构成的桥式电路和两支续流二极管组成。该拓扑不需要设置死区，故减小了进网电流谐波含量；没有反向恢复问题，故可采用 MOSFET，提高了变换效率，最高效率为 98.3%。

2. 半桥类非隔离型光伏并网逆变器

半桥类非隔离型光伏并网逆变器结构主要包括两电平半桥和多电平半桥，其中多电平半桥拓扑中以三电平半桥拓扑应用最为广泛。图 6－6 为半桥拓扑、二极管钳位型三电平半桥拓扑、Active 三电平半桥拓扑和 Conergy 三电平半桥拓扑。

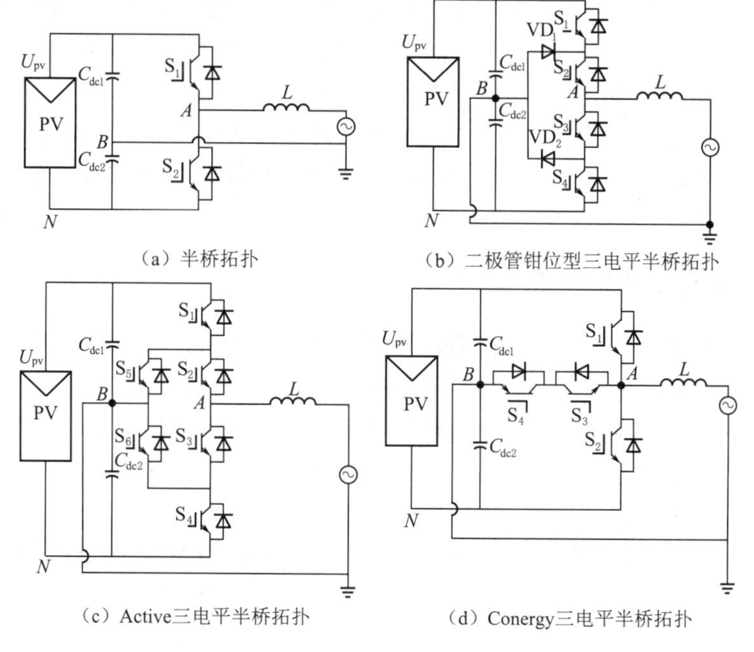

（a）半桥拓扑　（b）二极管钳位型三电平半桥拓扑

（c）Active三电平半桥拓扑　（d）Conergy三电平半桥拓扑

图 6－6　半桥类非隔离型光伏并网逆变器

图6-6（a）所示的半桥拓扑的输出侧 B 端与输入分压电容中点相连，光伏组件对地分布电容上的电压始终为 $U_{pv}/2$，因而不会产生共模漏电流。同时，半桥拓扑还具有无进网电流直流分量的结构优势。但是，半桥拓扑同样具有直流电压利用率低、进网电流纹波大、开关管电压应力高、开关损耗大、效率低等缺点。

图6-6（b）为二极管钳位型三电平半桥拓扑，由Baker首先提出。该拓扑不仅具有无共模漏电流的结构优势，而且桥臂输出电压与单极性SPWM全桥拓扑相同，因此减小了进网电流纹波，降低了开关管电压应力，提高了系统效率。但是，该拓扑的输入电压同样是全桥拓扑的两倍，且功率损耗分布不平衡，不利于散热器设计。

图6-6（c）为Active三电平半桥拓扑，与二极管钳位三电平半桥拓扑相比，通过两个可控开关器件将续流回路扩展为两条，从而解决了二极管钳位拓扑损耗分布不均的缺点，但其控制比较复杂，且器件成本最高。

图6-6（d）所示为Conergy三电平半桥拓扑，属Conergy公司所有。该拓扑利用开关管 S_+ 和 S_- 实现中点钳位。与二极管钳位型和Active三电平半桥拓扑相比，该拓扑器件数量最少，损耗最低，因此具有高效率、低漏电流的优点。Conergy拓扑已应用于Conergy公司的单相光伏并网逆变器中，效率在98%以上。

6.3 光伏并网逆变器控制策略研究

光伏并网逆变器的输出控制方式有电压控制和电流控制两种。由于电网系统可以等效为电压为无穷大的定值电压源，若光伏并网逆变器系统采用电压控制输出，则其实是一个电压源与另一个电压源并行工作的系统。在这种情况下要使系统能够稳定工作，就需要采用锁相控制技术，使输出电压与电网电压保持一致，并在此稳定工作的基础上来调节输出电压的大小及相位，从而达到控制输出功率的目的。但锁相控制技术的锁相回路响应速度不高，逆变器的输出电压很难精确控制，可能产生环流等问题，一般电压控制的效果不佳，在光伏并网逆变器的控制中用得较少。

而光伏并网逆变器采用电流控制方式时，只需要控制逆变器的输出电流，并设定其大小，使之跟踪电网电压，便可实现稳定的并网运行。其控制方法相对简单，效果也较好，因此得到广泛应用。

6.3.1 基于电流闭环的矢量控制

光伏并网逆变器输出等效为电流源，并将电流注入电网，电流的电能质量将影响并网的电能质量。电流控制作为并网闭环控制算法中的内环，有必要对其进行分析。前端光伏电池可以等效为电压源输入，前端电压幅值将影响并网控制过程中并网电压的幅值，因而将其视为并网闭环控制的外环控制[41]。

1. 电流内环控制

近年来光伏并网逆变器被广泛接入电网，因供电负荷的不同，这些光伏并网逆变器主要分为单相光伏并网逆变器和三相光伏并网逆变器。因三相光伏并网逆变器可以由多台单相光伏并网逆变并联组成，且三相光伏并网逆变器的效率低于单相光伏并网逆变器，因此单相光伏并网逆变器是本书的研究重点。为了实现将直流电转化成交流电的逆变过程，并网系统采用全桥逆变结构。图 6-7 为单相桥式逆变电路结构。系统中的光伏电池提供输入直流电源，通过并联电容实现电压源输入的控制，逆变桥式电路的输出端流经串联电感将光伏电站输出的电流注入电网，实现电流输出的控制。

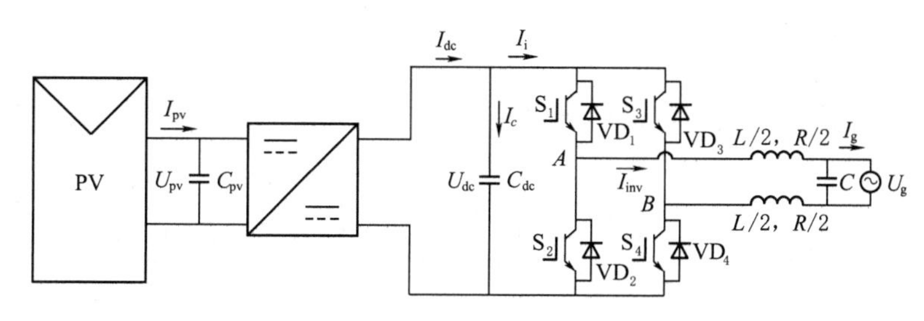

图 6-7　单相桥式逆变电路结构

单相光伏并网逆变器的第一级为前端直流电压斩波电路，主要负责完成直流电压的变换以及实现 MPPT 功能。在第一级中，U_{pv}和 I_{pv}分别为光伏电池的输出电压和输出电流。第二级为逆变电路，主要实现将直流电逆变成交流电注入电网。第二级中 I_{dc}为光伏电池经过第一级直流变换后的输出值，I_c 为流向电容 C_{dc}的电流，I_i 是注入桥式逆变电路的电流，该单相桥式逆变电路的瞬时环路电压的数学表达式为

$$L\frac{\mathrm{d}I_g}{\mathrm{d}t}=U_{AB}-RI_g-U_g \tag{6-2}$$

式中　I_g——流经电感的电流；

U_g——电网的等效电压；

U_{AB}——桥式逆变电路输出的带有高频脉宽的电压；

R——电感上的等效分布电阻。

经过频域变化，得到整个系统的回路频域逆变滤波传递函数为

$$G_a(s)=\frac{I_g(s)}{U_{AB}(s)-U_g(s)}=\frac{1}{sL+R}=\frac{1/R}{1+\tau s} \tag{6-3}$$

其中

$$\tau=L/R$$

式中　τ——时间常数。

光伏电池产生的直流电源通过正弦脉宽调制算法转变成交流电注入电网。此算法周期性驱动桥式逆变电路的开关管，逆变桥式电路的输出按照正弦规律变化，且输出的脉冲信号电压幅值为直流母线电压。而逆变电路输出的交流电压 U_{AB}会滞后正弦脉宽控制的输出电压，因此桥式逆变电路的传递函数可以表示为

$$G_c(s)=\frac{k_c}{1+\tau_c s} \tag{6-4}$$

式中　k_c——输出的比例因子；

τ_c——逆变输出电压相对于控制电压的延迟时间。

在对光伏并网逆变器进行控制时，存在实际注入电网电流及逆变器系统指令电流。其中光伏并网逆变器注入电网的逆变电流为 I_g，系统中控制其输出的指令电流信号为 I_g^*。

因为 I_g 是根据指令电流信号通过逆变器产生的，因此 I_g^* 滞后于 I_g 且两者存在误差。为了快速且稳定地消除 I_g 与 I_g^* 的误差，可采用PI调节，其传递函数为

$$G_{PI}(s)=K_P\left(1+\frac{1}{K_I s}\right) \tag{6-5}$$

式中　K_P——比例系数；

K_I——积分系数。

根据各环节的传递函数，可以得到系统中电流变化的控制结构图，如图6-8所示。

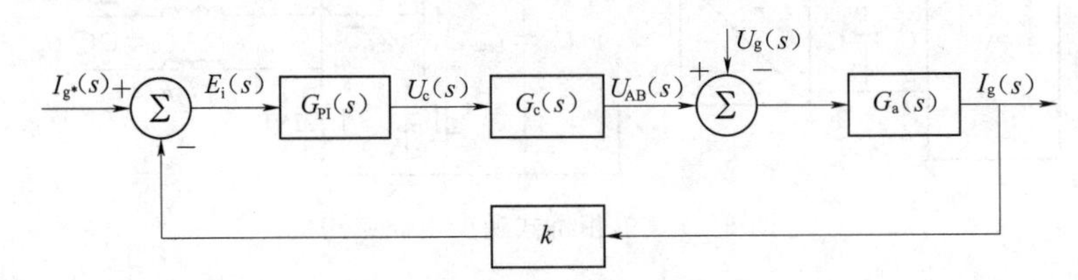

图6-8　闭环电流控制结构图

电网的电压 U_g 相对于并网逆变系统是一种稳定的扰动信号，因此注入电网的逆变电流 I_g 需要考虑此扰动信号。根据图6-8可以得到闭环电流的系统传递函数为

$$I_g(s)=\frac{G_{PI}(s)G_c(s)G_a(s)}{1+kG_{PI}(s)G_c(s)G_a(s)}I_g^*(s)-\frac{G_a(s)}{1+kG_{PI}(s)G_c(s)G_a(s)}U_g(s) \tag{6-6}$$

式中　$\frac{G_{PI}(s)G_c(s)G_a(s)}{1+kG_{PI}(s)G_c(s)G_a(s)}I_g^*(s)$——系统指令电流输出；

$\frac{G_a(s)}{1+kG_{PI}(s)G_c(s)G_a(s)}U_g(s)$——电网的交流扰动引起的扰动电流输出。

2. 前馈补偿电流内环控制

电网的电压 U_g 引起的扰动信号是一种交流扰动信号，会影响系统的输出逆变电流。因此需要通过对此扰动信号进行补偿，从而抵消电网的交流扰动信号量。

从图6-8和式（6-6）可知，系统因存在电网电压的交流扰动信号，从而影响着闭环电流控制过程。为了消除此交流扰动信号并简化系统的闭环控制过程，将此扰动信号引入图6-9的电流前馈输入进行补偿，图6-9为闭环电流控制过程引入前馈补偿后的闭环电流控制结构图。

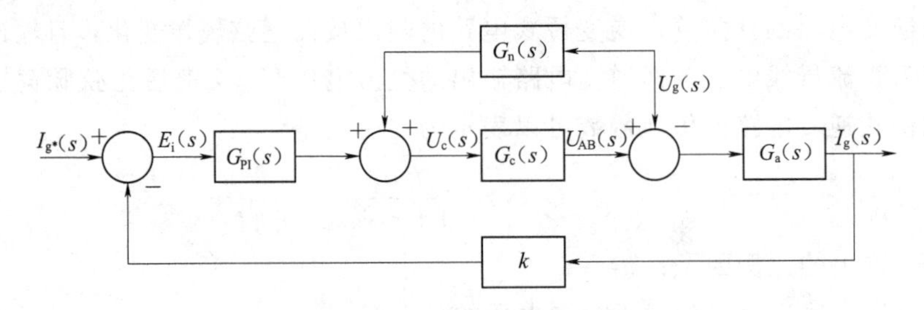

图6-9　扰动补偿闭环电流控制结构

引入补偿校正后，电网的电压扰动对逆变电流的影响可以表示为

$$\Delta I_g(s)=\frac{G_a(s)[G_c(s)G_n(s)-1]}{1+kG_{PI}(s)G_c(s)G_a(s)}U_g(s) \tag{6-7}$$

当 $G_n(s)=l/G_c(s)$，经过补偿校正后电网的扰动对逆变电流的影响为 0。此时电流的闭环控制传递函数可以简化为

$$I_g(s)=\frac{G_{PI}(s)G_c(s)G_a(s)}{1+kG_{PI}(s)G_c(s)G_a(s)}I_g^*(s) \tag{6-8}$$

根据式（6-8）可以得到简化的电流内环闭环控制结构图，如图 6-10 所示。从图 6-10 中可以看出引入电网电压的前馈补偿信号后，注入电网的逆变电流为 I_g，只与指令电流信号 I_g^* 关联，简化了控制方法，降低了并网电流控制的复杂度。

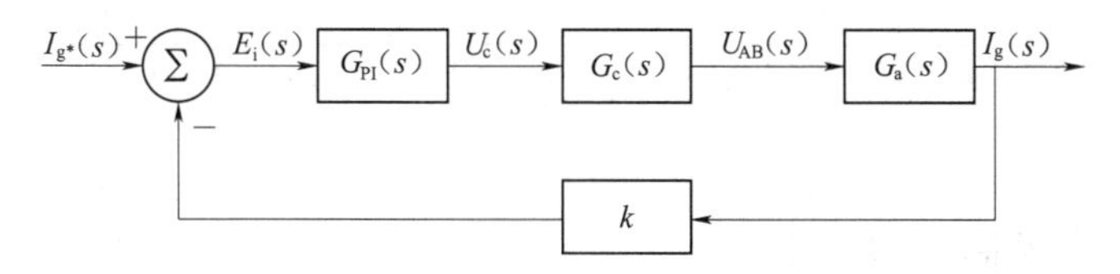

图 6-10 简化的电流内环闭控制结构图

3. 电压外环控制

因光伏并网逆变器是一种电压源输入、电流源输出的系统，因此有必要对其输入的直流电压采用内环、外环控制相结合的方式，直流电压外环的输出作为电流内环的指令电流信号。由图 6-10 可得到直流电流 I_{dc}和注入逆变桥式电路的电流 I_i 关系为

$$C_{dc}\frac{dU_{dc}}{dt}=I_{dc}-I_i \tag{6-9}$$

若不考虑桥式逆变电路的功率损耗，可得逆变桥式电路的直流输入功率和注入电网的交流功率的关系为

$$U_{dc}I_i=U_gI_g \tag{6-10}$$

$$I_i=\frac{U_g}{U_{dc}}I_g \tag{6-11}$$

经过 MPPT 的直流输出指令电压为 U_{dc}^*，实际直流输出电压为 U_{dc}，U_{dc}滞后于 U_{dc}^* 且两者间存在误差。为了快速且稳定地消除两者间的误差，有必要将此误差信号进行 PI 调节，电压误差的调节函数为

$$G_{VPI}(s)=K_{VP}\left(1+\frac{1}{K_{VI}s}\right) \tag{6-12}$$

误差信号经过 PI 调节之后的信号作为电流内环的电流指令信号输入，可以得到电流内环-电压外环的并网控制结构图，如图 6-11 所示。

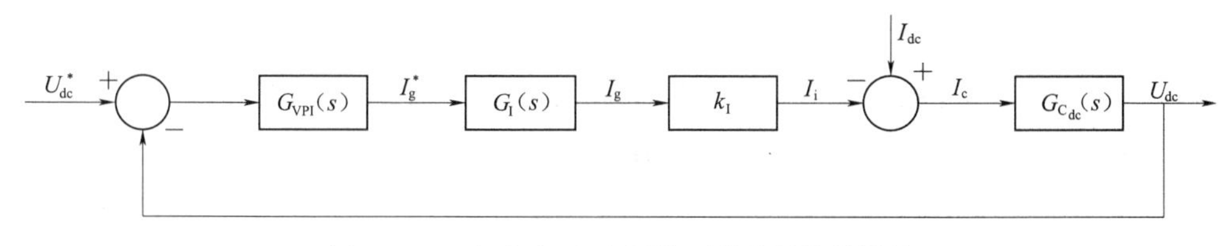

图 6-11 电流内环-电压外环的并网控制结构

图6-11中，电流内环的传递函数为

$$G_{\mathrm{I}}(s)=\frac{G_{\mathrm{PI}}(s)G_{\mathrm{c}}(s)G_{\mathrm{a}}(s)}{1+kG_{\mathrm{PI}}(s)G_{\mathrm{c}}(s)G_{\mathrm{a}}(s)} \tag{6-13}$$

逆变电流和输入直流电流的关系为

$$k_{\mathrm{I}}=\frac{U_{\mathrm{g}}}{U_{\mathrm{dc}}} \tag{6-14}$$

$$G_{C_{\mathrm{dc}}}(s)=\frac{1}{sC_{\mathrm{dc}}} \tag{6-15}$$

因此可以得到直流输出电压和MPPT参考电压的传递函数为

$$U_{\mathrm{dc}}(s)=\frac{G_{C_{\mathrm{dc}}}(s)}{1-k_{\mathrm{I}}G_{\mathrm{VPI}}(s)G_{\mathrm{I}}(s)G_{C_{\mathrm{dc}}}(s)}I_{\mathrm{dc}}(s)-\frac{k_{\mathrm{I}}G_{\mathrm{VPI}}(s)G_{\mathrm{I}}(s)G_{C_{\mathrm{dc}}}(s)}{1-k_{\mathrm{I}}G_{\mathrm{VPI}}(s)G_{\mathrm{I}}(s)G_{C_{\mathrm{dc}}}(s)}U_{\mathrm{dc}}^{*}(s) \tag{6-16}$$

6.3.2　直接功率控制（DPC）

直接功率控制技术直接控制有功功率和无功功率，它根据功率给定和实际功率的误差选择开关表，没有电流内环和PWM调制模块，控制算法比较简单；同时系统具有很好的动态性能，功率因数可调。因此，直接功率控制在国内外得到广泛的关注。

三相并网逆变器结构如图6-12所示，三相并网逆变器通过滤波电感L、电阻R和电网相连。

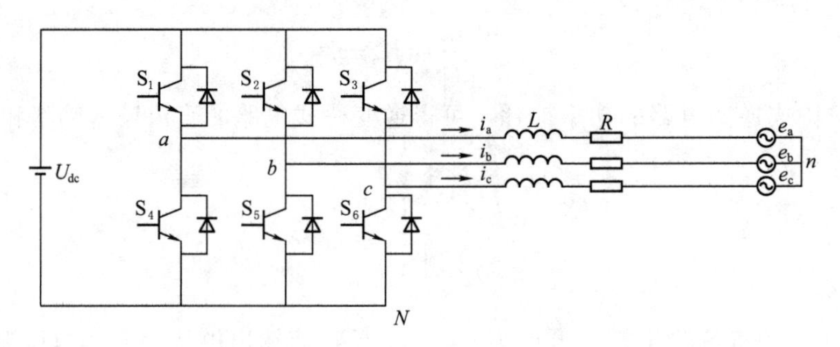

图6-12　三相并网逆变器结构

假定三相电网电压平衡，三相并网逆变器输出电流在静止$\alpha\beta$坐标系下的动态方程为

$$\left.\begin{aligned}L\frac{\mathrm{d}i_{\alpha}}{\mathrm{d}t}=u_{\alpha}-e_{\alpha}-Ri_{\alpha}\\L\frac{\mathrm{d}i_{\beta}}{\mathrm{d}t}=u_{\beta}-e_{\beta}-Ri_{\beta}\end{aligned}\right\} \tag{6-17}$$

式中　i_{α}，i_{β}——三相并网逆变器输出电流在$\alpha\beta$坐标系下的α、β方向分量；

u_{α}，u_{β}——三相并网逆变器输出电压在$\alpha\beta$坐标系下的α、β方向分量；

e_{α}，e_{β}——电网电压在$\alpha\beta$坐标系下的α、β方向分量。

假定采样周期为T_{s}，将式（6-17）离散化可得

$$\left.\begin{aligned}\Delta i_\alpha=i_\alpha(k+1)-i_\alpha(k)=\frac{T_s}{L}[u_\alpha(k)-e_\alpha(k)-Ri_\alpha(k)]\\ \Delta i_\beta=i_\beta(k+1)-i_\beta(k)=\frac{T_s}{L}[u_\beta(k)-e_\beta(k)-Ri_\beta(k)]\end{aligned}\right\}\tag{6-18}$$

三相并网逆变器在静止 $\alpha\beta$ 坐标系下瞬时有功功率 P 和无功功率 Q 可表示为

$$\left.\begin{aligned}P=e_\alpha i_\alpha+e_\beta i_\beta\\ Q=e_\beta i_\alpha-e_\alpha i_\beta\end{aligned}\right\}\tag{6-19}$$

三相并网逆变的 PWM 采样周期一般为 10kHz 左右，因此，电网电压在一个 PWM 周期内的变化可以忽略，即 $e_\alpha(k+1)=e_\alpha(k)$、$e_\beta(k+1)=e_\beta(k)$。则在连续两个采样周期内有功功率变化 ΔP 和无功功率变化 ΔQ 可以表示为

$$\left.\begin{aligned}\Delta P=P(k+1)-P(k)=e_\alpha(k)[i_\alpha(k+1)-i_\alpha(k)]+e_\beta(k)[i_\beta(k+1)-i_\beta(k)]\\ \Delta Q=Q(k+1)-Q(k)=e_\beta(k)[i_\alpha(k+1)-i_\alpha(k)]-e_\alpha(k)[i_\beta(k+1)-i_\beta(k)]\end{aligned}\right\}\tag{6-20}$$

将式（6-18）代入式（6-20）并忽略电阻电压降，可得

$$\left.\begin{aligned}\Delta P=\frac{T_s}{L}[e_\alpha(k)u_\alpha(k)+e_\beta(k)u_\beta(k)]-\frac{T_s}{L}[e_\alpha^2(k)+e_\beta^2(k)]\\ \Delta Q=\frac{T_s}{L}[e_\beta(k)u_\alpha(k)-e_\alpha(k)u_\beta(k)]\end{aligned}\right\}\tag{6-21}$$

对于图 6-13 所示的三相并网逆变器，存在 6 个有效的电压矢量和 2 个零矢量，其电压空间矢量关系如图 6-13 所示。

不同的电压矢量导致不同的有功功率和无功功率变化。因此，有多种方式可以选择合适的控制有功功率和无功功率变化的开关状态。不同的空间电压矢量对有功功率变化和无功功率变化的影响可表示为

$$\left.\begin{aligned}\Delta P_i=\frac{T_s}{L}[e_\alpha(k)u_{\alpha i}(k)+e_\beta(k)u_{\beta i}(k)]-\frac{T_s}{L}[e_\alpha^2(k)+e_\beta^2(k)]\\ \Delta Q_i=\frac{T_s}{L}[e_\beta(k)u_{\alpha i}(k)-e_\alpha(k)u_{\beta i}(k)]\end{aligned}\quad ,i=0,1,2,3,4,5,6,7\right\}\tag{6-22}$$

式中　ΔP_i，ΔQ_i——第 i 个电压矢量作用时对有功功率、无功功率的影响；

$u_{\alpha i}$，$u_{\beta i}$——第 i 个电压矢量作用时三相并网逆变器输出电压在静止 $\alpha\beta$ 坐标系下的 α、β 方向上的分量。

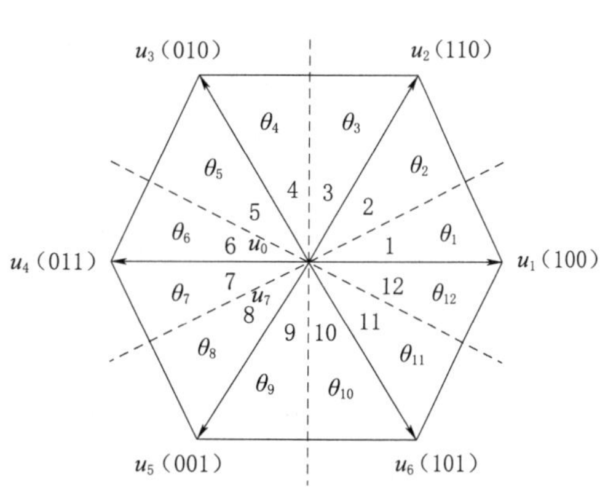

图 6-13　电压空间矢量的关系

根据直流母线电压和三相并网逆变器的开关状态 S_a、S_b、S_c（$S_i=1$ 为相应的上桥臂导通；$S_i=0$ 为相应的下桥臂导通），三

相并网逆变器输出电压（等功率变换）在静止 $\alpha\beta$ 坐标系下可表示为

$$\begin{bmatrix} u_{\alpha i} \\ u_{\beta i} \end{bmatrix} = \sqrt{\frac{2}{3}} \begin{bmatrix} 1 & -1/2 & -1/2 \\ 0 & \sqrt{3}/2 & -\sqrt{3}/2 \end{bmatrix} \begin{bmatrix} S_a U_{dc} \\ S_b U_{dc} \\ S_c U_{dc} \end{bmatrix} \tag{6-23}$$

式中　U_{dc}——直流母线电压。

对电网来说，有

$$\cos\theta = \frac{e_\alpha(k)}{\sqrt{e_\alpha^2(k)+e_\beta^2(k)}}, \sin\theta = \frac{e_\beta(k)}{\sqrt{e_\alpha^2(k)+e_\beta^2(k)}}$$

将式（6-23）两边同时除以 $\frac{T_s}{L}\sqrt{\frac{2}{3}}U_{dc}\sqrt{e_\alpha^2(k)+e_\beta^2(k)}$，可得

$$\left.\begin{aligned} \overline{\Delta P_i} &= \frac{\cos\theta}{\sqrt{2/3}U_{dc}} u_{\alpha i}(k) + \frac{\sin\theta}{\sqrt{2/3}U_{dc}} u_{\beta i}(k) - \frac{\sqrt{e_\alpha^2(k)+e_\beta^2(k)}}{\sqrt{2/3}U_{dc}} \\ \overline{\Delta Q_i} &= \frac{\cos\theta}{\sqrt{2/3}U_{dc}} u_{\alpha i}(k) + \frac{\sin\theta}{\sqrt{2/3}U_{dc}} u_{\beta i}(k) \end{aligned}\right\} , i=0,1,2,3,4,5,6,7 \tag{6-24}$$

把三相并网逆变器输出电压矢量分为12个扇区，其扇区如图6-13所示，其中 $\theta=\arctan(e_\alpha/e_\beta)$。根据式（6-24），可以得到电压矢量对有功功率变化的影响 $\overline{\Delta P_i}$ 和对无功功率变化的影响 $\overline{\Delta Q_i}$。

直接功率控制的基本思想是在8个电压矢量中选择最佳的电压矢量，使有功功率和无功功率在每一个扇区尽量接近给定值且变化比较平滑。而有功功率和无功功率的控制采用滞环控制，其滞环控制规律为

$$\left.\begin{aligned} S_P=1, P_{ref}-P>H_P \\ S_P=0, P_{ref}-P<-H_P \end{aligned}\right\} \tag{6-25}$$

$$\left.\begin{aligned} S_Q=1, Q_{ref}-Q>H_Q \\ S_Q=0, Q_{ref}-Q<-H_Q \end{aligned}\right\} \tag{6-26}$$

式中　H_P，H_Q——有功功率和无功功率的滞环宽度，滞环宽越小，对有功功率和无功功率的控制精度越高、响应越快，但过小的滞环宽度会使得开关频率增大，开关损耗增加；

$S_P=1$——有功功率需要增加；

$S_P=0$——有功功率需要减少；

$S_Q=1$——无功功率需要增加；

$S_Q=0$——无功功率需要减少；

P_{ref}，Q_{ref}——有功功率和无功功率的给定值。

通过 $\overline{\Delta P_i}$ 和 $\overline{\Delta Q_i}$ 的正负号可以判断该电压矢量对有功功率和无功功率的影响。如果 $\overline{\Delta P_i}(\overline{\Delta Q_i})>0$，表明该电压矢量使有功功率（无功功率）增大；如果 $\overline{\Delta P_i}(\overline{\Delta Q_i})<0$，表明该电压矢量使有功功率（无功功率）减小；$\overline{\Delta P_i}(\overline{\Delta Q_i})=0$，表明该电压矢量使有功功率（无功功率）保持不变。

6.3.3 基于 LCL 滤波的光伏并网逆变器控制

光伏并网逆变器传统的网侧滤波器为单电感滤波器，由电感 L 将高频电流谐波限制在一定范围之内（IEEE519 Std）。与传统 L 滤波器相比，采用 LCL 滤波器可以有效地减小电流中的开关频率及其倍数次谐波，且在同等滤波效果下，LCL 滤波器的总电感量比 L 滤波器小得多，有利于提高电流动态性能，使直流电压的取值更为合理，同时能降低成本，减小装置的体积、重量。在中大功率应用场合，LCL 滤波器的优势更为明显。然而，如果 LCL 滤波器元件参数设计不合理，则可能引起谐振，会严重影响系统的稳定性。滤波电容串联阻尼电阻能解决谐振时 LCL 滤波器零阻抗的问题，但阻尼电阻会影响效率。虚拟电阻法能有效抑制谐振，且不会像无源电阻那样造成功率损耗，是当前备受青睐的控制策略[43]。

光伏并网逆变器由直流支撑电容、三相逆变桥以及 LCL 滤波器等组成，逆变桥输出连接到由三个交流源表示的三相电网 e_a、e_b、e_c。图 6-14 给出了采用 LCL 滤波器的三相光伏并网逆变器系统结构。

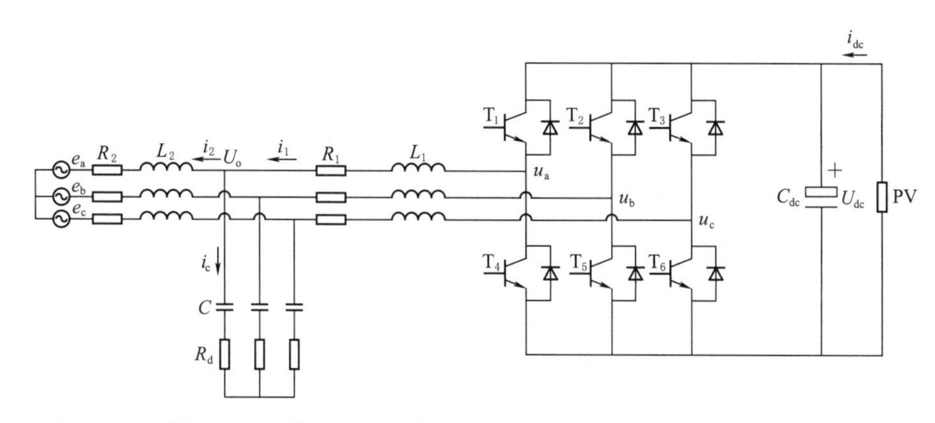

图 6-14 采用 LCL 滤波器的三相光伏并网逆变器系统结构

LCL 滤波器中 L_1 和 L_2 为逆变侧和网侧电感，R_1 和 R_2 为系统逆变侧和网侧等效阻抗，R_d 为阻尼电阻，C 为滤波电容。LCL 滤波器的逆变侧 LC 部分主要减少高频电流纹波，电容 C 可以为 PWM 纹波电流中的高频分量提供低阻抗通道。在低于谐振频率时，LCL 滤波器可以看成电感值为 2 个电感之和的 L 滤波器，且比 L 滤波器的电感值小；高频时，需要考虑 LCL 对系统稳定性的影响。与三相对称电网连接的 LCL 滤波器，每相滤波器工作情况相同，以 a 相分析为例。

由图 6-14 可知，LCL 滤波器的微分形式为

$$L_1\frac{\mathrm{d}i_1}{\mathrm{d}t}+R_1 i_1=u_a-u_c \tag{6-27}$$

$$u_c=(i_1-i_2)\left(R_d+\frac{1}{\mathrm{j}\omega C}\right) \tag{6-28}$$

$$L_2\frac{\mathrm{d}i_2}{\mathrm{d}t}+R_2 i_2=u_c-e_a \tag{6-29}$$

由式（6-27）～式（6-29）可得 LCL 滤波器的详细模型，如图 6-15 所示。

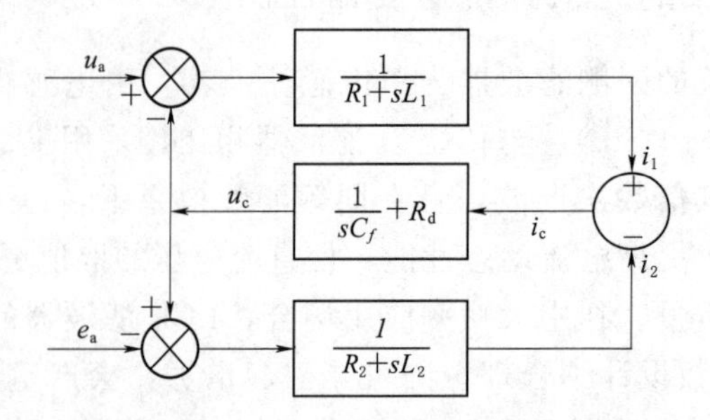

图 6-15　光伏并网逆变系统输出 LCL 滤波器模型

也可将 u_a、e_a 和 i_1、i_2、i_c 的关系表述为

$$\begin{bmatrix} 0 & L_1s+R_1 & 1 \\ L_1s+R_1 & 0 & -1 \\ C_fR_ds+1 & -(C_fR_ds+1) & C_fs \end{bmatrix}\begin{bmatrix} i_2(s) \\ i_1(s) \\ u_c(s) \end{bmatrix}=\begin{bmatrix} u_a(s) \\ -e_a(s) \\ 0 \end{bmatrix} \tag{6-30}$$

可得

$$\begin{bmatrix} i_2(s) \\ i_1(s) \\ u_c(s) \end{bmatrix}=\frac{F(s)}{D(s)}\begin{bmatrix} u_a(s) \\ -e_a(s) \\ 0 \end{bmatrix} \tag{6-31}$$

其中

$$\begin{aligned} D(s)=&L_1L_2C_fs^3+(L_1C_fR_d+L_1C_fR_2+L_2C_fR_d+L_2C_fR_1)s^2 \\ &+(L_1+L_2+R_1R_2C_f+R_1R_dC_f+R_2R_dC_f)s+(R_1+R_2) \end{aligned} \tag{6-32}$$

$$F(s)=\begin{bmatrix} C_fR_ds+1 & L_1C_fs^2+C_f(R_1+R_d)s+1 \\ L_2C_fs^2+C_f(R_2+R_d)s+1 & C_fR_ds+1 \\ L_2C_fR_ds^2+(L_2+R_2R_dC_f)s+R_2 & L_1C_fR_ds^2+(L_1+R_1R_dC_f)s+R_1 \end{bmatrix} \tag{6-33}$$

若考虑逆变侧与电网侧电抗器的杂散电阻 R_1、R_2 以及阻尼电阻的影响，对式（6-31）进行拉氏变换，可得传递函数为

$$G_1(s)=\frac{i_1(s)}{u_a(s)}=\frac{CL_2s^2+C(R_2+R_d)s+1}{as^3+bs^2+cs+R_1+R_2} \tag{6-34}$$

$$G_2(s)=\frac{i_2(s)}{u_a(s)}=\frac{CR_ds+1}{as^3+bs^2+cs+R_1+R_2} \tag{6-35}$$

$$G_3(s)=\frac{i_1(s)}{e_a(s)}=\frac{CR_ds+1}{as^3+bs^2+cs+R_1+R_2} \tag{6-36}$$

$$G_4(s)=\frac{i_2(s)}{e_a(s)}=\frac{CL_1s^2+C(R_1+R_d)s+1}{as^3+bs^2+cs+R_1+R_2} \tag{6-37}$$

其中

$$a=L_1L_2C$$

$$b=L_1R_2C+L_1R_dC+L_2R_1C+L_2R_dC$$

$$c=R_1R_2C+R_1R_dC+R_2R_dC+L_1+L_2$$

根据 LCL 滤波器的原理分析，理论上它可将高次谐波全部滤除，但实际中，要考虑

到滤波器制造工艺、费用、体积、重量及元件耗损等因素。图 6-16 为 LCL 滤波器单相原理图，为简便起见，以 a 相为例。其中 U_a 为逆变器输出侧，等效为一谐波源，e_a 为理想电网。

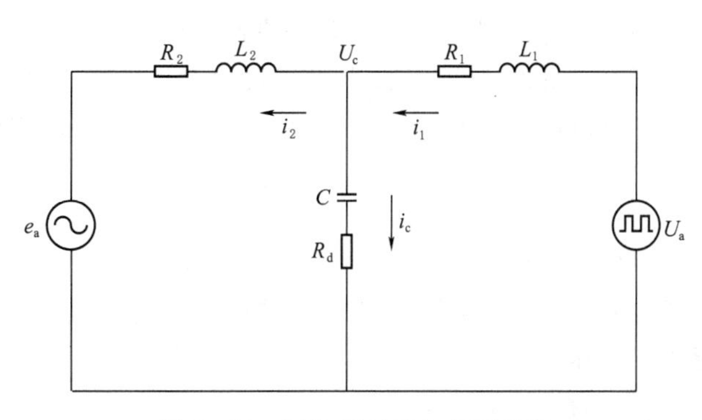

图 6-16 LCL 滤波器单相原理图

在其原理以及稳定性分析基础上，得出 LCL 滤波器设计的 5 个主要原则，包括：

(1) LCL 滤波器谐振频率能满足系统的稳定性要求。谐振点可能引起并网电流畸变，甚至影响并网变流器的稳定性。为减小该潜在谐振点给系统带来的不稳定因素，滤波元件的取值应使避开敏感频段。一方面，要使 LCL 滤波器取得一定的高频衰减特性，应足够低；另一方面，由于控制以及电网的因素，变流器交流输出还可能产生低次谐波，当系统的零阻抗谐振频率过小时，低次谐波电流将通过 LCL 滤波器放大，使滤波效果变差，为避免电网电流畸变，系统的零阻抗谐振频率应该尽量高。综合以上考虑，一般取谐振频率为 10 倍的交流电压频率与 0.5 倍的开关频率之间，以避免在较低和较高频谱部分的谐振问题。

(2) 满足逆变器在稳态条件下的有功功率、无功功率输出（总电感量约束）。对于低次变流器谐波，LCL 滤波器应和 L 滤波器均要满足稳态低频的运行要求，因此谐波阻抗应满足 $L_T=L_1+L_2=L$。考虑 L_T 为最大值时，谐波阶次应该在开关频率附近取得最大值，而为避免谐振，谐振频率取在开关频率的一半处，即，当满足同样的谐波标准时，LCL 的滤波器总电感量近似为单电感滤波器电感量的 1/3。而为满足此式，有 $\omega_{res}\leqslant\omega_s/\sqrt{2}$（$\omega_s$ 为开关角频率）。

另有单电感滤波稳态时 L 的设置范围为

$$L\leqslant\frac{U_{dc}/\sqrt{3}-E_m}{\omega I_m}$$

式中 E_m——网侧相电压峰值；

I_m——电感相电流峰值。

因此

$$L_1+L_2\leqslant\frac{KU_{dc}/\sqrt{3}-E_m}{3\omega I_m}$$

式中 K——考虑桥臂开关死区、直流电压波动以及交流电阻的影响而增加的修正系数，通常取 0.85～0.9。

在一定的直流母线电压和交流电压条件下，电感值越大，电流的纹波越小，但电感的电流变化率会变小，导致电流跟踪能力减弱，同时电感值的增大也会造成设备成本的增加；反之，电感值越小，电感中电流变化率就越大，系统的动态响应速度就越快，但电流的变化也越剧烈，容易造成系统振荡冲击，工作不稳定。实际应用中，在谐振频率、无功功率、谐波要求都满足的前提下，应尽量选择较小的电感值。

(3) 电感的设计能满足电流快速跟踪指令值。假设某开关时刻，LCL 滤波器的电容电压不变，此时 LCL 滤波器可等效为 L 滤波器。在电流过零时，电感应足够小，使电流能够有足够的斜率跟踪速度。因此，要满足瞬态电流跟踪约束，则有

$$L \leqslant \frac{2U_{dc}}{3\omega I_m}$$

(4) 满足电感对交流电流谐波抑制的要求。在单位功率因数电流控制时，考虑 a 相电流峰值处附近的 PWM 电流瞬态过程，采用空间矢量调制（SVPWM）方式，假设此时桥臂中点电压矢量与 a 相电源电压同相。对于对称的半个开关周期内，可分为两个时间段 T_1、T_2。在 T_1 时间段内，有

$$e_a - \left[s_a - \frac{1}{3}(s_a + s_b + s_c)\right]u_{dc} = E_m \approx L\frac{\Delta i_1}{T_1} \tag{6-38}$$

式中　Δi_1——T_1 时间段内的电流变化量。

在 T_2 时间段内，有

$$e_a - \left[s_a - \frac{1}{3}(s_a + s_b + s_c)\right]u_{dc} = E_m - \frac{2}{3}u_{dc} \approx L\frac{\Delta i_2}{T_2} \tag{6-39}$$

式中　u_{dc}——交流分量；

Δi_2——T_2 时间段内的电流变化量。

在电流峰值附近，有 $|\Delta i_1| \approx |\Delta i_2|$，$T_1 + T_2 = T_s/2$，联合式（6-38）、式（6-39）得到

$$|\Delta i_1| = |\Delta i_2| = \frac{(2U_{dc} - 3E_m)E_m T_s}{4LU_{dc}} \tag{6-40}$$

式（6-40）得到的电流变化值应小于设计要求的最大谐波电流峰值指标 Δi_m^*，从而有

$$L > \frac{(2U_{dc} - 3E_m)E_m T_s}{4U_{dc}\Delta i_m^*}$$

(5) 满足电容对系统功率容量的要求。电容值的增加会降低系统的功率因数，通常在选择电容参数时，对于中小功率而言，电容参数对系统功率容量的影响小于 5%；对于大功率而言，电容参数对系统功率容量的影响小于 10%。

$$C < \frac{1}{20Z_n\omega_1} \tag{6-41}$$

其中

$$Z_n = U_{sn}^2/P_n$$

式中　ω_1——基波角频率；

U_{sn}——并网逆变器的并网额定电压；

P_n——并网功率；

Z_n——光伏并网逆变器的额定阻抗。

6.3.4　单相光伏并网逆变器的控制

单相光伏并网逆变器的控制目标与三相光伏并网逆变器一样，都是为了使逆变系统输

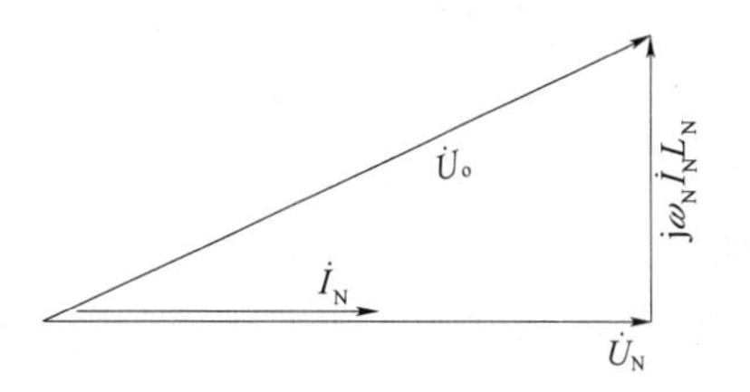

图 6-17　单相光伏并网逆变器在并网工作方式下的电压电流矢量图

出的交流电流和交流电压同频率、同相位，保证系统的功率因数为 1，此时系统不向电网提供无功功率。单相光伏并网逆变器的输出控制模式主要也分为电流型控制模式和电压型控制模式两种。对于单相光伏并网逆变器，一般采用的控制方案也是电流控制模式。单相光伏并网逆变器在并网工作方式下的电压电流矢量图如图 6-17 所示，其中 $U_N(t)$ 为 $I_N(t)$ 分别为逆变器输出电压和电流，由于采用单位功率因数控制，可以认为逆变器的输出电压、电流相位相同。

矢量图中的 $\dot{I}_N$ 是单相光伏并网逆变器中逆变部分控制的关键量，根据图 6-17 可知，可以直接对 $\dot{I}_N$ 进行控制，或者通过控制 $\dot{U}_N$ 以完成对 $\dot{I}_N$ 的控制，从而实现对功率因数和交流侧电流的控制，即直接电流控制和间接电流控制。

1. 间接电流控制

基于稳态的间接电流控制是根据 PWM 基波电压矢量的幅值和相位以及稳态电流向量，分别对其进行闭环控制，进而对并网电流进行 SPWM 电压控制。虽然不需检测并网电流且实现简单，但是却存在瞬时直流电流偏移，尤其是瞬态过冲电流几乎是稳态值的两倍，而且动态响应比较慢。在电网电压不发生畸变的前提条件下，可从稳态向量关系进行电流控制；而实际上由于各种非线性负荷扰动、电网内阻抗以及负荷的变化等情况的存在，尤其是在瞬态过程中电网电压的波形会发生畸变。系统控制的效果直接取决于电网电压波形的畸变，因此间接电流控制对系统参数有一定的依赖性，信号运算过程中要用到电路参数，控制电路复杂，系统的动态响应速度也比较慢。

2. 直接电流控制

直接电流控制首先由一定的运算得出交流电流指令，再把交流电流反馈引入，通过直接控制交流电流，使其跟踪指令电流值。根据直接电流控制的定义，为了使光伏并网逆变器输出与电网电压同步的给定正弦电流波形，通常用电网电压信号乘以电流有功给定值，产生正弦参考电流波形，然后使其输出电流跟踪这一指令电流。直接电流控制具有系统动态响应速度快、对系统参数的依赖性低、控制电路相对简单等优点，包括滞环电流控制、空间矢量控制和固定开关频率电流控制。

（1）通过反馈电流与给定的参考电流相比较即是滞环电流控制，当反馈电流低于参考电流一定差值时，为了增大系统的输入侧电流，需要调节主电路功率开关的状态；反之，当反馈电流高于参考电流一定差值时，为了减小系统输入侧电流，则需要调节主电路功率开关的状态。通过滞环比较不断地进行调节，使输入侧电流始终跟踪给定电流，且处于滞环带中。滞环电流控制的突出特点是用模拟器件很容易实现并且控制简单。当功率器件的开关频率很高时，对负荷及电路参数的变化不敏感，并且响应速度非常快。

（2）依据逆变器空间电压（电流）矢量切换来控制逆变器的一种新颖的控制策略是空间矢量控制策略。它没有采用原来的正弦波脉宽调制（SPWM），为获得准圆形旋转磁场而采用逆变器空间电压矢量的切换，从而使逆变器的输出即使在不高的开关频率条件下也具有较好的性能。

(3) 固定开关频率电流控制的载波采用固定频率的三角波，调制信号采用电流偏差调节信号。固定的开关频率不仅具有实现方便、算法简便、物理意义清晰等优点，并且因其网侧变压器及滤波电感设计简单，有利于限制功率器件的开关损耗。由于采用了并网电流的闭环控制，输出电流所含的谐波少，因此常用于对谐波要求严格的场合；且大大提高了系统电流的静态和动态性能，同时也使网侧电流控制对系统参数不敏感，使控制系统的鲁棒性得到增强。

由于固定开关频率电流控制的实现方便、算法简便、物理意义清晰，光伏并网逆变器大多采用该控制算法。固定开关频率电流控制原理图如图6-18所示，它将参考电流 i^* 和并网电流 i 进行比较，两者的偏差 Δi 经PI环节后与三角波进行比较，以输出PWM控制信号。

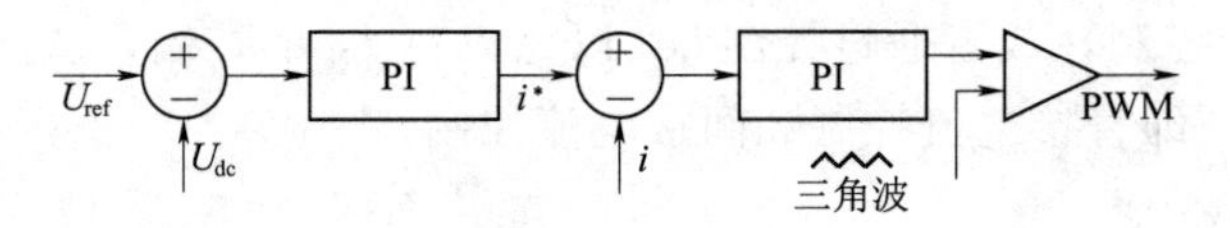

图6-18　固定开关频率电流控制原理图

单相光伏并网逆变器可由图6-19所示的控制结构图等效，其中三角波比较电路的主电路部分可以由传递函数 $G_2(s)$ 表示为

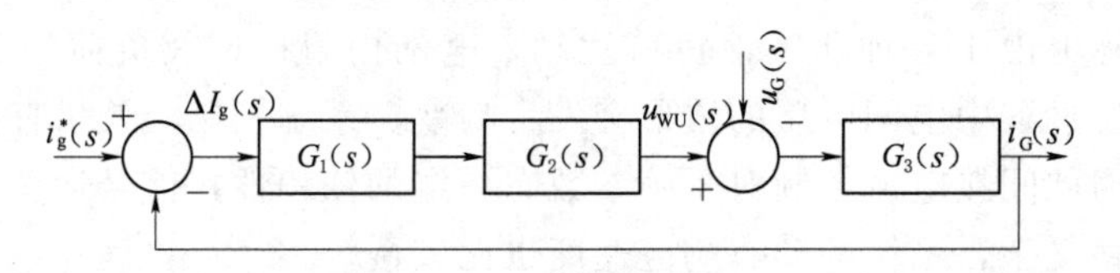

图6-19　等效控制结构图

$$G_2=\frac{U_{dc}}{U_{tri}}e^{-T_{PWM}s}=k_{PWM}e^{-T_{PWM}s} \tag{6-42}$$

式中　U_{dc}——直流侧电压；

U_{tri}——三角波的幅值；

k_{PWM}——电压增益；

T_{PWM}——三角波周期，等于滞后时间。

将式(6-42)按照泰勒级数展开，进行工程近似，则式(6-42)可以看成一个一阶惯性环节，其传递函数可以近似为

$$G_2=\frac{k_{PWM}}{1+T_{PWM}s} \tag{6-43}$$

如图6-19所示，电流控制的PI调节器的传递函数用 $G_1(s)$ 表示，则有

$$G_1=\frac{k_p s+k_i}{s} \tag{6-44}$$

根据分析得到了各个环节的传递函数，则后级逆变桥电流反馈PI调节的控制结构图如图6-19所示。单相光伏并网逆变器的MPPT控制与三相光伏并网逆变器相同。

6.3.5 局部遮挡控制

光伏组件通常由光伏电池串并联组成，而对光伏组件进行串并联又可以构成光伏阵列。在对光伏电池串并联使用时，常常会遇到失配现象，这是由于光伏电池单体的电性能不可能做到绝对一致，从而导致串并联后的输出总功率通常小于各个光伏电池单体输出功率总和[44]。此外，由于外界自然条件或干扰环境的不同，如云层遮挡、太阳能板落灰、表面受损等，会造成光伏电池个体差异的不同，也会引起光伏组件的失配。对于光伏电池串联组件，其总输出电流为单个电池输出电流的最小值，总输出电压为单个电池输出电压之和。在这种情况下，光伏电池的失配现象尤为明显，由于输出电流为单体电流最小值，一旦出现单体电流减小甚至低于原最小值，就会造成整个串联回路中其他单体的电流降低，进而导致整个电路输出功率降低。对于光伏电池并联组件，其并联输出电压保持一致，且为单个电池端电压，而总输出电流由各单个电池输出电流求和得出。并联组件的失配现象相比串联时要小，这是因为并联组件输出电流以和的形式表示，光伏电池单体出现问题只对单体所在支路产生影响，而发生开路时，非故障支路的电压仍保持原状态。若单体开路电压低于工作电压，则该单体作为负荷，此时可在并联支路上加设反二极管，以防止电流倒流。如果光伏阵列出现单体电池损坏，或者有遮蔽物如叶片、飞禽等落在电池或电池组件上，而光伏组件（或光伏阵列）的其余部分受光正常时，局部被遮挡或已损坏的光伏电池（或光伏组件）作为负荷存在，其所需功率由未被遮挡的那部分光伏电池（或光伏组件）提供，此时，受遮或受损部分消耗功率导致发热，进而出现高温，故称之为“热斑”，这一现象即“热斑效应”。热斑效应会造成光伏组件封装材料受损，严重时甚至造成组件和方阵失效。

对于热斑效应所进行的的防护是指，当光伏组件处于一个串联回路中时，需要在电路的正负极之间并联上一个旁路二极管，这样就能减少一些由于能量被遮蔽而使电路中的组件所产生的损耗。对于并联支路，需要串联一只隔离二极管，以避免并联回路中光照组件所产生的能量被遮蔽的组件所吸收，串联二极管在独立光伏发电系统中可同时起到防止蓄电池在夜间反充电的功能。通常情况下，每个光伏组件由 36 个光伏电池单体通过串联构成，每 18 个光伏电池单体会并联一个旁路二极管。当阴影出现在光伏组件上，如果被遮挡的部分带有负电位的电压并且此电压的大小已经能够促使二极管导通时，相应的旁路二极管会被遮挡部分短路，这样便可以有效地减小流过被遮挡部分电路的电流，避免热斑效应。但是二极管的使用也带来了新的问题。首先，大量使用二极管不但会增加投资成本，而且会增加功率损耗；其次，并联二极管的偏置电压将会对低电压阵列的工作电压产生较大影响。

1. 造成局部遮挡现象的原因

（1）对于独立光伏发电系统，局部遮挡现象时有发生。一般情况下，光伏阵列安装在建筑物的顶端，但是周围环境中还是会存在一些高大的树木或是一些电线杆等遮挡物，伴随着光照角度发生变化，光伏组件的个别区域便会被障碍物遮挡。此外，当光伏阵列上有污渍、树叶或鸟粪时，也会产生类似的情况。此外，在安装光伏组件时会受到一些人字形结构房屋屋顶的影响，存在一个朝向的问题，当太阳光入射角度不同时，将造成光照不均现象。

（2）对于具有相当规模的光伏发电系统，大面积的云层遮挡或污渍是引起光伏组件光照不均而产生阴影的主要原因。

(3) 在空间光伏电站中，局部遮挡现象尤为突出，在太空中，由于空间光伏电站的位置经常发生变化，导致光照角度发生变化，使光伏组件产生局部遮挡现象。一般多采取翻转光伏电池模块或者关断被遮挡模块的方法来防止局部遮挡。

(4) 对于便携式和移动式光伏发电设备，如依靠光伏发电提供电量的汽车、计算器等，由于其经常处于移动状态中，所以不可避免地会导致局部遮挡。

(5) 因为直接辐射、反射和散射的光照均可以被光伏阵列接收，因此，除了阴影会对光伏阵列造成光照不均，来自其他物体的反射或散射也会引起类似的影响。

2. 局部遮挡现象的危害

(1) 光伏发电系统首先应该考虑系统的安全运行，因为局部遮挡会引起热斑效应，其产生的高温可能引起火灾，进而造成巨大的财产损失。

(2) 局部遮挡会造成输送功率的损失，进而降低传输效率，在某种意义上便增加了发电的成本，当光伏阵列输出功率下降后，用户的用电需求在短时内无法得到满足，从而影响到人们的生活和工作。东京大学曾对日本71个光伏发电系统进行调查，结果显示，失配现象以及其他环节的平均功率损失约为25%。

(3) 局部遮挡会对光伏发电系统控制器中MPPT模块的研究与开发造成影响，不仅会增加大规模光伏阵列的维护和故障检测难度，还会提高设计和维护成本。光伏发电系统的MPPT控制策略的本质，就是通过实时测量光伏阵列的输出功率，经一定的控制算法预测，得出当前条件下未来可能出现的最大功率输出值，进而对负荷阻抗进行调节，满足最大功率输出的基本要求，以达到提高光伏发电转换效率的要求。

在局部遮挡等失配条件下，光伏阵列的输出 $P-U$ 曲线将表现出多峰值现象，多峰值问题给光伏阵列的MPPT技术提出了新的挑战。由于传统的MPPT方法是基于正常工况下光伏阵列单峰值输出特性设计的，在多峰值条件下，传统的MPPT方法将极有可能陷入局部极值，从而严重影响光伏发电系统的发电效率。因此，为了提高光伏发电系统的发电效率，必须利用全局最大功率点跟踪（Global Maximum Power Point Tracking，GMPPT）技术来实现多峰值曲线的全局最优控制，目前此项技术已经成为提高光伏发电系统发电效率的基本策略之一。

围绕GMPPT问题，学术界开展了大量研究工作，提出了一系列GMPPT算法。综合现有文献，多峰值GMPPT问题还有待进一步深入研究，从具体的研究内容来看，主要包括：①多峰值曲线的快速全局扫描策略；②多峰值情形的辨识方法，准确区分多峰值情形和单峰值情形，降低GMPPT算法对正常工况下MPPT跟踪过程的影响；③动态多峰值环境的判断方法，准确判断环境的变化，减少算法的重启次数；④算法重启策略，要避免重启过程的停机；⑤稳态跟踪过程的改进方法等。

6.3.6　并离网控制

在微网系统中，微网逆变器不仅要输出合格的电能，完成治理谐波与无功补偿功能，还要根据微网的运行状态完成相应的控制，实现并离网切换、孤岛检测、并网与孤岛时提供电压频率支撑等功能。所以，利用电力电子器件的响应快速、参数设置灵活等特点，采用合理的微网逆变器控制策略对于微网的安全稳定运行至关重要[45]。微网逆变器的常用控制策略可以分为恒功率控制（PQ 控制）、恒压频控制（Vf 控制）与下垂控制（Droop 控制）三种。

1. 恒功率控制

恒功率控制分为功率环与电压环。关于系统功率环的给定值，可以分为微网对于分布式电源的调度功率值与分布式电源的最大功率跟踪值。前者针对于带有储能单元的微网逆变器，后者适用于不可调度的可再生能源并网逆变器，比如光伏发电与风力发电。图 6-20 为恒功率控制结构图。该控制结构主要由电流控制器、功率控制器组成。电压控制器是通过控制有功电流的输入来维持电压的稳定。并网模式下，给定有功功率为最大功率跟踪值，或者为微网计划调度值，把给定无功功率设为 0，用来实现单位功率因数并网。孤岛模式下，给定无功功率值不再为 0，输出一定的无功功率以提供微网的电压支撑，有功功率输出需要满足微网的频率要求。

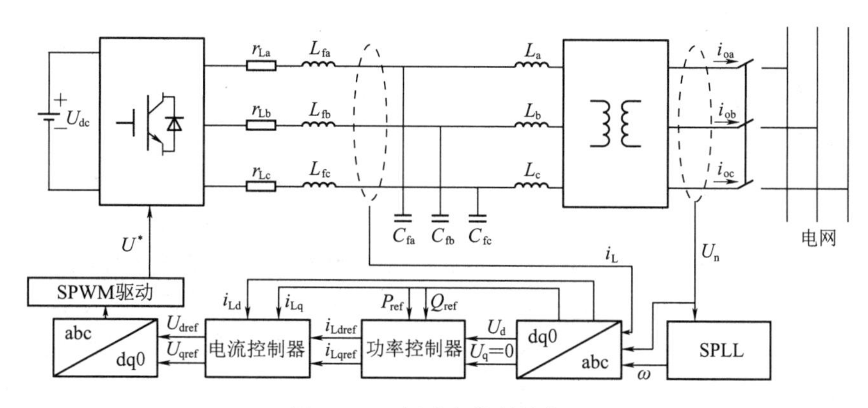

图 6-20　恒功率控制结构图

2. 恒压频控制

恒压频控制下有功功率控制频率，无功功率控制电压，输出功率跟随负荷的变化而改变，当系统发出的功率和负荷消耗达到一致时，系统的电压与频率达到稳定值。主从控制中主控单元在孤岛模式中采用的就是恒压频控制，为微网提供电压与频率支撑。图 6-21 为恒压频控制结构图。此系统由电压控制环与电流控制环组成双环控制，具有较强的抗干

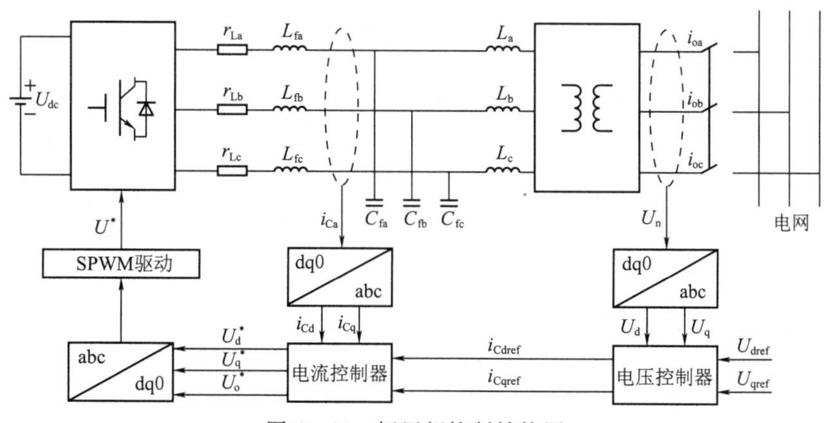

图 6-21　恒压频控制结构图

扰能力，由派克变换得到参考电压分量在dq坐标下的值U_{dref}与U_{qref}，与实际的电压分量做差，经过PI调节器后，消除负荷侧电压误差。电压控制环给逆变器提供电压与频率参考值，给出电流内环的参考信号I_{Cdref}、I_{Cqref}。电流环用于加快系统的电流控制响应速度，改善系统控制性能。

3. 下垂控制

下垂控制的基本控制原理是通过模拟同步发电机的外特性，使得逆变器能均匀地分配负荷功率，这一特性使下垂控制在逆变器并联组网时应用广泛。图6-22为两台逆变器并联的等效电路，其中，$Z_i(i=1, 2)$是逆变器等效输出阻抗和线路阻抗之和，θ_i是逆变器等效内电动势E_{0i}与交流母线电压U_0之间的夹角。

$$\left.\begin{aligned} P_i &= \frac{E_{0i}U_0}{Z_i}\cos(\theta_i-\delta_i)-\frac{U_0^2}{Z_i}\cos\theta_i \\ Q_i &= \frac{E_{0i}U_0}{Z_i}\sin(\theta_i-\delta_i)-\frac{U_0^2}{Z_i}\sin\theta_i \end{aligned}\right\} \tag{6-45}$$

假设$Z_i\angle\theta_i$较小，可以近似认为$\sin\theta_i\approx\theta_i$，$\cos\theta_i\approx 1$。

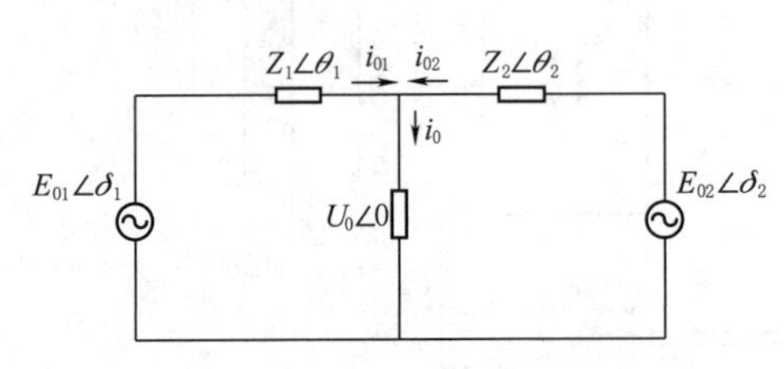

图6-22　两台逆变器并联的等效电路

当阻抗成感性时，$Z_i=jx_i$，$\theta_i\approx 90°$；当阻抗成阻性时，$Z_i=R_i$，$\theta_i\approx 0°$。由式（6-45）可以得出，阻抗成感性时，逆变器输出频率与有功功率呈线性关系，逆变器输出电压与无功功率呈线性关系，采用下垂控制即利用有功功率控制输出频率，利用无功功率控制输出电压；当阻抗成阻性时，逆变器输出频率与无功功率呈线性关系，逆变器输出电压与有功功率呈线性关系，所以利用有功功率控制输出电压，利用无功功率控制输出频率，称为反下垂控制。两者在逆变器并联控制时均有效，但在组网控制时差别很大。孤岛模式下，微网只有一个系统频率，所以下垂控制中，有功功率为无差调节，各逆变器按照下垂系数分担负荷，而系统各点的电压不一样，所以无功功率为有差控制，方便了无功补偿设备与谐波处理设备的接入，有利于微网的稳定和经济运行。反之，反下垂控制中，无功功率需要精确地输出，有功功率为有差控制，与传统电网控制方法不一致，不能直接套用传统电网的分析、优化、潮流控制等方法，增加了微网组网、运行、状态分析的难度。

图6-23为下垂控制结构图，检测并网节点的电流电压得到输出的有功功率与无功功率，根据下垂特性，计算出微网输出的实际电压与频率，与参考电压和频率相比较，得到调整后的电压与频率值，将其进行合成。电压经过电压电流控制，调整逆变器输出的电压与频率。下垂控制在并网模式与孤岛模式时都可以实现微网电压与频率的调节，但是必须保持系统阻抗为感性。

6.3.7　虚拟同步发电机控制

相对于微网，传统现代电力系统已经成为一个成熟的完善系统，在电能的生产、输送、分配、调度、电网的保护控制和市场管理等各个方面都有丰富的理论与实践经验的支

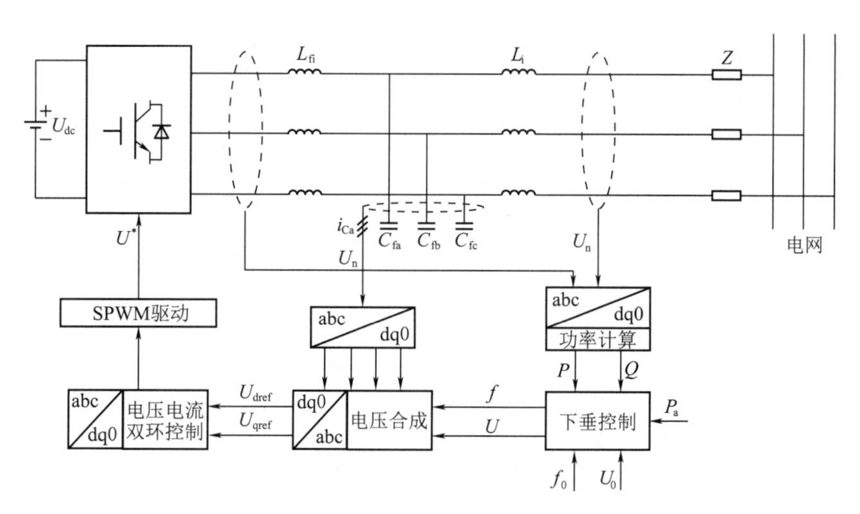

图 6-23　下垂控制结构图

撑。传统电网稳定优良的运行特性和同步发电机的运行特性密不可分。同步发电机具有自平衡能力，在负荷波动时能实现自我调节，同时，具有转动惯量大、输出阻抗大等特点，这些特点非常利于同步发电机进行并联运行时的功率分配与稳定运行。微网系统中分布式电源与大电网的接口大部分都是逆变器，其接口灵活，易于控制，参数设置方便，但是惯性小，输出阻抗小，运行特性与同步发电机差异较大。但是如果微网逆变器具有同步发电机的运行特性，不仅能改善微网的运行特性，微网组网后的控制、调度、保护、管理等方面还可以借鉴传统电网的控制理论与经验，因此虚拟同步发电机（VSG）控制的概念被提了出来。

虚拟同步发电机的主要思想是，根据同步发电机的电气特性与机械特性来控制逆变器，使其具有同步发电机的运行特性，再根据同步发电机的调速器与励磁调节器原理，分别设计出了频率控制器与电压控制器来控制逆变器的输出频率与电压。电压与频率的稳定对于微网的运行至关重要，具有虚拟同步发电机控制特性的并网逆变器的组网更加方便，这样的微网可以如同一个同步发电机一样接入电网，参与大电网的调度运行及负荷波动的平抑。相比于下垂控制，虚拟同步发电机控制更加精准，而且在孤岛模式下不需要切换控制策略。

6.3.7.1　虚拟同步发电机系统结构

虚拟同步发电机控制策略的最终目的就是使整个光伏微电源以同步发电机的形式接入电网。图 6-24 为基于虚拟同步发电机的光伏发电系统结构，光伏组件输出电能并经过变换后，在并网侧并入储能电池。当光伏发电输出功率波动时，储能系统根据情况实时调节其自身能量流动，以维持系统频率与电压的稳定，实现整个发电系统呈现同步发电机的特性。

具有储能设备的光伏发电系统按照储能装置的安装位置可以分为两类：一种是单台光伏逆变电源配一台储能装置；一种是在并网接口处统一配置储能装置。前者安装维护工作量大，系统复杂，使可靠性降低；后者减小了工作量，容易控制，而且多个光伏单元具有随机互补性，可以降低输出功率的扰动。在并网接口处统一配置储能装置的基于虚拟同步发电机控制策略的光伏发电系统结构图如图 6-25 所示。

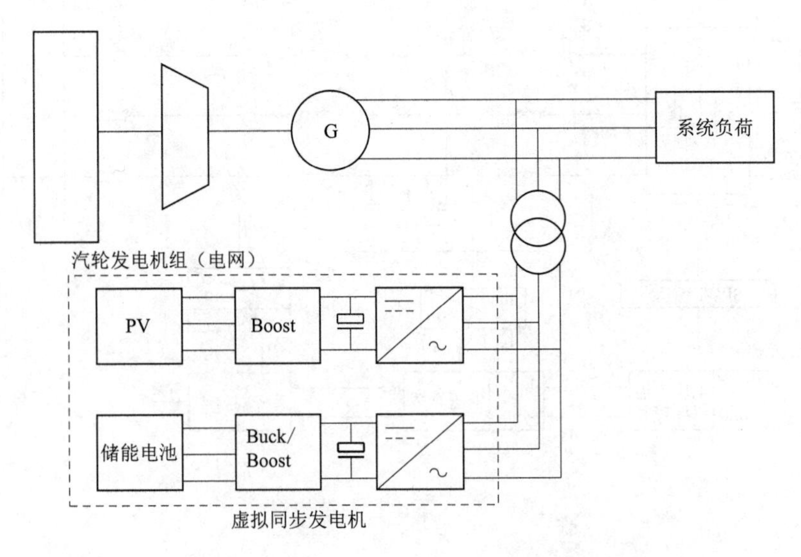

图 6-24　基于虚拟同步发电机的光伏发电系统结构

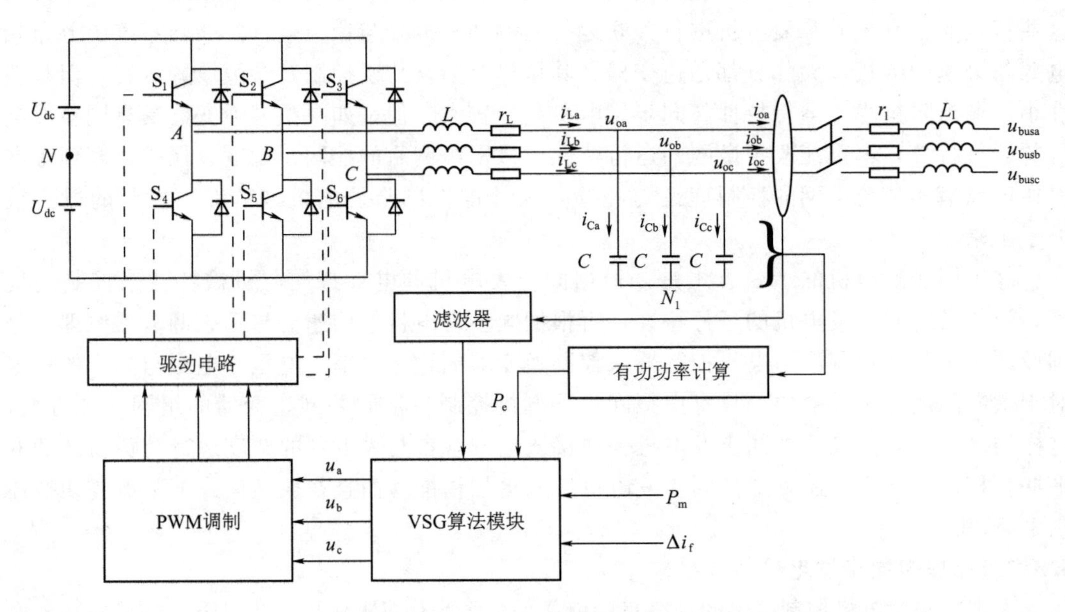

图 6-25　在并网接口处统一配置储能装置的基于虚拟同步发电机控制策略的光伏发电系统结构

图 6-25 中，在控制电路的作用下，储能装置经过三相全桥逆变电路，再经过滤波电路，由变压器变压后接入电网。其中：r_L 为逆变器、滤波电路与线路的等效电阻，L 为滤波电感，C 为滤波电容，假设 k 代表 a、b、c 相，m 代表逆变器结点 A、B、C，则 i_{Lk}、i_{Ck}、i_{ok}、u_{ok}、U_{busk}分别是第 k 相滤波电感电流、滤波电容电流、负荷电流、逆变器第 k 相输出电压和母线电压。根据图 6-25 可以得出此电路的数学模型为

$$\left.\begin{aligned} C\frac{\mathrm{d}\langle u_{ok}\rangle}{\mathrm{d}t}&=\langle i_{Lk}\rangle-\langle i_{ok}\rangle \\ L\frac{\mathrm{d}\langle i_{Lk}\rangle}{\mathrm{d}t}&=(2d_k-1)U_{dc}+\langle u_{NN1}\rangle-\langle u_{ok}\rangle-r_L\langle i_{Lk}\rangle \end{aligned}\right\} \tag{6-46}$$

其中，〈 〉代表一个开关周期内的变量的平均值。根据 PWM 调制原理可得

$$(2d_k-1)U_{dc}=\frac{U_{mk}}{U_{tri}}U_{dc} \tag{6-47}$$

式中 d_k——PWM 波的占空比；

U_{tri}——三角载波的幅值，为三角载波与调制波交点处幅值。

由于三相对称，$u_{NN1}=0$，将式（6-47）代入式（6-46）后，经过拉氏变换，可以得到主电路的频域数学模型为

$$U_{ok}(s)=G(s)U_{mk}(s)-Z_o(s)I_{ok}(s) \tag{6-48}$$

式中 $G(s)$——逆变器输出电压与 PWM 波之间的传递函数；

$Z_o(s)$——主电路的等效输出阻抗。

另由 $K_{pwm}=U_{dc}/U_{tri}$可得

$$\left.\begin{aligned} G(s)&=\frac{K_{pwm}}{LCs^2+r_LCs+1} \\ Z_o(s)&=\frac{Ls+r_L}{LCs^2+r_LCs+1} \end{aligned}\right\} \tag{6-49}$$

6.3.7.2 虚拟同步发电机算法数学模型

虚拟同步发电机算法主要是通过模拟同步发电机的外特性以使光伏微网逆变器具有同样的特性。众所周知，同步发电机的数学模型由转子运动方程和定子电气方程的暂态数学模型构成。根据假设条件的不同与应用环境的不同，同步发电机具有二阶、三阶、四阶、五阶、六阶、七阶等多种数学模型。高阶数学模型虽然更加精确，但是会使计算更加的复杂，为分析系统特性增加难度。二阶经典模型作为虚拟同步发电机的数学模型可较好地反映出同步发电机的主要特性，同时也避免了复杂的电磁耦合计算，有利于实现有功功率与无功功率的解耦控制。特别是，微网中有多个微电源时，简洁而有效的数学模型对于系统的分析计算至关重要。虚拟同步发电机算法数学模型为

$$\left.\begin{aligned} \dot{E}_0&=\dot{U}+\dot{I}R_a+\mathrm{j}\dot{I}X_s \\ J\frac{\mathrm{d}\Omega}{\mathrm{d}t}&=M_T-M_e \end{aligned}\right\} \tag{6-50}$$

由于电角速度 $\omega=p\Omega$，$p=1$，则式（6-50）可写为

$$\left.\begin{aligned} J\frac{\mathrm{d}\Omega}{\mathrm{d}t}=J\frac{\mathrm{d}(\omega-\omega_N)}{\mathrm{d}t}&=M_T-M_e=\frac{P_T-P_e}{\omega} \\ \omega&=\frac{\mathrm{d}\theta}{\mathrm{d}t} \end{aligned}\right\} \tag{6-51}$$

式中 $\dot{E}_0$——励磁电动势；

$\dot{U}$——电枢电压；

$\dot{I}$——电枢电流；
R_a——电枢电阻；
X_s——同步电抗；
J——转动惯量；
M_T——机械转矩；
M_e——电磁转矩；
P_T——机械功率；
P_e——电磁功率；
ω——电角速度；
ω_N——同步电角速度；
θ——电角度。

同步发电机的电枢电阻 R_a 小，电枢电抗 X_a 大，有利于抑制电流的突变与功率的波动。从定子电压方程中可以看出，定子端电压的大小与负荷无功功率的大小变化相关，从转子运动方程中可以看出，同步发电机输出频率的大小与负荷有功功率的波动有关。

基于以上数学模型，建立了虚拟同步发电机的本体算法框图，如图 6－26 所示。图中涉及的物理量与虚拟同步发电机数学模型中的物理量相对应。其中，系统的输入变量为虚拟同步发电机的机械功率 P_T、电磁功率 P_e 和电枢电流 $\dot{I}$。定子端电压 $\dot{E}_0$ 假设 A 相电动势值初相位 0°，分别将相角滞后 120°和 240°，可得到 B 相和 C 相的电动势，得到合成的三相旋转电动势向量；定子电枢电阻和同步电抗与电枢电流相乘后得到线路压降，与三相电动势做差后得到输出端电压；再将其经过 dq 变换与实际值比较，经 PI 控制器、SVPWM 等环节调制生成逆变器开关信号。

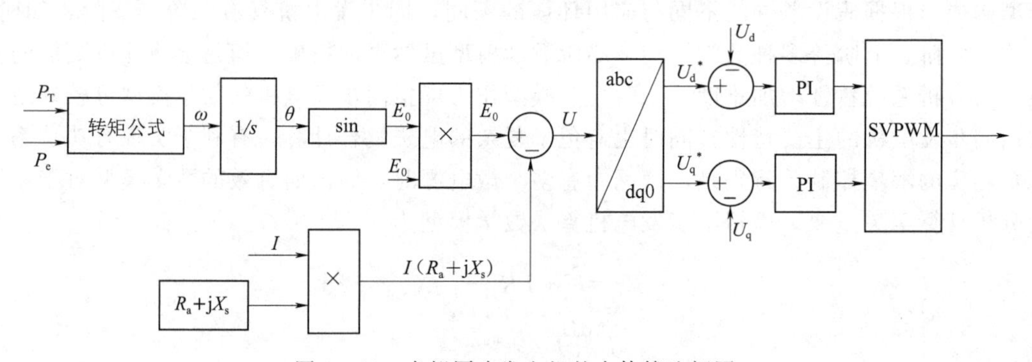

图 6－26　虚拟同步发电机的本体算法框图

如图 6－26 所示，虚拟同步发电机的端电压合成的过程为：

（1）根据转矩公式得出角速度 ω，相位 0°是通过对角速度进行积分得到的。以 A 相作为为参考向量，其初相位为零，将其相位进行正弦运算后与励磁电动势幅值相乘，可以得到 A 相励磁电动势向量，B 相与 C 相励磁电动势向量在 A 相的基础上滞后 120°与 240°即可得到，接着对三相励磁电动势进行合成。

（2）合成虚拟同步发电机定子线路压降。储能电池经过逆变器输出的电流作为电枢电

流 i，将其与设定的虚拟阻抗进行乘法运算得到线路压降。

（3）根据电磁暂态方程将三相合成电动势与线路压降相减可以得到三相机端合成电压，将其进行 abc/dq0 变换得到直角坐标系上的电压分量后与参考值进行比较，再经 PI 调节器得到 SVPWM 调制所需的参考电压，生成相应的 PWM 脉冲信号，实现系统的闭环控制，从而使光伏逆变器在并网端口具有同步发电机的运行外特性。

6.3.7.3 基于虚拟同步发电机的光伏逆变器的控制器设计

在正常运行状态下，电力系统中的同步发电机发出的有功功率应当与电力系统中有功负荷是维持持平的。当系统中的有功负荷增加时，必须增加机械功率，使同步发电机输出更多的电磁功率以维持系统的有功功率平衡与系统频率稳定，这一工作在同步发电机调速器的控制下完成。当无功负荷发生变动时，同步发电机的励磁调节器调整其输出无功电流大小以控制输出无功功率的大小，维持系统无功功率的平衡与系统电压的稳定。同步发电机的控制结构如图 6-27 所示，虚拟同步发电机的控制结构如图 6-28 所示。

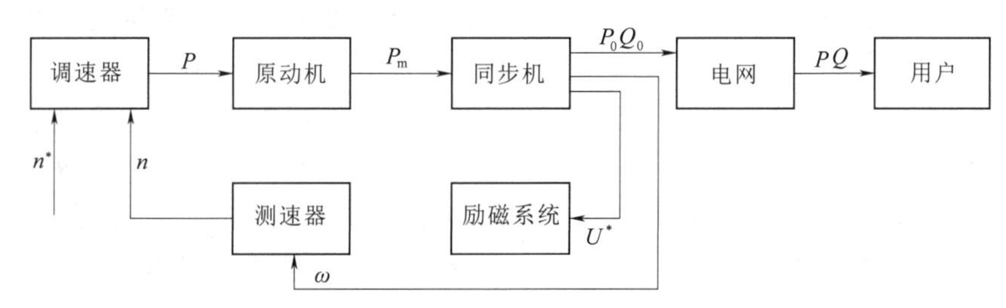

图 6-27 同步发电机的控制结构

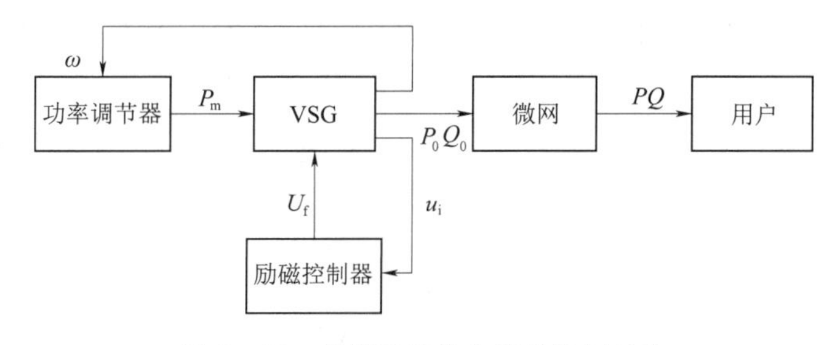

图 6-28 虚拟同步发电机的控制结构

为了使实现虚拟同步发电机算法，使微网逆变器具有同步发电机特性，随着负荷功率波动自主调节机端电压与系统频率，需要设计功率控制器与电压控制器模拟同步发电机的调速器与励磁调节器来控制虚拟同步发电机。为了使虚拟同步发电机具有预并网与预并列的能力，还需要设计同步控制器。

1. 频率控制原理

频率稳定对于电力系统是否能够安全可靠运行至关重要，是衡量供电质量的重要指标之一。频率降低会使发电厂中的送风机等厂用设备输出功率降低，原动机输出功率不足，进而导致发电机输出功率随之降低，若处理不及时，这种情况将会造成大面积停电，甚至导致系统崩溃；频率波动会使异步电动机转速异常，进而影响工业产品的产品质量，出现次品。频率的稳定对于系统的运行至关重要。

当电力系统中的同步发电机所发出的有功功率与负荷所消耗的功率相同时，系统的频率将保持在50Hz，此时同步发电机的转矩保持平衡。但电力系统是一个动态系统，当负荷发生变化时，同步发电机的转矩平衡被打破，同步发电机转速变化，系统的频率也随之发生变化。

同步发电机的转速由其自身转矩平衡决定，转矩平衡是其功率平衡的体现。同步发电机输出电磁功率是原动机输出功率除去损耗后所得。当负荷发生较小的波动时，系统的有功功率平衡被打破，此时需要调速器不断改变原动机的进气量，调节原动机机械功率输出，改变同步发电机输出电磁功率以满足负荷的需求，直至建立新的转矩平衡，则系统频率值稳定于与初始值不同的频率值。当系统中的负荷增大，则需增大同步发电机的输出电磁功率，频率小于初始值；当系统中的负荷减小，则需减小同步发电机的输出电磁功率功，频率大于初始值。这个过程即为电力系统的一次调频，为有差调节。发电机组一次调频曲线如图6-29所示。

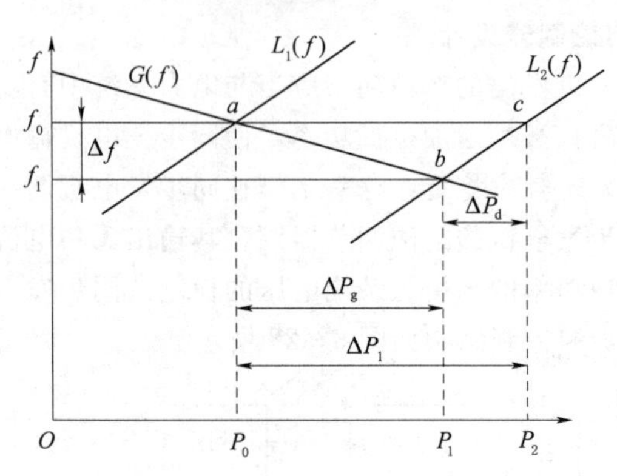

图6-29　发电机组一次调频曲线

图6-29中，初始时刻，假设a点为发电机组的额定工作点，发电机组输出有功功率为P_0，系统频率为f_0；当负荷突增ΔP_1时，发电机组增发有功功率直至与负荷有功功率达到平衡，此时系统工作点移动到b点。在调节过程中，频率下降Δf，功率上升ΔP_g。从图6-29中可以看出频率与功率之间有一种线性对应关系，两者之间的斜率可以表示为

$$R=\frac{f_0-f_1}{P_0-P_1}=-\frac{\Delta f}{\Delta P_g} \tag{6-52}$$

令R为发电机组的调差系数，习惯采用正数表示所以取负号。在电力系统中，调差系数经常使用标幺值表示为

$$R^*=-\frac{\Delta f/f_0}{\Delta P_g/P_0}=-\frac{\Delta f^*}{\Delta P^*}=R\frac{P_0}{f_0} \tag{6-53}$$

R^*反映了同步发电机调速器的性能，可以人为设定，不过受发电机组调速机构的限制，其调速范围有限。一般情况下，汽轮发电机组的调差系数$R^*=0.04\sim0.06$，水轮发电机组的调差系数$R^*=0.02\sim0.04$。在机组并联时，机组之间频率偏差相同，各机组承担的负荷变化量与调差系数的大小成反比，调差系数越小的机组所需要承担的负荷变化量标幺值越大，调差系数越大的机组所需要承担的负荷变化量标幺值越小，负荷在机组间的分配不合理。所以，在机组并联时，调差系数须相同，如此各机组承担的负荷变化量标幺值相同，负荷按照各机组容量分配，各机组共同实现系统的一次调频。

2. 基于虚拟同步发电机的光伏逆变器功频控制器设计

图6-30为虚拟同发电机的功频控制器控制原理图，f_N为给定频率，f为虚拟同步发电机频率，K_g为比例调节器系数，对应于同步发电机的调差系数R^*，通过调节器可

由系统频率偏差 Δf 得到负荷增量 ΔP，ΔP 与给定功率 P_N 相比较，经过限幅器得到逆变器的输入机械功率值 P_M。

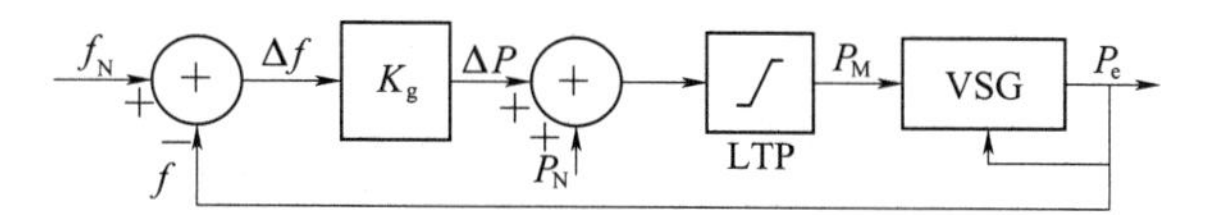

图 6-30 虚拟同步发电机的功频控制器控制原理图

稳态时，电磁功率与机械功率相同，即

$$K_g(f_N-f)+P_N=P_M=P_e \tag{6-54}$$

可以看出，虚拟同步发电机与同步发电机具有相同的功频特性，可以参照同步发电机设计其调差系数。

微网具有并网运行与孤岛运行两种运行模式。在并网运行时，大电网给予其频率支撑，所以控制器中 f_N 为大电网频率，同时，虚拟同步发电机以 PQ 模式运行，P_N 为大电网的调度功率恒定不变。在孤岛运行时，微网需独自承担负荷，虚拟同步发电机则需要给予微网频率与电压支撑，其控制器中 f_N 为给定值，可以直接设定；P_N 根据负荷的变动而变动，其值为各个逆变电源根据容量对于负荷的分担值。

与同步发电机的调速系统相比，虚拟同步发电机功频控制器不需要通过控制汽轮机的开度控制原动机的速度来调节同步发电机的速度，可以直接控制逆变器的输入功率，不存在因汽轮机容积效应降低调节速度的问题，同时，还简化了虚拟同步发电机功频控制系统的数学模型。

3. 基于虚拟同步发电机的光伏逆变器励磁控制器设计

虚拟同步发电机与同步发电机在基频处具有基本一致的幅频和相频响应，即

$$U_{ok}(s)=G(s)U_{mk}(s)-Z_o(s)I_{ok}(s) \tag{6-55}$$

从式（6-55）中可以得出，负荷无功电流是导致虚拟同步发电机端电压不稳定的主要因素，必须设计合理的励磁控制器，对负荷无功电流进行高效控制，才能在负荷波动时维持虚拟同步发电机的机端输出电压保持不变。同步发电机励磁绕组可视为电压源，虚拟同步发电机的励磁绕组可视为可控电流源，可以直接通过控制励磁电流来控制端电压的大小。

结合同步发电机的定子电压方程与其励磁控制器的设计原理，设计了虚拟同步发电机的励磁控制器，控制原理如图 6-31 所示。图中，U_{ref} 为虚拟同步发电机输出电压幅值的给定参考值，U_o 为虚拟同步发电机实际输出电压幅值，K_e 为比例放大系数，Δi_f 为电压实际值与参考值的差值经过比例调节器调节后的励磁电流偏差值，i_{f*} 为给定励磁电流参考值，将各个数据都转化为标幺值，则 $i_{f*}=1$。将电流参考值加上偏差后与角频率相乘可以得到励磁电动势幅值 E_0，作为虚拟同步发电机的电压算法中的输入值。

由图 6-31 可得

$$E_{0*}=[i_{f*}+K_e(U_{ref}-U_o)]\omega^* \tag{6-56}$$

正常运行时，$\omega^*\approx1$，将式（6-56）化为有名值，可以得出虚拟同步发电机相电压表达式为

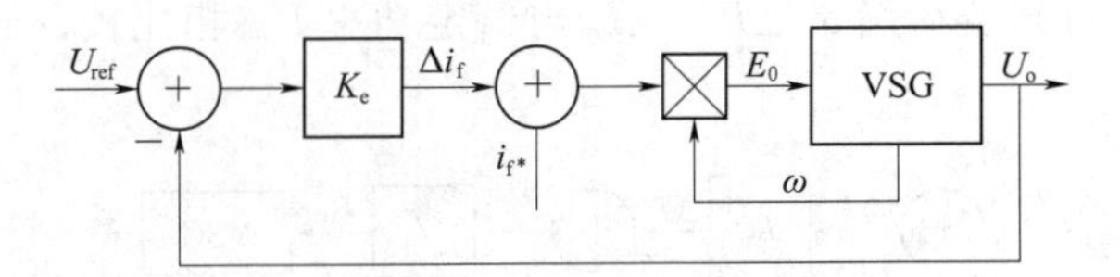

图 6-31　虚拟同步发电机励磁控制器控制原理

$$K_e(U_{ref}-U_o)+U_B=U_{ok}+I_{okQ}x_{oVSG} \tag{6-57}$$

那么，带励磁控制器的虚拟同步发电机电压调节特性曲线为

$$U_{ok}=\frac{K_eU_{ref}+U_B}{1+K_e}-\frac{I_{okQ}x_{oVSG}}{1+K_e} \tag{6-58}$$

从式（6-58）可以看出，虚拟同步发电机的电压调节特性与同步发电机的电压调节特性一致，曲线的斜率代表了两者调节能力的大小，K_e 越大时，斜率越小，无功电流波动带来的端电压差值越小，反之，机端输出电压波动越大。K_e 不变时，增加或减小 U_{ref} 的大小可以使调节特性曲线向上或向下平移，可在无功电流不变的情况下改变输出无功功率的大小，在虚拟同步发电机接入或者退出电网时更加平滑。一般接入电网时，向上平移曲线；退出电网时，向下平移曲线，这样有利于无功功率的分担与转移。带励磁控制的虚拟同步发电机电压调节特性如图 6-32 所示。

考虑系统电压的精确控制，需要对额定电压进行补偿，Q_N 为虚拟同步发电机额定输出无功功率，Q 为检测电路检测出的实际无功功率值。将 Q_N 和 Q 比较得到两者的差值 ΔQ。将 ΔQ 与调压系数 K_q 相乘，可以得到电压差值的幅值 ΔU。再将 ΔU 与电网电压的额定值 U_N 相加，就可以得到并网点的电压指令值 U_{REF}。从系统的无功功率得到电压的给定值，此过程采用了虚拟电枢电压与无功功率的双闭环控制系统，使得虚拟电枢电压随着无功功率的变化进行反向变化。电压补偿控制如图 6-33 所示。

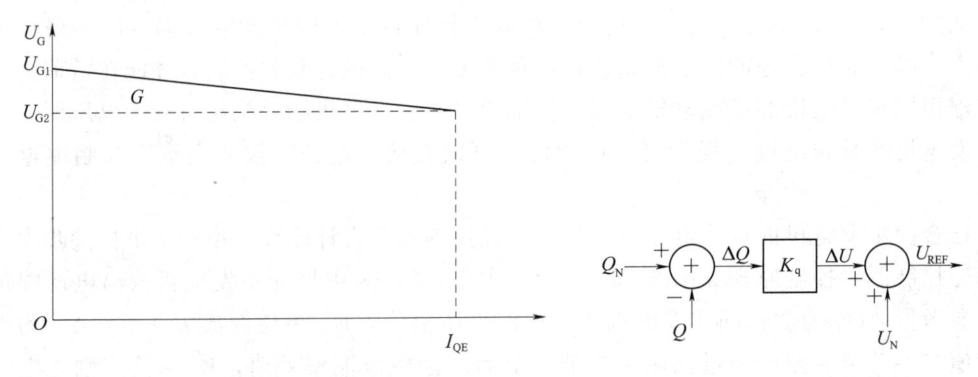

图 6-32　带励磁控制的虚拟同步发电机电压调节特性

图 6-33　电压补偿控制

4. 基于虚拟同步发电机的光伏逆变器同步控制器设计

在实际运行中，微网中的微电源会根据需要孤岛运行或者从微网中切除停机。当微电源重新并入微网时，微电源的电压、频率、相序与相位必须与微网的各参数相同，否则，强行并机或并网将在各个微电源之间产生环流，造成逆变器不能正常运行，危害整个系统的安全运行。

预同步控制器包括幅值控制、相位控制、频率控制与合闸控制。

图 6-34 为电压矢量图。假设 $\dot{U}_2$ 为微电源输出电压，$\dot{U}_1$ 为微网电压，将电压矢量 $\dot{U}_1$ 落在 d 轴上，当电压矢量 $\dot{U}_1$、$\dot{U}_2$ 存在相位差时，电压矢量 $\dot{U}_2$ 在 q 轴上的投影不为 0；当 $\dot{U}_1$、$\dot{U}_2$ 相位相同时，电压矢量 $\dot{U}_2$ 在 q 轴上的投影为 0。因此，若能 $\dot{U}_2$ 在 q 轴上的投影值为 0，则 $\dot{U}_1$、$\dot{U}_2$ 的相位必定一致。而当 $\dot{U}_1$、$\dot{U}_2$ 的频率不相同时，$\dot{U}_1$ 与 $\dot{U}_2$ 的相位差也会随之变化。因此，$\dot{U}_2$ 在 q 轴上的投影值一直保持为 0 时，$\dot{U}_1$、$\dot{U}_2$ 不存在相位差和频率差。

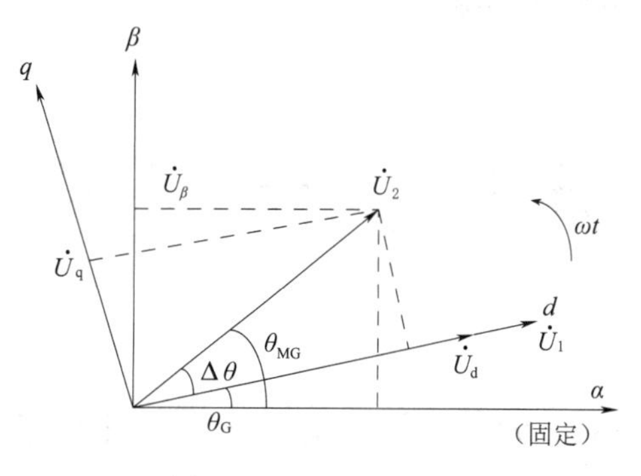

图 6-34 电压矢量图

因此，基于虚拟同步发电机的光伏逆变器预同步控制器原理如图 6-35 所示。首先，将微网 $\dot{U}_1$ 与微电源输出电压 $\dot{U}_2$ 经过锁相环锁相，得到 $\dot{U}_1$ 与 $\dot{U}_2$ 的相位、幅值与频率。其次，将所得到的 $\dot{U}_2$ 在 q 轴上的投影值与 0 相比较，经过 PI 调节器后，得到频率偏移值 $\Delta\omega_s$。最后，将 $\dot{U}_1$、$\dot{U}_2$ 的幅值经过比较并通过 PI 调节器调节，得到幅值偏移 $\Delta\dot{U}_s$。

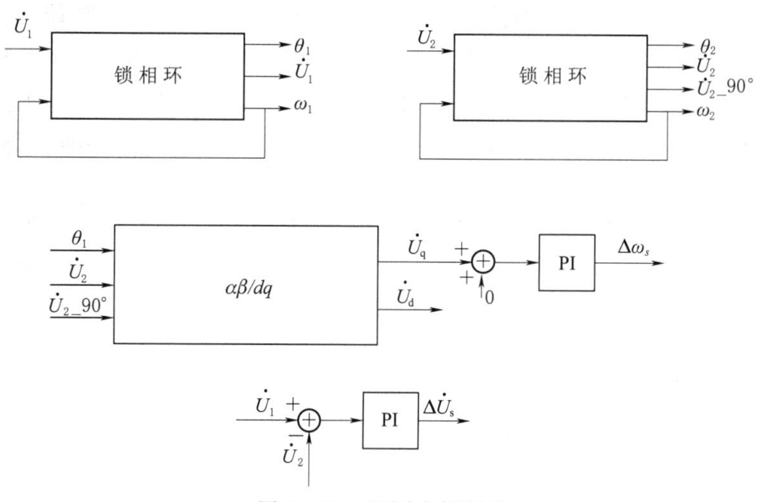

图 6-35 预同步控制器

通过检测，当机端输出电压的幅值、频率和相位均达到并网要求之后，预同步控制器就会通过控制装置发出合闸信号，使得微电源能够准确安全地并入微网，实现电能的双向流通。

6.4 小结

光伏发电技术和产业不仅是当今能源的一个重要补充，更具备成为未来主要能源来源的潜力。本章以光伏并网逆变系统综合控制策略为研究对象，对光伏并网逆变器模型原理和光伏并网逆变器控制策略等问题进行了系统深入研究，并对这些模型原理和公式推导进行了详细介绍。

第7章

分布式（光储）微网实验系统研究及设计

7.1 分布式（光储）微网系统控制研究

传统的电力系统是一种分层结构，微网及多微网的概念由于发展的时间不长，一部分专家提出了模拟传统电力系统的分层控制方案，其主要思想是将微网控制分为分布式电源原动机控制、分布式电源接口控制和微网及多微网上层管理系统的控制。而另一部分专家从微网对电网的影响及其灵活性方面考虑提出了“即插即用”式控制方案，“即插即用”的概念包括两层含义：①当大电网中存在多个微网时，微网对大电网具有“即插即用”的功能；②微网中的不同类型的分布式电源对微网具有“即插即用”的功能。目前的微网控制方案，从整体控制策略上可分为主从控制、对等控制及分层控制。其中，从微网控制层次上，分层控制可以分为底层分布式电源的控制和上层的管理系统，本质上，分层控制属于主从控制。从分布式电源的控制方法上，分布式电源控制可分为恒功率控制、下垂控制和恒压恒频控制。

本节将介绍微网控制的主要问题以及分布式电源通过电力电子接口与发电机直接接口的本质区别，并阐述现存不同的分布式电源接口控制的基本方法，最后对常用的微网控制策略及每种控制策略里的不同控制方法进行了综述和比较。

7.1.1 微网控制的主要问题

由于微网有联网和孤岛两种运行模式，所以微网通常运行在三种状态：并网运行状态、孤岛运行状态和在两种运行状态之间切换的暂态。

运行于并网模式时，微网一般被要求控制为一个“好公民”或者“模范公民”。作为“好公民”时，微网在与配电网连接时需满足配电网的接口要求，同时不参与主电网的操作。此时，微网应能实现减少电能短缺、提高当地电压质量和不造成电能质量的恶化等目标。而当被控制为“模范公民”时，要求微网能为大电网提供一些辅助操作，例如：参与大电网的电压和频率调节，参与维持整个电网稳定运行，提高故障承受能力等。

运行于孤岛模式时，微网必须能维持自己的电压和频率。在传统电网中，频率能通过大型发电厂内拥有大惯性的发电机来维持，电压通过调节无功功率来维持。在微网中，由于采用大量电力电子设备作为接口，其系统惯性小或无惯性，过载能力差，采用可再生能源发电的分布式电源输出电能具有间歇性，负荷功率具有多变性，这一系列问题增加了微网频率和电压控制的难度。而且配电网线路阻抗呈阻性，使电压不仅与无功功率有关，也与有功功率有关，控制电压需要通过控制有功功率和无功功率两个方面来完成。

当微网运行在两种模式之间切换的暂态时，如何维持微网稳定是其最主要的问题。如果微网在并网运行时吸收或输出功率到电网，当微网突然从并网模式切换到孤岛模式时，微网产生的电能和负荷需求之间的不平衡将会导致系统不稳定，此时设计合理的微网结构和采用恰当的控制方法是非常重要的。当微网从孤岛模式重并入大电网，如何与电网同步是其主要问题。目前，储能装置对于缺少惯性的微网是维持其暂态能量平衡的必要组成部分。

7.1.2 逆变器接口对分布式电源控制的影响

同步电机发电系统如图 7-1 所示，原动机与发电机同轴连接，通过线路并入大电网，其转子运动方程为

$$T_m - T_e = \frac{2J}{P}\frac{d\omega_r}{dt} \tag{7-1}$$

式中 T_m——发电机输入的机械转矩；

T_e——发电机输出的电磁转矩；

J——发电机转动惯量；

P——发电机转子极数。

由式（7-1）可知，当发电机输出电功率大于原动机输入的机械功率时，发电机旋转速度下降，这时其旋转轴的旋转储能转化为电能，满足初始能量平衡。随后发电机速度调节器检测到发电机转速下降，开始动作，增加原动机的能量输入，使发电机速度恢复到额定值。发电机输出电压、电流的角频率由发电机的旋转速度决定，而发电机的旋转速度通过发电机的速度调节器进行控制。发电机输出电压的幅值由励磁系统进行控制，而负荷点的电压幅值可以通过调节变压器分接头及无功补偿来控制。

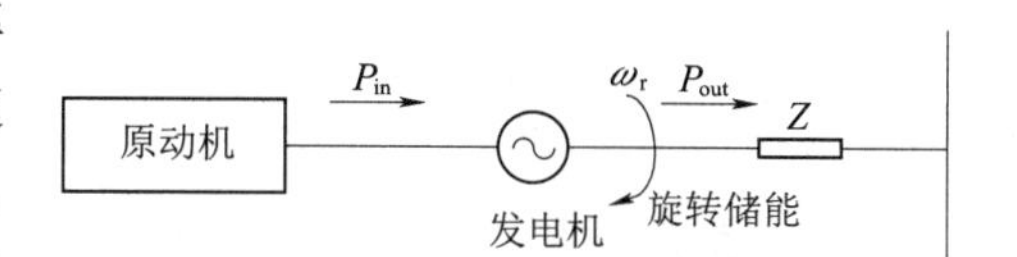

图 7-1 同步电机发电系统

逆变器接口的分布式电源发电系统如图 7-2 所示，图 7-2（a）是通过背靠背逆变器接口的交流分布式电源发电系统，图 7-2（b）是通过逆变器接口的直流分布式电源发电系统。逆变器前的电容器在暂态时可以提供电能，其作用类似于同步发电机的转轴提供的旋转储能以维持暂态能量平衡，但是电容器能提供的能量要少很多。采用逆变器接口的分布式电源发电系统输出电压、电流的频率由接口逆变器的控制策略决定，而其输出电压幅值由其直流侧电容电压幅值和接口逆变器的控制策略共同决定。所以，分布式电源输出电压、电流的频率变化和分布式电源原动机不存在直接关联，取决于其接口逆变器的控制策略。比如，对于接口逆变器采用调制比为常数的开环系统，当负荷功率增加，逆变器输出功率增加，此时电容器输出更多能量。如果原动机的输入功率没有及时跟随负荷功率的变化，则逆变器输出的电压幅值将下降，而频率维持不变。

所以，通过电力电子接口的分布式电源输出的电压、电流的频率由接口逆变器的控制策略决定，这是有逆变器接口和发电机直接并网的一个很大不同点。另外一个不同点是，电容的存储能量远少于旋转轴的旋转储能，这就是所谓的没有惯性，所以微网中通常配备储能装

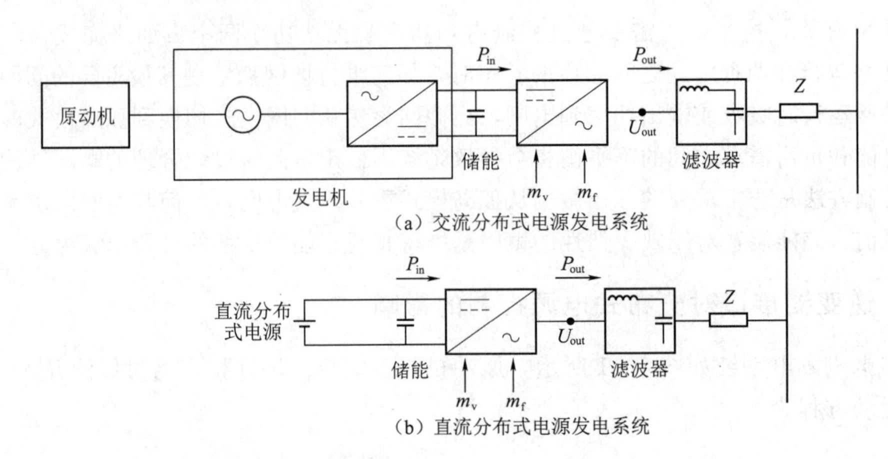

（a）交流分布式电源发电系统

（b）直流分布式电源发电系统

图 7-2　逆变器接口分布式电源发电系统

置。由此可知，控制策略的合理选择对于逆变器接口分布式电源的正常运行至关重要。

7.1.3　LC滤波器的设计

由于采用SPWM控制的电力电子设备会在开关频率处产生谐波，因此必须设计效果良好的LC滤波器来滤除谐波干扰。当逆变器采用电压型控制策略时，为了获得良好的正弦电压波形，通常采用LC低通滤波器消除开关频率附近的高次谐波。

7.1.3.1　滤波电感的选择

在同样的开关频率下，若电感选择过小，虽然输出电压稳态精度有所提高，但输出电流的纹波相对就比较大，环流抑止作用减弱，并且容易产生较大的系统噪声和电磁干扰；若电感选择过大，虽然输出电流的纹波较小，对环流的抑止作用明显，但逆变单元输出稳态电压会受到影响。因此，滤波电感的选择必须综合考虑各方面的因素，并网型逆变器滤波电感的选择应尽量满足以下条件：

（1）电感输出电流应能跟踪给定电流的变化。

（2）电源输出电压波形满足失真度指标。

（3）应尽可能减少对稳态输出电压精度的影响。

（4）在保证滤波效果和反应速度的前提下，滤波电感应尽可能大，以抑制并联时的系统环流。

所以电感须满足

$$\frac{5u_{dc}}{16f_sI_a}\leqslant L\leqslant\frac{\sqrt{\frac{u_{dc}^2}{2}-220^2}}{I_a\omega} \tag{7-2}$$

式中　I_a——并网电流额定值；

f_s——开关频率；

u_{dc}——直流母线电压；

ω——角频率。

7.1.3.2 滤波电容的选择

电容的选择需要在考虑电感的影响下折中考虑。电容越大，对负荷稳压越有利，但流入电容的无功电流增大，电感上的电流和开关管电流也增大，从而降低了效率；反之，电容越小，则电感需要增大，使得电感上的压降增大。

对于电感和电容构成的 LC 低通滤波器，高于其谐振频率的高次谐波将以 40dB/dec 衰减，设计其谐振频率为基波频率的 10～20 倍，为了尽可能地减小 C，本书取 20 倍。

$$C=\frac{1}{L(2\pi f_1\times 20)^2} \tag{7-3}$$

式中 f_1——基波频率。

7.1.4 微网整体运行控制方式研究

微网整体运行控制方式研究包含两个层面：底层是微源级控制，就是各个微源的运行控制策略，主要针对微源的输出特性进行研究；上层是微网级控制，就是微网的整体运行控制方式，主要研究微网内各微源之间的协调和配合。

7.1.4.1 主从控制

主从控制是将各个微源采取不同的控制策略，并赋予其不同的职能。其中，一个（或几个）作为主微源检测电网中的各种电气量，根据电网的运行情况采取相应的调节手段，通过通信线路控制其他“从属”微源的输出以达到整个微电网的功率平衡，使频率电压稳定在额定值。

主从控制要体现于孤岛运行时的微网。当微网并网运行时，所有微源发电单元均采用 PQ 控制策略，稳定性单元按其额定功率点运行，间歇性单元按其最大功率跟踪点运行，此时微网既可以向主网输送功率，也可以从主网吸收功率。由于微网的总体容量相对于主网来说较小，因此电压水平和额定频率都由主网来支持和调节。而当微网孤岛运行时，微网与主网断开连接，此时微网内部要保持电压和频率的稳定，就需要一个或者几个微源发电单元担当配电网的角色来支撑微网的电压和频率，这个单元被称为主微源，或者参考微源。此时主微源采用 Vf 控制策略，输出稳定的额定电压和频率值，而其他的从属微源仍然采取 PQ 控制策略，控制其输出的功率来维持微网内部的功率平衡。由此可知，一旦微网由并网状态转为孤岛运行，主微源必须快速地从 PQ 控制策略切换到 Vf 控制策略。

主从控制下的微网孤岛运行时，首先由主微源根据负荷变化自动调节输出电流，增大或者减小输出功率；同时检测并计算功率的变化量，根据现有发电微源的可用容量来调节某些从属微源的设定值，增大或减小它们的输出功率；当其他微源输出功率增大时，主电源的输出相应地自动减小，从而保证主微源始终有足够的容量来调节瞬时功率变化，如图 7-3 所示。

当微网中无可调用的有功或无功容量时，只能依靠主微源来调节。所以，选择主微源的基本条件是要满足负荷变化的要求。主微源的选择主要有以下方式：

（1）储能装置作为主控制单元。以储能装置作为主控制器，在孤岛运行模式时，因失去了外部电网的支撑作用，分布式电源输出功率以及负荷的波动将会影响系统的电压和频率。由于该类型微网中的分布式电源多采用不可调度单元，为维持微网的频率和电压，储能装置需通过充放电控制来跟踪分布式电源输出功率和负荷的波动。由于储能装置的能量

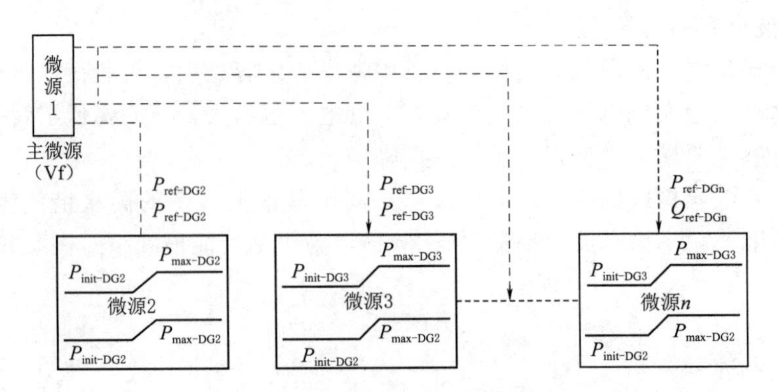

图7-3　主从控制中微源间协调控制

存储量有限，如果系统中负荷较大，使得储能系统一直处于放电状态，则其支撑系统频率和电压的时间不可能很长，放电到一定时间就可能造成微网系统电压和频率的崩溃。反之，如果系统的负荷较轻，储能系统也不可能长期处于充电状态。因此，将储能系统作为主控制单元时，微网处于孤岛运行模式的时间一般不能太长。

常见的储能装置包括蓄电池、超级电容器、飞轮储能等。目前，蓄电池储能是最成熟、商业普及最广的储能技术，在微网中的应用也最为广泛，如荷兰 Continuon 微网、希腊 NTUA 微网、日本 Wakkanai 微网等均是以蓄电池装置为主控制单元的主从控制微网系统。但由于蓄电池的瞬间放电能力较弱，当此类型微网孤岛运行且发生功率的大幅波动时，将会导致微网的电压和频率产生波动，降低供电质量，对于重要负荷或敏感负荷而言，这显然是不合理的。基于此，有研究者提出用飞轮储能作微网孤岛运行时主控制单元，利用飞轮瞬间放电能力强的特点，保证功率大幅度波动时敏感负荷的供电质量。还有的研究者对超级电容器与蓄电池的复合储能技术进行了深入研究，利用超级电容器瞬时放电能力强的特点，在功率发生大幅度波动的瞬间，以超级电容器供电，保证敏感负荷的供电质量；同时利用蓄电池能量储存量大的特点，延长微网系统的孤岛运行时间。

（2）分布式电源为主控制单元。这类典型示范工程包括葡萄牙 EDP 微网等。当微网中存在像微燃机这样的输出稳定且易于控制的分布式电源时，由于这类分布式电源的输出功率可以在一定范围内灵活调节，输出稳定且易于控制，将其作为主控制单元可以维持微网在较长时间内的稳定运行。如果微网中存在多个这类分布式电源，可选择容量较大的分布式电源作为主控制单元，这样的选择有助于微网在孤岛运行模式下的长期稳定运行。

（3）分布式电源加储能装置为主控制单元。这类典型示范工程包括德国 MVV 微网等。当采用微燃机等分布式电源作为主控制单元时，在微网从并网模式向孤网模式过渡的过程中，由于系统响应速度以及控制分布式电源切换等方面的制约，很难实现无缝切换，有可能造成系统的频率波动较大，部分分布式电源有可能在低频或低压保护动作下退出运行，不利于一些重要负荷的可靠供电。在存在对电能质量要求非常高的负荷的情况下，可以将储能系统与分布式电源组合起来作为主控制单元，充分利用储能系统的快速充放电功能和微燃机类分布式电源所具有的可较长时间维持微网孤岛运行的优势。采用这种模式，储能系统在微网转为孤岛运行时可以快速为系统提供功率支撑，有效抑制由于微燃机等分布式电源动态响应速度慢所引起的电压和频率的大幅波动。另外，当负荷增加时，根据负荷的电压依赖特性，可以考虑适当减小电压值；如果仍然不能实现功率平衡，可以采取切负荷的措施来维持微电网的孤岛运行。

微网系统采用主从控制时，可以实现系统电压和频率的无差控制。当然，主从控制也存在一些缺点：①主微源采用 Vf 控制策略，其输出的电压是恒定的，要增加输出功率，只能增大输出电流，而负荷的瞬时波动，通常首先是由主微源来进行平衡的，因此要求主微源有一定的容量，且主微源的容量限制了系统容量的扩张；②由于整个系统是通过主微源来协调控制其他电源的，一旦主微源出现故障，整个微网系统也就不能继续运行，对主微源的依赖性较强；③主从控制系统是一个强通信联系系统，对通信的依赖性较高，因此通信的可靠性对系统的可靠性有很大的影响，而且通信设备会使系统的成本和复杂性增加。

7.1.4.2 对等控制

对等控制是指微网中所有的微源在控制上都具有相同的地位，各控制器间不存在主从关系，每个微源根据系统接入点频率和电压的就地信息进行控制，如图 7-4 所示。此控制方式不需要通信联系就能实现功率共享，控制具有冗余性。对于这种控制方式，微源控制器的策略选择十分关键，一种目前备受关注的方法就是下垂控制策略。众所周知，对于常规电力系统，同步发电机组输出的无功功率和端电压、有功功率和系统频率间存在一定的关联性：端电压降低，发电机输出的无功功率将加大；系统频率降低，发电机的有功功率输出将加大。所以应用于对等控制的各种微源控制策略都是试图模拟传统同步发电机组的控制策略。

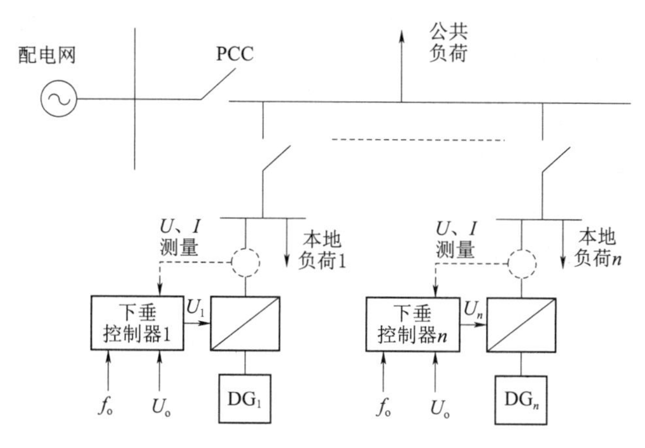

图 7-4 对等控制的微网结构

对等控制下，当微网运行在孤岛模式时，微网中每个采用下垂控制策略的微源都参与微网频率和电压的调节。在负荷变化的情况下，自动根据下垂系数分担功率的变化量，亦即各微源通过调整各自输出电压的频率和幅值，使微网达到一个新的稳态工作点，最终实现输出功率的合理分配，且不受微源规模和数量的影响，保证分布式微源在微网内的“即插即用”。同时，由于无论在并网运行模式还是在孤岛运行模式，微网中微源的下垂控制策略都可以不加改变，系统运行模式易于实现无缝切换，从而实现微网对主网的“即插即用”。显然，采用下垂控制策略可以实现负荷功率变化在微源间的自动分配，但负荷变化前后系统的稳态电压和频率运行点也有所变化，对系统电压和频率指标而言，这种控制实际上是一种有差控制，牺牲了频率和电压的稳定性。

将主从控制和对等控制相比，可以发现：以分布式电源为主控制单元的底层分布式电源的主从控制，由于其底层分布式电源之间需要强的通信联系，成本增加，可靠性降低，并且由于采用这种控制方法，整个系统对主控制单元有很强的依赖性，主控制单元控制失效和通信失败，整个微网就会瘫痪，所以这种底层分布式电源之间的主从控制方法需要进一步改进；底层分布式电源之间的对等控制，分布式电源之间不需要通信联系就能实现功率共享，不同分布式电源之间地位相等，提高了微网的冗余性，结构简单，系统扩容方便，成本低，且不需要通信系统支持运行，受到了越来越多的学者的关注，是未来微网控制的主要发展趋势。

7.1.4.3 分层控制

分层控制一般都设有中央控制器，用于向微网中的分布式电源发出控制信息。

日本微网展示项目（包括 Archi 微网、Kyoto 微网、Hachinohe 微网等）提供了一种微网的两层控制结构，如图 7-5 所示。

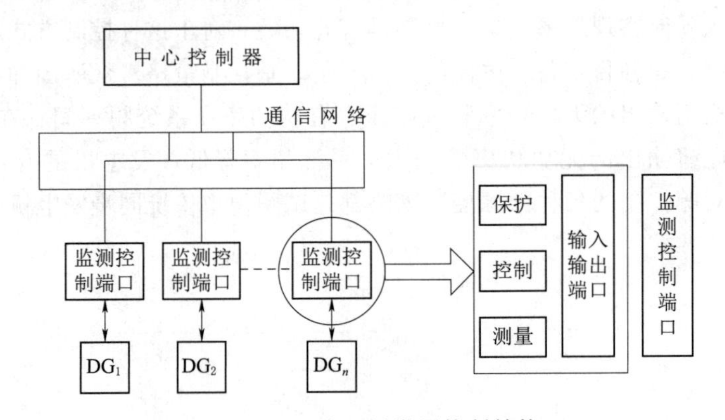

图 7-5 日本两层微网控制结构

中心控制器首先对分布式电源发电功率和负荷需求量进行预测，然后制定相应的运行计划，并根据采集的电压、电流、功率等状态信息，对运行计划进行实时调整，控制各分布式电源、负荷和储能装置的启停，保证微网电压和频率的稳定，并为系统提供相关保护功能。在分层控制方案中，各分布式电源和上层控制器间需要有通信线路，一旦通信失败，微网将无法正常工作。

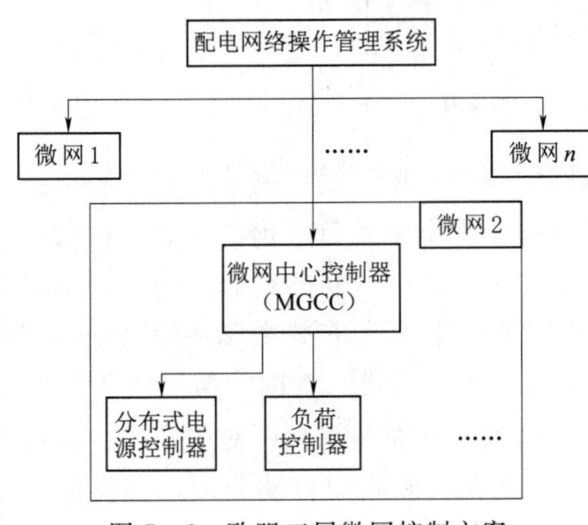

图 7-6 欧盟三层微网控制方案

在欧盟多微网项目“多微网结构与控制”中，提供了三层控制结构，方案如图 7-6 所示。

最上层的配电网络操作管理系统主要负责根据市场和调度需求来管理和调度系统中的多个微网；中间层的微网中心控制器（MGCC）负责最大化微网价值的实现和优化微网操作；下层控制器主要包括分布式

电源控制器和负荷控制器，负责微网的暂态功率平衡和切负荷管理。整个分层控制采用多Agent技术实现，每一个分布式发电单元的控制作为一个独立的Agent，该Agent管理单元内部的发电和控制，同时把一些重要负荷的控制也作为Agent单元，这些Agent的工作主要是确保这些重要负荷的电力需求和电能质量。由一台计算机负责上层管理的Agent，即微网中心控制器既要负责下层各Agent独立协调工作，确保彼此通信，满足负荷需求，又要负责微网与配电网络之间的电力交换。这种多Agent方法提供的多任务分层控制可以有效地对微网进行管理，使微网运行在满足重要负荷电力需求的基础上，最优化运行成本。

对于分层控制微网结构，由于通信线路传递的是微网内分布式电源设置及调度等信息，中心控制器能起到管理微网的作用，随着微网概念的发展，多微网概念的出现，这种分层控制系统是一个很好的选择。

7.2 分布式（光储）微网实验系统的设计与实现

7.2.1 概述

分布式（光储）微网实验系统占地面积约600m^2，位于东经106°07′～107°17′，北纬26°11′～27°22′。整个光伏项目的组成设备主要包括光伏电池组件（单晶组件20kWp、多晶组件20kWp、双向逆变器、储能系统（磷酸铁锂电池）、防雷汇流箱、环境气象站、线槽、交流配电柜、配套若干电缆及监控系统等。本项目最大特点使用1台50kWp高效双向光伏逆变器，通过磷酸铁锂电池储能、设置并网柜，接入电压等级为交流400V低压配电网络中。同时系统配备的通信及监控系统由质量可靠的工控PC机、数据采集器、传输光纤及其他相关附件组成，并通过先进的监控与显示系统实时监控光伏发电系统运行情况及其相关数据。系统还具有较好的人机交互功能，可监控和显示系统直流及交流工作相关电气参数。采用LED显示屏，统计和显示日发电量、总发电量。另外系统还具有过压、过载、失压、漏电、短路保护功能，储能双向变流器适用于各种储能电池以充电和放电的形式与电网交换能量；同时以对储能元件进行充、放电的控制与管理，实现并网及离网两种功能；电网保护装置具有防孤岛保护单元（MSD）、低压穿越单元，能够有效地防止孤岛效应。

分布式（光储）微网实验系统位于低纬度高海拔的高原地区，海拔为1100m左右，处于费德尔环流圈，常年受西风带控制，属于亚热带湿润温和型气候，兼有高原性和季风性气候特点。年平均气温为15.3℃，年极端最高温度为35.1℃，年极端最低温度为−7.3℃，其中，最热时在七月下旬，平均气温为24℃；最冷时在一月上旬，平均气温为4.6℃。年平均相对湿度为77%，年平均总降水量为1129.5mm，年平均阴天日数为235.1天，年平均日照时数为1148.3h，年降雪日数少，平均仅为11.3天。

分布式（光储）微网实验系统的建设体现不同光伏组件在光伏发电系统具备储能功能的条件下的系统电气特性，建设过程中注重新技术、新材料利用，为类似地区后续建设智能电网及光伏发电系统方面做出示范性探索。

7.2.1.1 设计范围及内容

设计范围及内容为光伏发电系统及配套辅助系统，系统建设界面从光伏组件到交流并网开关出线端，包含了光电转换系统、直流系统、逆变系统、交流配电系统、并网计量及接入系统、通信监视显示系统等所有子系统。另外包括建设场址的太阳能资源分析、光伏发电工程的建设条件、接入系统方案推荐、光伏发电系统配置方案设想、主设备选型和布置设想。

7.2.1.2 主要设计原则

工程建设以保证项目科学研究及示范性功能为主，光伏组件布置要与周围环境相结合，在保证发电效率的同时，要兼顾与建筑造型和周围景观相协调。

7.2.2 设计方案

7.2.2.1 系统总体设计

光伏组件通过串联、并联组成光伏发电单元，通过双向逆变器接入380V交流电网，实现并网、离网发电及储能功能，该实验系统示意如图7-7所示，光伏并网发电系统主要组成如图7-8～图7-12所示。

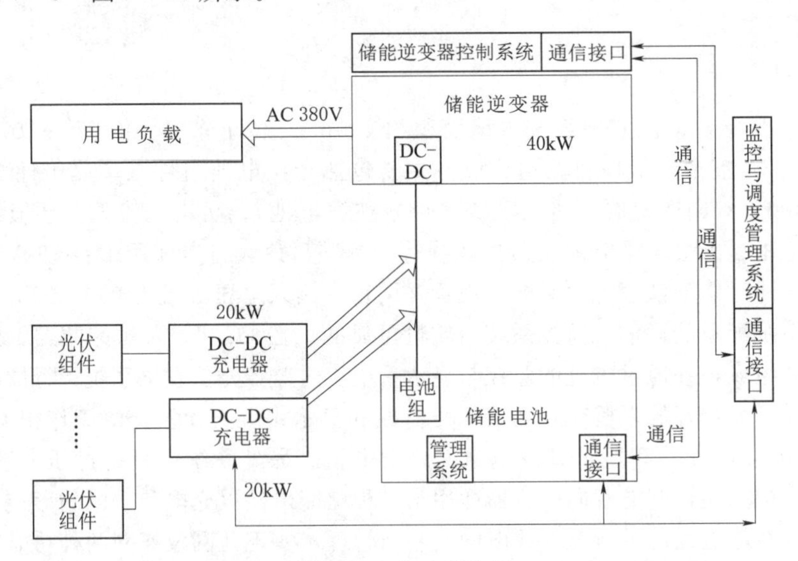

图7-7 实验系统图

图7-8 光伏发电实验系统控制柜及储能电池柜

图7-9 光伏发电系统储能电池柜

图 7-10 光伏发电系统 DC-DC 控制器和 DC-AC 逆变器柜

图 7-11 光伏发电系统 DC-DC 控制器和 DC-AC 逆变器柜内部结构

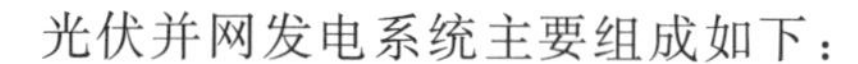

光伏并网发电系统主要组成如下：

（1）光伏组件及其支架。

（2）光伏阵列防雷汇流箱。

（3）光伏并网/离网逆变器。

（4）磷酸铁锂储能电池组，蓄电池管理系统 BMS。

（5）DC-DC 控制器。

（6）系统的通信监控装置、监控软件。

（7）系统的防雷及接地装置。

（8）土建、配电房等基础设施，展示平台。

（9）系统的连接电缆及防护材料。

（10）环境气象站。

图 7-12 光伏发电系统光伏阵列

7.2.2.2 光伏发电部分设计

光伏组件通过串联、并联组成并网发电单元，通过并网/离网逆变器接入 380V 交流电网，实现并网发电功能。

电池组件选用阿特斯 ELPS CS6P-255MM 单晶硅组件和阿特斯 ELPS CS6P-250PM 多晶硅组件。

为了减少光伏组件到逆变器之间的连接线，以及方便维护操作，直流侧采用分段连接、逐级汇流的方式连接，即通过光伏阵列防雷汇流箱（简称“汇流箱”）将光伏阵列进行汇流。

另外，系统应配置1套监控装置，采用RS485的通信方式，实时监测并网发电系统的运行参数和工作状态。

主要包括光伏组件、防雷汇流箱、双向逆变器、交流配电柜、动力电缆连接线及监控系统等。

（1）光伏组件：采用84块255W单晶硅光伏组件，84块250W多晶硅光伏组件。

（2）防雷汇流箱：汇流箱内置接线端子、直流断路器、直流防雷模块、检测模块及相关附件。

（3）双向逆变器：采用稳定可靠的太阳能光伏双向逆变器共1台（50kW）。

（4）交流配电柜：交流配电柜内置断路器、防雷模块、电能质量仪表及其他相关附件。

（5）动力电缆连接线：考虑到电缆的使用的场所等因素，光伏发电系统动力电缆多为直流电缆；考虑到经济可靠性，电缆以YJV型号电缆为主。

（6）监控系统：采用监控系统对整个太阳能光伏发电系统的数据采集进行实时远程监控。监控系统主要包括数据采集传感器、监控计算机及其他相关附件。

光伏组件结构与建筑主体机构防雷系统连接，另外所有组件金属框、线槽需做可靠接地。

SW 50K－Module逆变器模块的拓扑如图7－13所示。

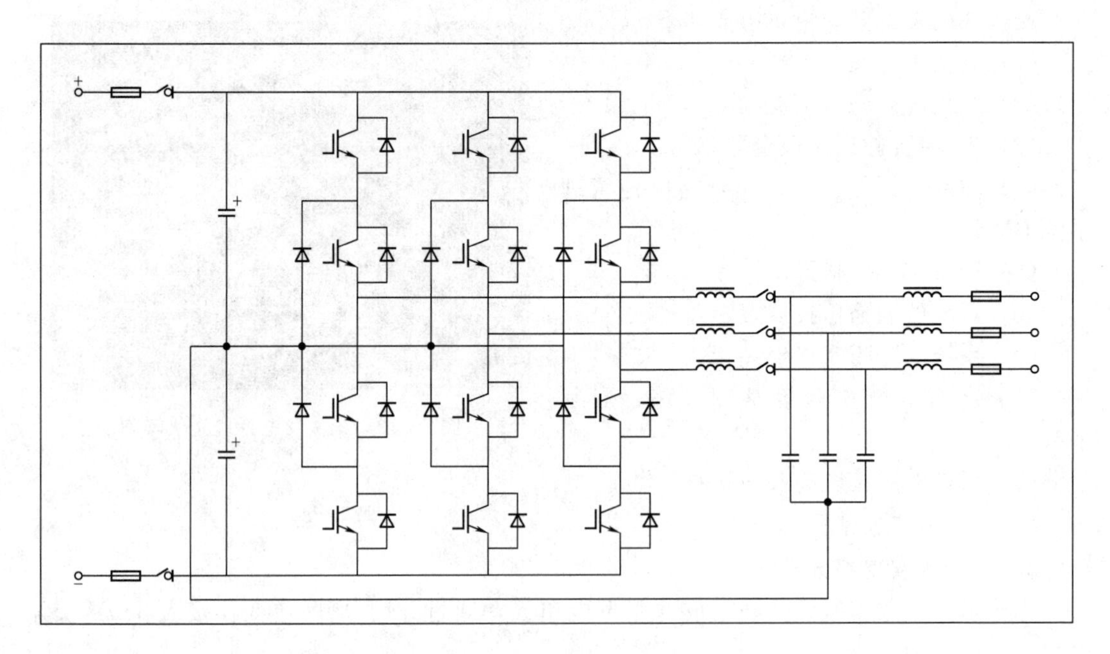

图7－13　SW 50K－Module逆变器模块拓扑图

SW 50K－Module逆变器模块参数见表7－1。

SW 50K－Module前视三维图如图7－14所示。

表 7-1　　SW 50K-Module 逆变器模块参数

直流输入	
最大直流输入功率/kWp	55
最大直流输入电压（dc）/V	900
输入 MPPT 电压范围（dc）/V	470～850
最大直流输入电流/A	117
交流输出	
额定输出功率/kW	50
最大输出功率/kW	52.5
额定输出电流/A	100
输出电压范围（ac）/V	290±15%
允许电网频率/Hz	50/60（±4.5）
电流畸变率（THD_i）/%	<3（额定功率）
功率因数	>0.99
输出相线	三相三线
转换效率	
最大效率/%	98.6
欧洲效率/%	97.6
MPPT 效率/%	99.9
环境参数	
防护等级	IP20
允许环境温度/℃	−20～50
允许相对湿度/%	0～95（无冷凝）
允许最高海拔/m	3000
常规参数	
待机功耗/W	<10
噪声/dB	<60
通信接口	RS485，以太网
显示	LED
机械参数	
尺寸/(mm×mm×mm)	440×232×585（$W\times H\times D$）
重量/kg	40

1. 光伏阵列设计

（1）光伏阵列朝向。光伏阵列朝向赤道是其获得最多太阳辐射能的主要条件之一，一般情况下，阵列朝向正南（即阵列垂直面与正南的夹角为 0°）。系统的光伏阵列处于北半球，一般应按正南偏西，方位角=[一天中负荷的峰值时刻（24 小时制）−12]×15+(经度−116)。

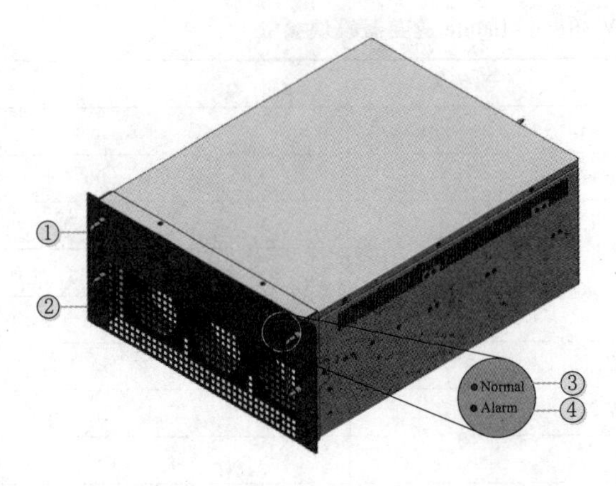

位置	描述
1	拉手
2	挂耳
3	正常指示灯
4	故障指示灯

图 7－14　SW 50K－Module 前视三维图

（2）光伏阵列倾角。在并网发电系统中，光伏阵列相对于水平面的倾斜角度一般应该按照使阵列获得全年最多太阳辐射能的设计原则。光伏组件厂商将（或通过专业软件计算）根据不同地区的地理位置及气象环境，提供最佳的安装角度。

（3）光伏组件串联数量的设计依据。根据国内光伏产业的发展成果，组件功率大型化有利于大型光伏电站组件采购价格的降低，同时安装工程量、运行维护费用也可以减少，建设投资得到有效控制，组件功率大型化是国际上光伏组件的发展趋势，能体现国家示范项目的先进性。因此，拟采用性价比较高的大功率单晶硅、多晶体硅光伏电池。

逆变器在并网发电时，光伏阵列必须实现 MPPT 控制，以便光伏阵列在任何当前日照下不断获得最大功率输出。

在设计光伏组件串联数量时，应注意以下方面：

1）接至同一台逆变器的光伏组件的规格类型、串联数量及安装角度应保持一致。

2）需考虑光伏组件的最佳工作电压（U_{mp}）和开路电压（U_{oc}）的温度系数，串联后的光伏阵列的 U_{mp} 应在逆变器 MPPT 范围内，U_{oc} 应低于逆变器输入电压的最大值。

首先，要了解光伏电池温度和光照强度对光伏电池输出特性的影响，分别如图 7－15 和图 7－16 所示。

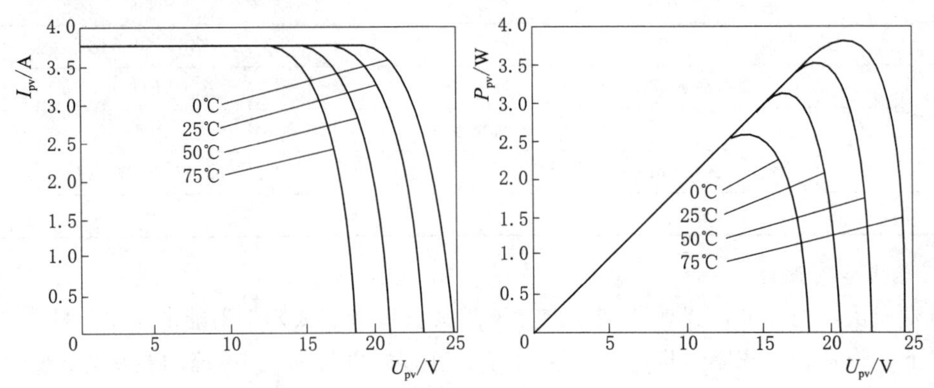

图 7－15　不同温度下的 $I-U$ 和 $P-U$ 特性曲线

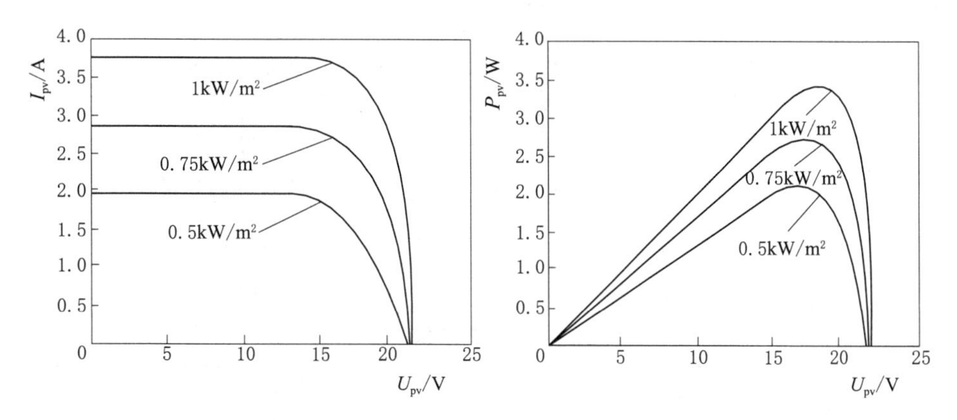

图 7-16 不同光照强度下的 $I-U$ 和 $P-U$ 特性曲线

由图 7-15 可知，温度上升将使光伏电池开路电压 U_{oc} 下降，短路电流 I_{sc} 则轻微增大，总体效果会造成光伏电池的输出功率下降。从图 7-16 可知，光照强度在极大的程度上影响光伏电池的输出电流，导致光伏电池输出功率的变化。

对于单晶硅和多晶硅光伏电池，U_{mp} 的温度系数约为－0.0045/℃（折合到 70℃时的系数为 0.8）；U_{oc} 的温度系数约为－0.0034/℃（折合到－10℃时的系数为 1.12）。

3）针对目前常见的晶体硅光伏组件，结合产品的技术参数，给出各款型号逆变器的推荐 U_{oc} 和 U_{mp} 配置，用户可根据实际光伏组件的参数进行计算和匹配。

根据 SW 50K－Module 光伏并网逆变器的 MPPT 工作电压范围（440～800V），每个电池阵列按照 17 块光伏组件串联进行设计，共 84 块光伏组件，其功率为 21420Wp/21000Wp。

光伏组件串联设计见表 7-2。

表 7-2　　光伏组件串联设计

项目	ELPS CS6P－255MM	ELPS CS6P－250PM	参照值
开路电压 U_{oc}/V	37.7×17＝640.9	37.2×17＝632.4	850
最大功率电压 U_m/V	30.5×21＝640.5	30.1×21＝632.1	440～800

注： U_m 和 U_{oc} 为厂家提供的在 STC 条件下（STC：辐射强度 1000W/m²，模块温度 25℃，AM＝1.5）的数据。

（4）光伏发电系统的避雷技术要求。对于光伏发电系统的避雷设计，主要考虑直击雷和感应雷的防护。

1）光伏阵列安装在室外，当雷电发生时，可能会受到直击雷的侵入，直击雷的防护通常都是采用避雷针、避雷带、避雷线、避雷网或金属物件作为接闪器，将雷电流接收下来，并通过作为引下线的金属导体导引至埋于大地起散流作用的接地装置，再泄散入地。

2）感应雷的防护需要考虑光伏组件四周铝合金框架与支架应等电位接地，以及交直流输电线路和逆变器等感应雷的防护，防护措施可采用防雷保护器。

3）对于防雷防护，国家还没有专门针对光伏发电系统的设计规范，在项目设计时主要委托专业的设计单位来设计。

2. 发电量计算

（1）光伏组件安装条件，见表7-3。

（2）地区1—12月总辐照量，见表7-4。

（3）地区1—12月直接辐照量，见表7-5。

（4）地区1—12月40°斜面辐照量，见表7-6。

由40°斜面日平均辐照量可以计算日发电量，计算公式为

表7-3　光伏组件安装条件

地址	贵阳
最佳倾角	12°
纬度	26.35°
方位角	0°

注：方位角自定义正南方向为0°。

表7-4　地区1—12月总辐照量　单位：J/(m²·月)

月份	1	2	3	4	5	6
总辐照量	139.613	162.419	267.879	321.389	384.068	354.471
月份	7	8	9	10	11	12
总辐照量	429.175	455.974	343.177	242.376	201.126	170.81

表7-5　地区1—12月直接辐照量　单位：J/(m²·月)

月份	1	2	3	4	5	6
直接辐照量	28.077	37.893	83.549	104.036	131.243	113.589
月份	7	8	9	10	11	12
直接辐照量	166.951	204.207	138.115	80.285	72.651	54.233

表7-6　地区1—12月40°斜面辐照量　单位：J/(m²·天)

月份	1	2	3	4	5	6
斜面辐照量	1.25101	1.6113	2.40035	2.97582	3.44147	3.28214
月份	7	8	9	10	11	12
斜面辐照量	3.84565	4.08579	3.17756	2.17183	1.86228	1.53056
平均辐照量：2.63631						

$$E_p = \frac{H_a P_s 10^3 K}{E_s} \tag{7-4}$$

式中　H_a——日照平均斜面太阳辐照量；

P_s——系统安装容量；

E_s——标准状态下光照强度等于1000W/m²；

K——综合可虑系数，受到光伏组件安装倾角、方位角、光伏发电系统年利用率、电池转换效率、周围障碍物遮光、逆变器损失以及电缆输电的损耗等多种因素的影响，按照经验取0.806。

根据计算，日发电量约为84kW·h。

3. 阴影分析

系统根据项目所在地情况，选择夏季（6月21日）与冬季（12月22日）30°倾角分别对其阴影进行分析，见表7-7。

表 7-7　　不同季节、不同倾角阴影分析

季节	9：00 阴影	16：00 阴影
夏季		
冬季		

4. 并网系统的监控通信方式

系统配置 1 套监控装置及 1 套环境监测仪，采用 RS485（标配）或以太网（选配）的通信方式，利用监控软件实时掌控光伏双向逆变器的工作状态和运行参数，以及光伏阵列现场的环境参数（含风速、风向、光照强度、环境温度）。

设备通信原理如图 7-17 所示。

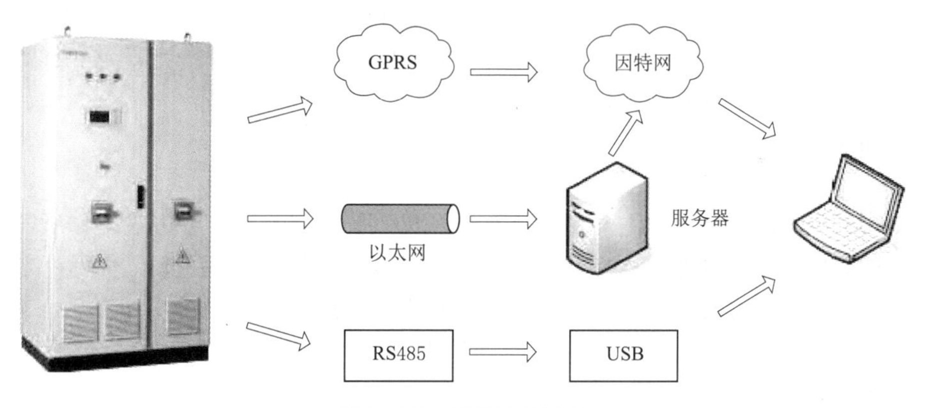

图 7-17　监控通信原理

（1）监控主机特点。此光伏并网发电系统采用高性能工业控制 PC 机作为系统的监控主机，配置光伏发电系统专用网络版监测软件，采用 RS485（标配）或 Ethernet 以太网（选配）通信方式，可以连续每天 24h 对所有的逆变器运行状态和数据进行监测。

（2）网络版监控软件功能。

1）实时显示电站的当前发电总功率、日总发电量、累计总发电量、累计 CO_2 总减排量以及每天发电功率曲线图。

2）可查看每台逆变器的运行参数，主要包括（但不限于）：①直流电压；②直流电流；③直流功率；④交流电压；⑤交流电流；⑥逆变器机内温度；⑦时钟；⑧频率；⑨功率因数；⑩当前发电功率；⑪日发电量；⑫累计发电量；⑬累计 CO_2 减排量；⑭每天发

电功率曲线图。

3）监控所有逆变器的运行状态，采用声光报警方式提示设备出现故障，可查看故障原因及故障时间，监控的故障信息至少应包括以下内容：①电网电压过高；②电网电压过低；③电网频率过高；④电网频率过低；⑤直流电压过高；⑥逆变器过载；⑦逆变器过热；⑧逆变器短路；⑨散热器过热；⑩逆变器孤岛；⑪DSP 故障；⑫通信失败。

4）监控软件功能包括：①具有集成环境监测功能，能实现环境监测功能，如光照强度、风速、风向、室外温度、室内温度和光伏组件温度等参量，环境监测仪如图 7－18 所示；②可每隔 5min 存储一次电站所有运行数据，包括环境数据、故障数据实时存储；③能够分别以日、月、年为单位记录和存储数据、运行事件、警告、故障信息等；④可以连续存储 20 年以上的电站的所有运行数据和故障记录；⑤可通过监控软件对逆变器进行控制，可以以电子表格的形式存储运行数据，并可以用图表的形式显示电站的运行情况。⑥可提供多种远端故障报警方式，包括 SMS（短信）方式、E－Mail 方式；⑦监控主机同时提供对外的以太网接口，用户可以通过网络方式，异地查看逆变系统的实时运行数据、历史数据和故障数据。

图 7－18　环境监测仪

7.2.2.3　储能部分设计

1. *蓄电池容量设计原则*

光伏发电系统容量设计的主要目的是要计算出系统在全年内能够可靠工作所需的光伏组件和蓄电池的数量，同时要注意协调系统工作的最大可靠性和系统成本两者之间的关系，在满足系统工作的最大可靠性基础上尽量减少系统成本。

蓄电池的设计思想是保证在太阳光照连续低于平均值的情况下，负荷仍可以正常工作。在进行蓄电池设计时，需要引入一个不可缺少的参数：自给天数，即系统在没有任何外来能源的情况下负荷仍能正常工作的天数。这个参数让系统设计者能够选择所需使用的蓄电池容量大小。

自给天数的确定一般与两个因素有关：负荷对电源的要求程度；光伏发电系统安装地点的气象条件，即最大连续阴雨天数。通常可以将光伏发电系统安装地点的最大连续阴雨天数作为系统设计中使用的自给天数，但还要综合考虑负荷对电源的要求。对于负荷对电源要求不是很严格的光伏发电系统，在设计中通常取自给天数为 3～5 天。对于负荷要求很严格的光伏发电系统，在设计中通常取自给天数为 7～14 天。所谓负荷要求不严格的系统通常是指用户可以稍微调节一下负荷要求从而适应恶劣天气带来的不便的系统；而要求严格的系统指的是用电负荷比较重要，例如通信、导航设施或者医院、诊所等重要的健康设施。此外还要考虑光伏发电系统的安装地点，如果在很偏远的地区，必须设计较大的蓄电池容量，因为维护人员要到达现场需要花费很长时间。

蓄电池的设计包括蓄电池容量的设计计算和蓄电池组的串并联设计。

（1）计算蓄电池容量的基本方法。

1）将每天负荷需要的用电量乘以根据实际情况确定的自给天数，得到初步的蓄电池容量。

2）将初步的蓄电池容量除以蓄电池的允许最大放电深度，得到所需要的蓄电池容量。因为不能让蓄电池在自给天数中完全放电，所以需要除以最大放电深度。最大放电深度的选择需要参考光伏发电系统中使用的蓄电池的性能参数，可以从蓄电池供应商得到详细的有关该蓄电池最大放电深度的资料。通常情况下，如果使用的是深循环型蓄电池，推荐使用80％的放电深度；如果使用的是浅循环蓄电池，推荐选用使用50％的放电深度。设计蓄电池容量的基本公式为

$$\text{蓄电池容量}=\frac{\text{自给天数}\times\text{日平均负载}}{\text{最大放电深度}} \tag{7-5}$$

（2）确定蓄电池串并联的方法。每个蓄电池都有标称电压。为了达到负荷工作的标称电压，将蓄电池串联起来给负荷供电，需要串联的蓄电池的个数等于负荷的标称电压除以蓄电池的标称电压，即

$$\text{串联蓄电池数}=\frac{\text{负荷标称电压}}{\text{蓄电池标称电压}} \tag{7-6}$$

2. 设计修正

以上只是蓄电池容量的基本估算方法，在实际情况中，还有很多性能参数会对蓄电池容量和使用寿命产生很大的影响。为了得到正确的蓄电池容量设计，必须对计算公式加以修正。图7-19所示为不同放电率下的蓄电池温度-容量曲线。

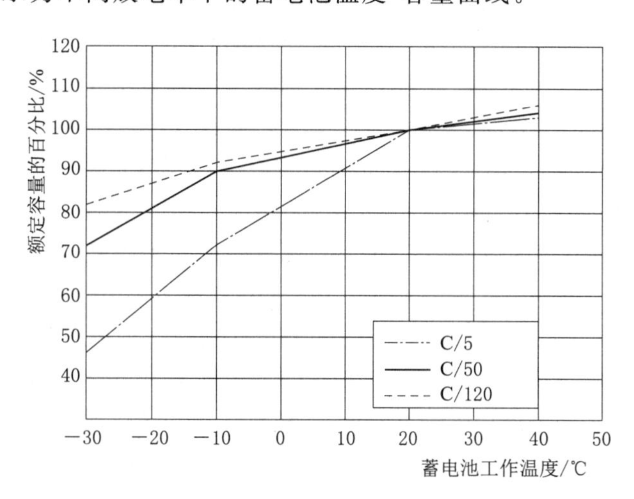

图7-19 蓄电池温度-容量曲线

对于蓄电池，蓄电池的容量不是一成不变的，蓄电池的容量与蓄电池的放电率和环境温度相关。

（1）放电率对蓄电池容量的影响。蓄电池的容量随着放电率的改变而改变，随着放电

率的降低，放电电流变小，放电时间增加，蓄电池的容量也会相应增加，从而对容量设计产生影响。进行光伏发电系统设计时要选择在恰当的放电率下的蓄电池容量。通常，生产厂家提供的是蓄电池额定容量是10h放电率下的蓄电池容量。但是在光伏发电系统中，因为蓄电池中存储的能量主要是为了自给天数中的负荷需要，蓄电池放电率通常较慢，光伏发电系统中蓄电池典型的放电率为100～200h。在设计时，要用到在蓄电池技术中常用的平均放电率的概念，光伏发电系统的平均放电率公式为

$$\text{平均放电率(小时)}=\frac{\text{自给天数}\times\text{负载工作时间}}{\text{最大放电深度}} \tag{7-7}$$

式（7-7）中负荷工作时间可以用下述方法估计：对于只有单个负荷的光伏发电系统，负荷的工作时间就是实际负荷平均每天工作的小时数；对于有多个不同负荷的光伏发电系统，负荷工作时间可以使用加权平均负荷工作时间，加权平均负荷工作时间的计算方法为

$$\text{加权平均负荷工作时间}=\frac{\sum\text{负荷功率}\times\text{负荷工作时间}}{\sum\text{负荷功率}} \tag{7-8}$$

根据式（7-7）和式（7-8）可以计算出光伏发电系统的实际平均放电率，根据蓄电池生产家提供的该型号电池在不同放电率下的蓄电池容量，就可以对蓄电池的容量进行修正。

（2）温度对蓄电池容量的影响。蓄电池的容量会随着蓄电池温度的变化而变化，当蓄电池温度下降时，蓄电池的容量会下降。通常，铅酸蓄电池的容量是在25℃时标定的。随着温度的降低，0℃时的容量大约下降到额定容量的90%，而在－20℃时大约下降到额定容量的80%，所以必须考虑蓄电池的环境温度对其容量的影响。

如果光伏发电系统安装地点的气温很低，意味着按照额定容量设计的蓄电池容量在该地区的实际使用容量会降低，以致无法满足系统负荷的用电需求。在实际工作的情况下就会导致蓄电池的过放电，减少蓄电池的使用寿命，增加维护成本。这样，设计时需要的蓄电池容量就要比根据标准情况（25℃）下蓄电池参数计算出来的容量要大，只有选择更大的蓄电池容量，才能够保证蓄电池在温度低于25℃的情况下，还能完全提供所需的能量。

3. 蓄电池容量计算

考虑到以上所有的计算修正因子，可以得到蓄电池容量的最终计算公式为

$$\text{蓄电池容量(指定放电率)}=\frac{\text{自给天数}\times\text{日平均负载}}{\text{最大允许放电深度}\times\text{温度修正因子}} \tag{7-9}$$

（1）最大允许放电深度。一般而言，浅循环蓄电池的最大允许放电深度为50%，而深循环蓄电池的最大允许放电深度为80%。如果在严寒地区，就要考虑到低温防冻问题，对此进行必要的修正。设计时可以适当地减小这个值，扩大蓄电池的容量，以延长蓄电池的使用寿命。

（2）温度修正系数。当温度降低时，蓄电池的容量将会减少。温度修正系数的作用就是保证安装的蓄电池容量要大于按照25℃标准情况算出来的容量值，从而使得设计的蓄电池容量能够满足实际负荷的用电需求。

（3）指定放电率。指定放电率是考虑慢的放电率将会从蓄电池得到更多的容量。使用

供应商提供的数据，可以选择在指定放电率下的合适的蓄电池容量。如果在没有详细的容量-放电率资料的情况下，可以粗略地估计，在慢放电率（C/100 到 C/300）的情况下，蓄电池的容量要比标准状态多 30%。

（4）蓄电池组并联设计。当计算出了所需的蓄电池的容量后，下一步就是要决定选择多少个单体蓄电池加以并联得到所需的蓄电池容量。在实际应用当中，为了尽量减少并联蓄电池之间在充放电时的不平衡所造成的影响，应尽量减少并联数目。因此，最好选择大容量的蓄电池以减少所需的并联数目。通常建议并联的数目不超过 4 组。

4. 实验系统储能设计

蓄电池选用磷酸铁锂电池，总容量 60kW·h。

磷酸铁锂电池：180Ah/3.2V，138 只串联，标准充放电率为 0.3C，标准充放电电流为 54A。

双向变流器容量：根据磷酸铁锂电池标准充放电流，需用不低于 25kW 的双向变流器。

双向变流器能实现并网和离网两种模式运行，并能对电池储能装置进行充放电控制。在并网运行时，双向变流器运行于有功-无功模式，能量管理系统根据主电网对微电网出口特性的要求，实现对双模式逆变器有功功率、无功功率的灵活控制；在运行时，双向变流器运行于电压-频率模式，为整个离网系统提供电压和频率参考值，成为整个微电网的主网单元。

双向变流器详细功能如下：

（1）并网四段式自动充电（预充、快充、均充、浮充）。

（2）并网放电，放电倍率可预先固定设置或者从监控系统实时控制。

（3）并网放电时，可设置功率因数，分别独立控制有功功率和无功功率。

（4）离网运行时，可提供稳定的电压和频率支撑。

（5）并网运行时，可按照计划曲线进行自动充放电控制，实现微网经济运行。

（6）并网运行时，可实现对波动性间歇式能源输出功率的平抑，改变间歇式能源的输出特性。

（7）并网运行时，可在总容量范围内提供快速、紧急的无功输出，满足电网电压控制的要求。

（8）具备完备的保护功能，在各种故障情况下能保护双向变流器及电池的安全。

（9）具备完善的自检功能，能对其二次控制回路的开入、开出、CPU 进行自检，对三相电网电压相序等外部电流量进行检查，以防止硬件损坏、接线错误等引起的工作异常。

（10）具备快速 CAN 通信接口和 RS485 接口，提供开放式 MODBUS 规约，便于接入监控系统或者外部的控制系统。

（11）提供中文液晶 MMI（人机接口），支持就地设置定值、参数等操作。

7.2.2.4 光伏组件设计

单晶光伏组件及输出特性如图 7-20 所示，其效率为：15.85%，其具体参数见表 7-8。

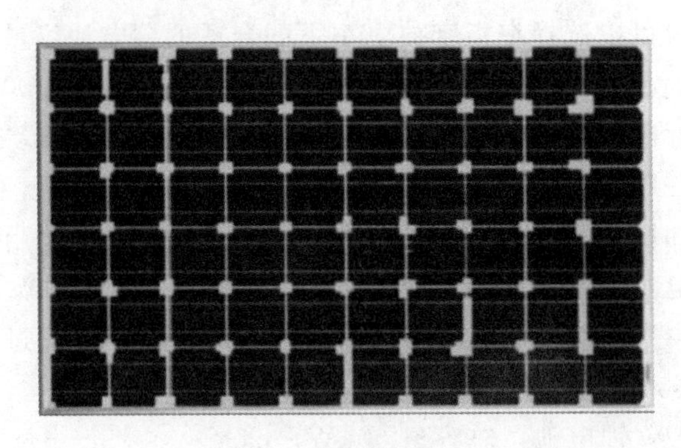

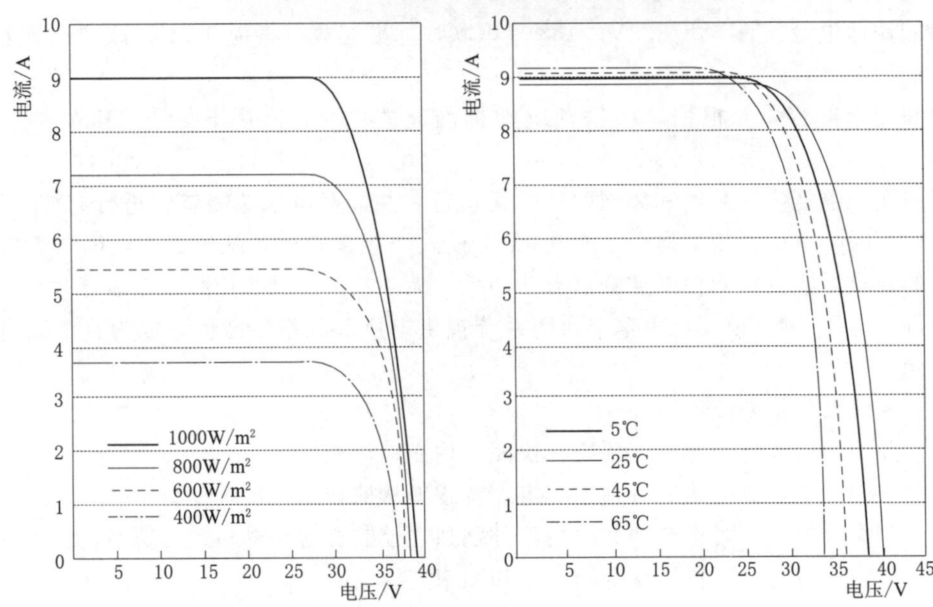

图7-20 单晶光伏组件及输出特性

表7-8 单晶光伏组件参数

尺寸 /(mm×mm×mm)	额定功率 /W	额定电压 /V	额定电流 /A	开路电压 /V	短路电流 /A	数量 /块
1638×982×40	255	30.5	8.35	37.7	8.87	84（17串、5并）

多晶光伏组件及输出特性如图7-21所示，其效率为：15.54%，其具体参数见表7-9。

表7-9 多晶光伏组件参数

尺寸 /(mm×mm×mm)	额定功率 /W	额定电压 /V	额定电流 /A	开路电压 /V	短路电流 /A	数量 /块
1638×982×40	250	30.1	8.30	37.2	8.87	85（17串、5并）

7.2.2.5 并离网系统的主要性能

逆变器是将直流电变换为交流电的电力变换装置，逆变器技术在电力电子技术中是一种比较成熟的技术。目前国内光伏发电系统中主要是以直流系统和离网型DC-AC系统

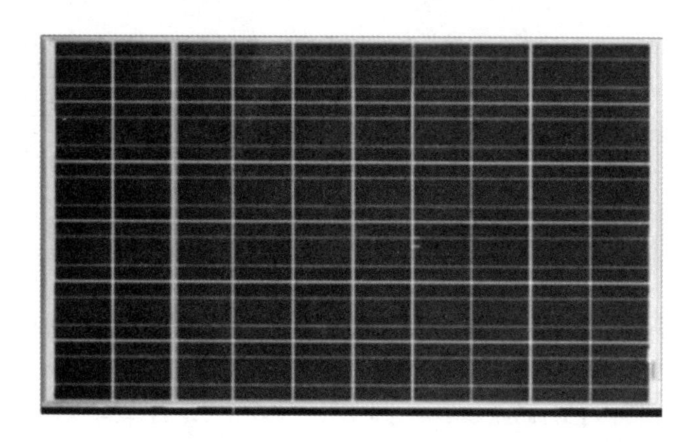

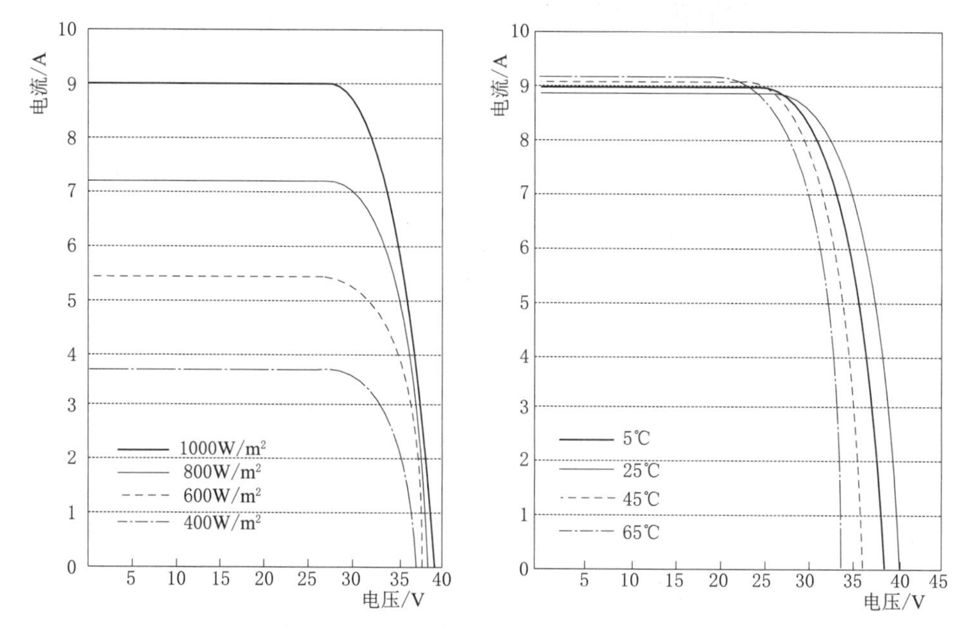

图 7-21　多晶光伏组件及输出特性

为主，即将光伏电池发出的电能给蓄电池充电，再由蓄电池通过充放电控制器直接给负荷供电，如我国西北地区使用较多的太阳能户用照明系统以及偏远地区的微波基站供电系统均为直流系统，最近几年，在一些用户相对集中的偏远地区，离网型 DC-AC 系统也发展很快。光伏发电的趋势是进入民用电力，但由于民用电力大多使用交流负荷，以直流电力供电的光伏发电系统很难普及推广，因此光伏逆变器成为技术关键。图 7-22 为一个可提供交流输出的离网型光伏发电系统。

逆变器与整流器正好相反，它使用具有开关特性的全控功率器件，通过一定的控制逻辑，由主控制电路周期性地对功率器件发出开关控制信号，再经变压器耦合升（或降）压、整形滤波就得到我们需要的交流电。一般中小功率的逆变器采用功率场效应管(MOSFET)、绝缘栅晶体管（IGBT），大功率的逆变器都采用可关断晶闸管（GTO）器件。

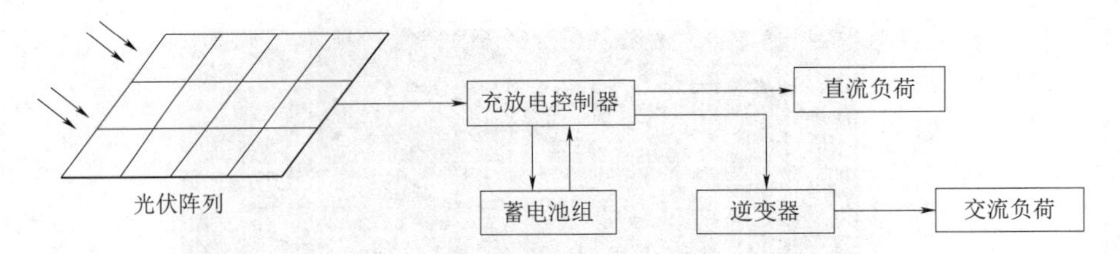

图7-22　离网型光伏发电系统

如图7-23所示，这是一个采用MOSFET功率开关管构成的最简单的逆变电路。其实质是推挽式逆变电路，将升压变压器的中性抽头接于正电源，两只功率场效应管SW1、SW2交替工作输出得到交流电力。由于功率晶体管共地连接，驱动及控制电路简单，另外由于变压器具有一定的漏感，可限制短路电流，因而提高了电路的可靠性。其缺点是变压器效率低，带感性负荷的能力较差，可以采用全桥式逆变电路避免。

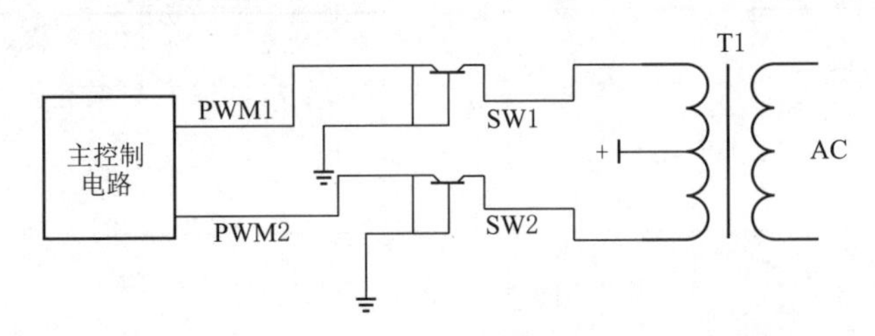

图7-23　由功率开关管构成的最简单的逆变电路

本书的光伏逆变器主电路的拓扑结构采用两级（DC-DC-AC）结构。

1. 逆变器指标

（1）效率。大功率逆变器在满载时，效率必须在90%或95%以上，中小功率逆变器在满载时也应在85%或者90%以上。电路设计、器件选择以及系统负荷的匹配性对逆变器效率有较大的影响。

（2）可靠性和可恢复性。目前光伏发电系统主要用于边远地区，许多电站无人值守和维护，这就要求逆变电源具备一定的抗干扰能力、环境适应能力、瞬时过载能力以及各种保护功能，如输入直流极性接反保护、交流输出短路保护、过热保护、过载保护等。

（3）直流输入电压有较宽的适应范围。由于光伏电池的端电压随负荷和光照强度而变化，蓄电池虽然对光伏电池的电压具有钳位作用，但由于蓄电池的电压随蓄电池剩余容量和内阻的变化而波动，特别是当蓄电池老化时，其端电压的变化范围很大，如12V蓄电池，其端电压可在11～17V变化，这就要求逆变电源必须在较大的直流输入电压范围内保持正常工作，并保证交流输出电压的稳定。

（4）逆变电源的输出应为失真度较小的正弦波。这是由于在中大容量系统中，若采用方波供电，则输出将含有较多的谐波分量，高次谐波将产生附加损耗，许多光伏发电系统的负荷为通信或仪表设备，这些设备对电网品质有较高的要求。另外，当中大容量的光伏发电系统并网运行时，为避免对公共电网的电力污染，也要求逆变器电源输出正弦波电流，并且要求孤岛检测保护响应快、可靠性好。

2. 并离网逆变器主要特性

（1）同步闭环控制功能。实时对外部电网电压、相位和频率等信号进行采样并比较，始终保证逆变器的输出与外部电网同步。

（2）MPPT 功能。逆变器的最基本功能，保证逆变器的电能最大化。

（3）自动关闭与运行功能。逆变器实时对外部电网电压、相位、频率、直流输入及交流输出的电压和电流等信号进行检测，当出现异常情况时会自动保护，断开交流输出；当故障原因消失，电网恢复正常时，逆变器会进行检测并延时一定时间后，才恢复交流输出并自动并网运行。

（4）保护功能。具有过电压、失压、过载、过流、漏电和短路保护的功能。

（5）通信功能。逆变器自带 RS485 与 RS232 通信接口，可以控制计算机进行信息交换，可以采用多种通信方式，包括电力载波通信、无线通信。通过数据的链接可以在计算机或数据采集器上显示测量到的光伏发电系统的各种运行参数并能计算发电量，自动生成报表。

（6）故障检测与报告输出功能。整个光伏发电系统所有并网的逆变器均设有故障检测与报告输出功能。

（7）安全性能。整个光伏发电系统采用的高性能逆变器，该逆变器具有过压保护、欠压保护、过载过流保护、速断保护、短路保护、漏电保护等保护功能，可以保证系统与设备正常运行，确保人身安全。

在并网条件下，逆变器采用 PQ 控制，协调分布式电源和储能设备共同向电网供电，根据给定的联络线功率控制目标实现光伏发电系统的可控运行，并充分保障光伏发电的最大化利用。

孤岛运行时逆变器采用 Vf 控制，孤岛运行时，储能装置需要维持微网的频率和电压，跟踪光伏发电系统输出功率和负荷波动。由于储能装置的能量存储有限，若系统中光伏发电系统或负荷波动较大，将会影响储能装置的充放电状态，进而会影响到微网孤岛运行时的动态行为。另外，由于进行联网和孤岛模式切换时，蓄电池双向逆变器将切换控制策略，并通过运行控制来调整蓄电池输出，以稳定光伏发电系统，尽量避免其被切除。

孤岛运行状态下逆变器根据负荷和光伏电池输出情况把多余的电能储存到蓄电池中，并网时蓄电池可以从电网上取电储存。

7.2.2.6　磷酸铁锂电池

磷酸铁锂电池参数见表 7-10。

表 7-10　　磷酸铁锂电池参数

项目	规　格
标称容量（数量）	180Ah、576W·h（138 只）
最大重量	5.6kg
电芯尺寸	最大厚度 68mm，最大宽度 280.5mm，最大长度 275mm（含极柱）
标称电压	3.2V
充电截止电压	(3.65±0.05)V

续表

项目	规　格
放电截止电压	(2.8±0.05)V
充电温度	−10～60℃
放电温度	−20～60℃
标准充电电流	C/3，3A
标准放电电流	C/3，3A
最大连续充电电流	2.0C，3A
最大连续放电电流	3.0C，3A
最大瞬间放电电流	5.0C，3A，<10s
常温循环性能	2000 次，≥80%（C/3，3A）
−20℃低温放电性能	≥80%（C/3，3A）
壳体耐温性	≤200℃
月自放电率	<3%
储存温度	−20～60℃
出货电压	3.2～3.4V
外观	电芯表面无破裂、划痕、变形、锈蚀、电解液泄漏等缺陷

磷酸铁锂电池充放电特性如图 7－24 所示。

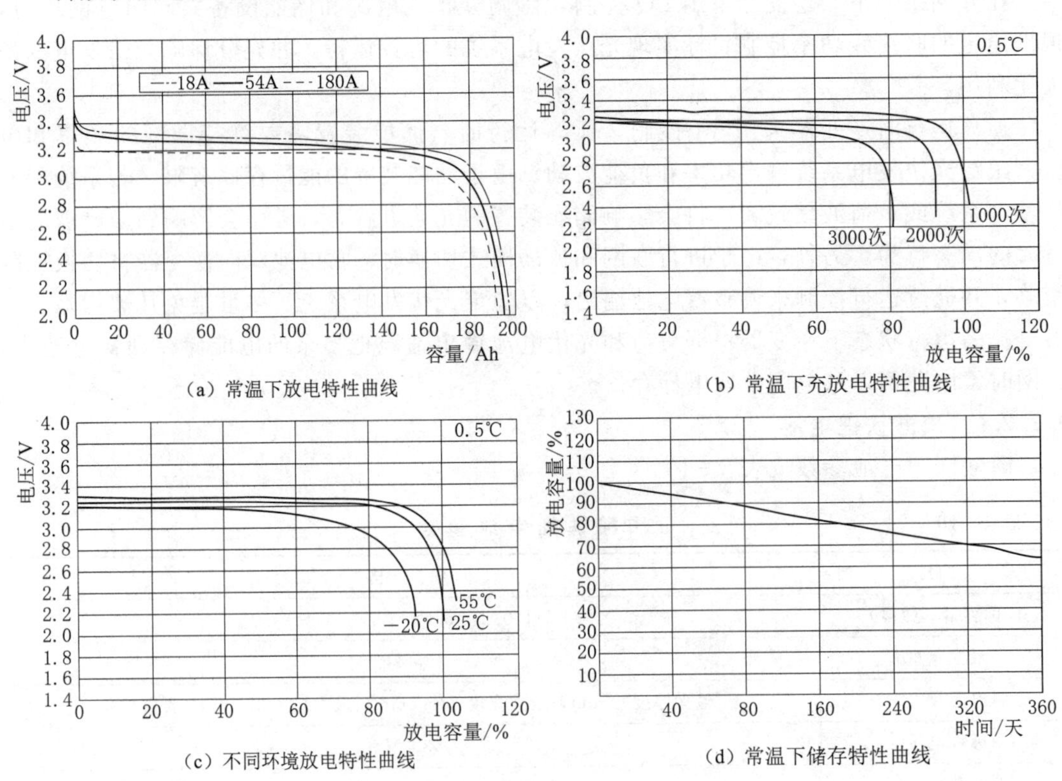

图 7－24　磷酸铁锂电池充放电特性

7.2.2.7 储能电池管理系统

储能电池管理系统有助于提高电池组的使用寿命、电池电压、电流和温度监控，避免过充、过放、过压、欠压等问题的发生；能量均衡管理，克服电池间的一致性差异，确保电池组的能量利用率。储能电池管理系统界面如图 7－25 所示。

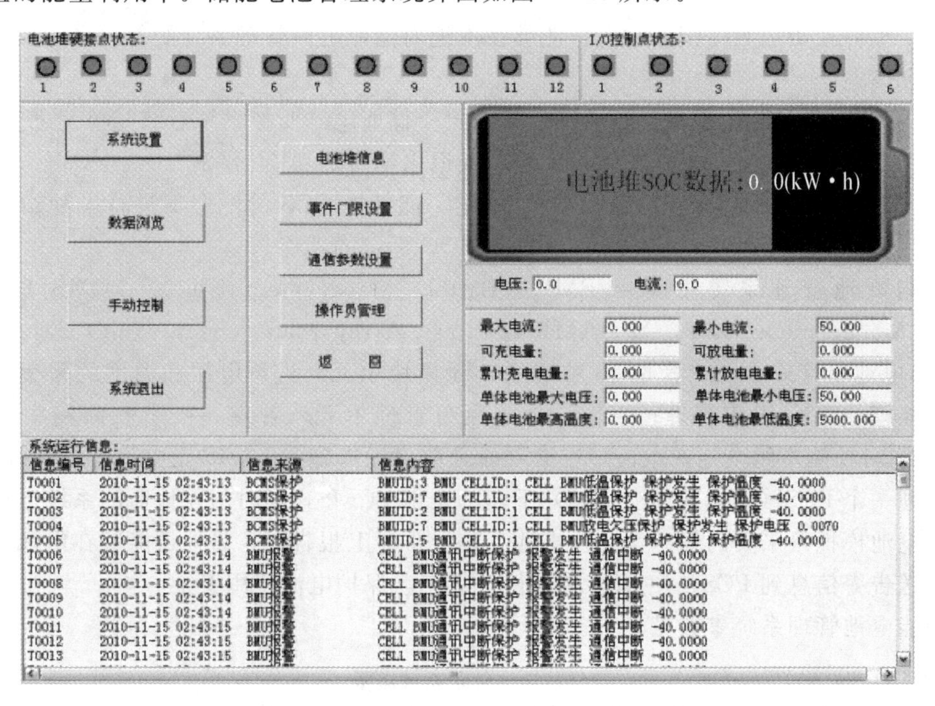

图 7－25 储能电池管理系统界面

此外，储能电池管理系统还有以下功能：

（1）电池模拟量高精度监测及上报功能，包括电池组串实时电压检测、电池组串充放电电流检测、单体电池端电压检测、电池组多点温度检测、电池组串漏电监测。

（2）电池系统运行报警、报警本地显示及上报功能，包括电池系统过压告警、电池系统欠压告警、电池系统过流告警、电池系统高温告警、电池系统低温告警、电池系统漏电告警、电池管理系统通信异常告警、电池管理系统内部异常告警。

（3）电池系统保护功能。在电池系统电压、电流、温度等模拟量出现超过安全保护阈值的情况时，将进行故障隔离，将问题电池组串退出运行，同时上报保护信息，并在本地进行显示。

（4）自诊断功能。在储能电池管理系统内部通信或与外部通信出现中断故障时，能够上报通信中断告警；针对模拟量采集异常等其他异常也具备故障自诊断、本地显示和上报就地监测系统的功能。

（5）均衡功能。具备大电流有源均衡功能，与传统小电流无源放电均衡有本质区别，均衡时并不产生热耗散，能够很好地维护电池组的一致性。

（6）运行参数设定功能。提供本地和远程两种方式对储能电池管理系统的各项运行参数进行修改，并提供修改授权密码验证功能。本地参数修改在储能电池管理系统本地触摸屏上完成，远程参数修改通过光纤以太网通信完成，储能电池管理系统提供参数修改使用的通信规约及命令字格式。

（7）本地运行状态显示功能。能够在本地对储能电池管理系统的各项运行状态进行显示。

（8）事件及历史数据记录功能。能够在本地对储能电池管理系统的各项事件及历史数据进行存储。

（9）电池组串接入/退出运行功能。能够接受储能电站监控系统对储能单元下发命令，利用功率接触器完成针对每个电池组串接入或退出运行的功能。

（10）电池管理系统容量标定及 SOC 标定。能够在 PCS 的配合下进行电池组的全充全放，完成储能电池管理系统容量标定以及 SOC 标定的功能。

储能电池管理系统主要由 BMU（Battery Management Unit）、BCMS（Battery Cluster Management Unit）和 BAMS（Battery Array Management Unit）模块组成：BMU 是电池组管理单元，管理 10 节串联电池模块单元，进行电压和温度的采集，对本单元电池模块进行均衡管理；BCMS 是电池组管理单元，管理一个串联回路中的全部 BMU，同时检测本组电池的电流，在必要时采取保护措施；BAMS 是电池阵列管理系统，负责管理一个 PCS（储能双向变流器）下辖的全部 BCMS，同时与就地监测系统通信，上报全部电池模拟量采集的信息，并在电池系统异常时上报告警，另外还能够在电池系统异常时发送告警信息到 PCS，使 PCS 转入待机状态，保护电池使用安全。

储能电池管理系统参数见表 7－11。

表 7－11　　储能电池管理系统参数

项　目	规　格	备　注
管理层级	二级	可扩展为三级
最大支持串数	512 串	
BAMS 管理节数	4～16 串	
BCMS 最大级联数	32 个	
电压采集范围	0～5V	
单体电压采集精度	±2‰	
总压精度	±2‰	
电流采集精度	±1%	
电流采集范围	±1000A	
SOC 精度	6%	估算方法实验室精度 3%
温度采集精度	±1℃	
温度采集范围	－40～125℃	
均衡电流	最大 1A	可同时开启 3 路均衡
数据存储容量	最大支持 2G	可存储 2 年的电池信息与故障信息
外部通信类型	CAN2.0/485/USB2.0 等	
工作输入电压	DC 12V/24V	
工作温度	－30～75℃	
存储温度	－45～125℃	

BCMS 界面如图 7 - 26 所示。

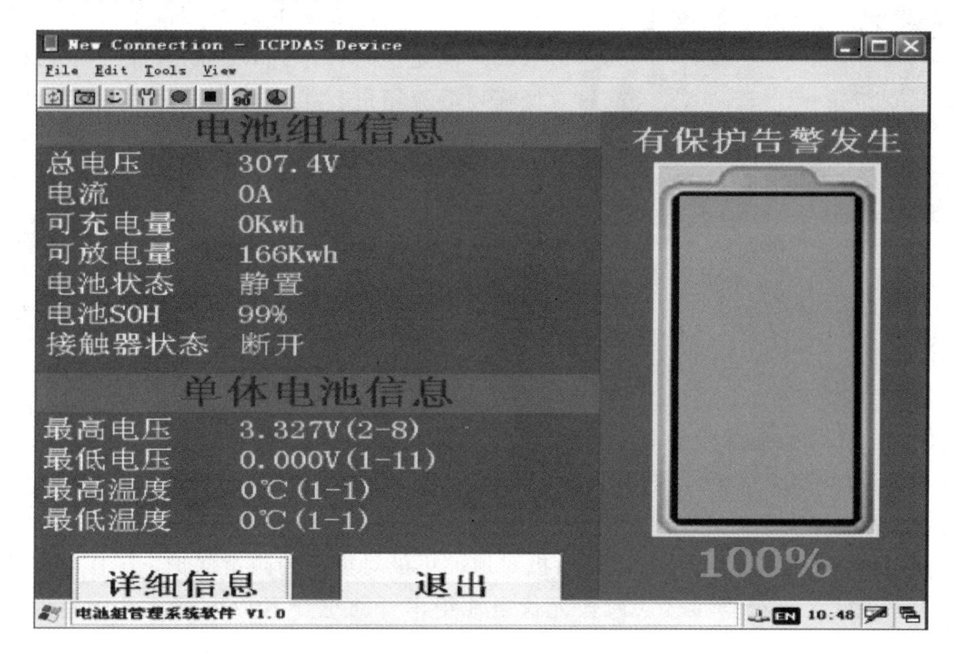

图 7 - 26 BCMS 界面

储能电池管理系统各部分功能见表 7 - 12。

表 7 - 12　　储能电池管理系统各部分功能

功能	描　　述
SOC 估计	采用 Joint EKF 算法，对回路 SOC 进行动态估计
电流检测	通过霍尔电流传感器，实现对回路充放电电流的实时检测
通信	外带 3 路 CAN 接口，可实现与 BMMS，能量转换器等进行通信，发送和接收指令
系统控制	BCMS 支持多路继电器与开关信号接口，满足客户多样化需求
报警与保护	当出现故障时，BCMS 可根据故障状态对回路实行相应的报警与保护，并可通过 LCD 屏显示故障类型
数据存储	BCMS 可将电池阵组的电压、温度、时间等记录下来，方便用户后期分析
绝缘监测	可检测电池组是否漏电，当发生漏电时，BCMS 可做出相应故障报警，严重时主动切断主回路（需配绝缘检测模块）
系统自检	系统上电后，可自身和 BMMS 工作状况进行检测，保证系统自身工作正常

7.2.2.8　光伏汇流箱

1. 概况

光伏汇流箱如图 7 - 27 所示，为满足光伏发电系统光伏组件连接方便、维护简单、可靠性高的需求，需要在光伏组件及逆变器之间增加汇流装置，光伏汇流箱为满足该需求提

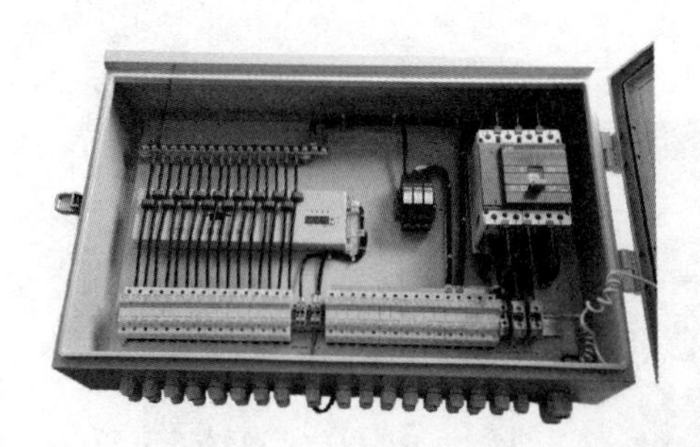

图7-27　光伏汇流箱

供了完美的解决方案，根据逆变器输入的直流电压范围，把一定数量的规格相同的光伏组件串联组成一个光伏组件串列，再将若干个串列接入光伏阵列汇流箱进行汇流，每个串列进来的电流可通过测量装置进行精确测量，通过防雷器与断路器后输出。光伏汇流箱同时能够对光伏阵列故障精确定位、报警，并能提供光伏阵列电压测量、光伏组件温度测量、防雷器状态监测、输出断路器状态监测等，极大地方便了对光伏汇流箱及光伏阵列运行状态的远程诊断。

2. 功能特点

光伏汇流箱采防护等级达到IP65，能满足室外安装要求的壁挂式密封型机柜。满足同时接入多达16路光伏电池组串，每个组串正负极均可带光伏专用熔断器。采用光伏专用直流熔断器，可对正负极同时保护；熔断器耐压达到直流1000V以上（含1000V）。采用光伏专用防雷器能满足正极对地、负极对地、正极对负极的防雷保护，工作电压达到直流1000V。光伏汇流箱能够接入最大光伏电池组串开路电压（最大直流电压）为1000V以上（含1000V）。

光伏汇流箱测控模块采用高性能、高可靠性的霍尔元件对每一路光伏组串进行电流监测，可对电流故障报警和本地故障定位，并通过RS485串口通信。可实现光伏阵列电流量的独立测量。分析电流量、对有故障的光伏阵列报警。光伏汇流箱测控模块可以实现光伏阵列的电压测量、光伏组件温度测量、防雷器及输出开关状态监测，通信接口部分设有防雷保护，能接收本地监控装置的参数下载，进行分析处理。光伏汇流箱通信供电可选择AC220V供电或者由光伏汇流箱本身提供直流电源，如采用光伏汇流箱本身提供电源，现场可以不需要针对供电单独布线。光伏汇流箱可以选择屏蔽双绞线通信或者无线通信，如果采用无线通信，现场不需要针对通信单独布线。

3. 技术参数

光伏汇流箱技术参数见表7-13。

表7-13　光伏汇流箱技术参数

型号	GHPV-CB系列
光伏阵列电压范围	200～1000V
光伏阵列并联输入路数	16路、12路、10路、8路、4路
每路光伏阵列最大电流	20A
防护等级	IP65
环境温度	-40～+75℃
环境湿度	0～99%
总输出断路器	是

续表

型号	GHPV-CB系列
断路器状态监测	是
防雷器状态监测	是
光伏专用防雷模块	是
直流电压监测	是
串列电流监测	是
串列电流监测工作温度	−30～+70℃
通信接口	RS485或无线（选配）
数码管显示	带数码管显示、显示电流、电压、温度、装置地址和装置状态等信息
装置是否可设置地址	可设
宽×高×深	850mm×530mm×190mm（定制）

7.2.2.9 光伏电缆

在光伏发电系统中，光伏电缆传输导线选用通过TUV、CE等认证的专业光伏电缆产品，该产品有阻燃和极低的烟释放量等特点，额定电压U_o/U=600/1000V(AC)、900/1500V(DC)，耐化学腐蚀，最高长期工作温度可达90℃。低温条件下的柔性保持，敷设时的环境温度在−40℃及以上时，敷设的最小弯曲度半径可达$4d$；当采用电缆沟敷设电缆时，电缆沟内必须充沙填实。电缆不得与油品、液化石油气和天然气管道、热力管道敷设在同一沟内；电力线路宜采用电缆并直埋敷设。电缆穿越行车道部分应穿钢管保护；电缆线路穿过不同危险区域时，交界处的电缆沟内应充砂、填阻火堵料或加设防火隔墙。保护管两端的管口处应将电缆周围用非燃性纤维堵塞严密，再填塞密封胶泥。

为了保证装饰效果美观，线缆隐蔽敷设，在不同位置做不同大小线槽。线槽之间与整个接地系统做牢靠连接，有防雷功能；各方阵的放入线缆方便连接，有足够的强度，线缆连接附件的防水、抗老化性强。

7.2.2.10 防雷设计

1. 外层装饰防雷措施

与建筑物主体避雷系统可靠连接，能够有效地将入侵雷导入大地。

2. 光伏电池防雷措施

光伏组件主要会受到直击雷和感应雷袭击。

（1）光伏组件防直击雷措施。

1）所有支架均采用等电位连接接地。

2）输电电缆上并接雷电浪涌保护器（直流部分、交流部分均设有浪涌保护）。

（2）光伏电池防感应雷措施。

1）对沿直流输入线侵入的感应雷保护。逆变器本身已经具有过电压保护功能，同时在光伏电池组件方阵的汇流箱内进行一级防雷保护，安装雷电过电压浪涌保护器。

2）对于沿交流输出线侵入的感应雷保护。安装过电压浪涌保护器，同时并接的外部电网系统也有防雷系统进行保护。

3）对所有的引入配电房的线槽金属外壳进行可靠的处理以消减雷电侵入的幅值。

4）接地体顶面埋设深度在设计文件无规定时，不宜小于0.6m。角钢及钢管接地体应垂直敷设。除接地体外，接地装置焊接部位应作防腐处理。

5）电气装置的接地应以单独的接地线与接地干线相连接，不得采用串接方式。

7.2.2.11　光伏支架设计

光伏阵列固定支架包括光伏组件固定支架。

（1）光伏组件支架正常使用年限不低于25年，防腐寿命不低于25年。

（2）固定支架主材采用Q235B型钢，钢材性能应满足《碳素结构钢》（GB/T 700—2006）和《优质碳素结构钢》（GB/T 699—2015）等规程规范要求，铝型材应满足《铝合金建筑型材》（GB/T 5237.1～6）等规程规范要求。

（3）光伏组件固定式支架如图7-28所示，电池组件板倾角为30°，根据基础型式设计上部支架结构型式。

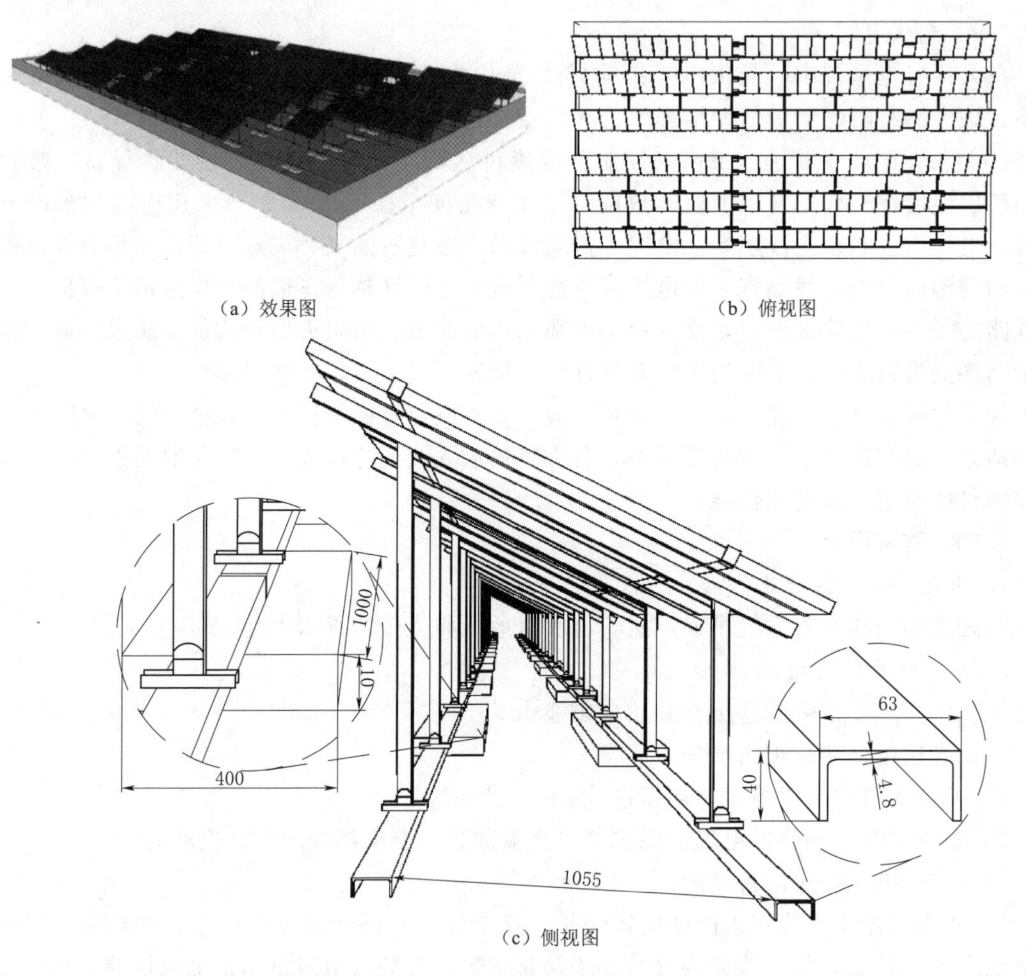

图7-28　光伏组件固定式支架（单位：mm）

（4）光伏组件固定式支架的设计风荷载抵抗应不小于40m/s，环境温度－5～＋45℃，抗震设防烈度为 7 度，基本地震加速度值为 0.15g。

（5）光伏支架碳素钢构件防腐蚀方案：构件均采用热镀锌防腐处理，且满足《金属覆盖层 钢铁制件热浸镀锌层 技术要求及试验方法》（GB/T 13912—2002）的要求。厚度不小于 80μm，对现场损伤的部位应补涂富锌涂层，厚度不小于 100μm。镀锌之前必须除锈，除锈等级 2.5 级，杆件加工后才能镀锌。因工艺要求须在构件上焊件时，应在镀锌前进行，全部螺栓亦要求热镀锌。

（6）光伏支架铝型材构件防腐蚀采用阳极氧化方案，氧化膜厚度应满足现行国家标准《铝合金建筑型材 第 2 部分：阳极氧化型材》（GB 5237.2—2017）中 AA20 级标准。单件氧化膜厚度不小于 20μm，单件局部氧化膜的厚度不小于 16μm。

（7）支架与混凝土相连的部位设计应能适应混凝土施工引起的误差，混凝土墩间的水平方向误差为±5mm，竖直方向误差为±10mm。

7.2.2.12 土建设计

（1）光伏电站岩土工程重要性等级为三级，场地复杂程度为三级（简单场地），地基复杂程度为三级（简单地基）。

（2）根据《中国地震动参数区划图》（GB 18306—2015），抗震设防烈度为 7 度，设计基本地震加速度值 0.15g，设计地震分组为第三组。

（3）按《建筑抗震设计规范》（GB 50011—2010）确定，场地土类型为坚硬场地土，建筑场地类别为Ⅰ类，为建筑抗震有利地段。抗震设防烈度为 7 度条件下，地表以下 20.0m 深度范围内无饱和砂土和粉土层，可不考虑场地液化。

（4）根据附近区域的地质勘探资料，工程场址的地基土层按地质时代、成因类型、土性的不同和物理力学性质的差异可分为：①棕红色黏土及粉质黏土；②褐红色细砂和粉砂，泥岩互层；③褐红色砾岩。

（5）场地地下水主要有孔隙水、裂隙水，地下水埋藏较深，基础开挖很难遇到，可以不考虑地下水对基础的影响。

（6）无冻土层。

（7）宜采用天然地基。如遇局部不良地基，需全部挖除，以中砂回填，垫层厚度每步 300mm，压实系数大于 0.95。

7.2.2.13 屋顶承重设计

1. 光伏组件具体安装情况

光伏组件安装情况见表 7-14。

表 7-14　　光伏组件安装情况

组件名称	组件尺寸/(mm×mm×mm)	组件重量/kg	组件数量/个	总重量/kg
单晶硅光伏组件	1638×982×40	20	84	1700
多晶硅光伏组件	1638×982×40	20	84	1700
合计		40	168	340

单晶硅光伏组件：84 块。

多晶硅光伏组件：84 块。

2. 光伏组件支架

槽钢：41mm×41mm×2.0mm，2.2kg/m；共需槽钢长度为760m，总重量2.2×760＝1672kg。

底座：0.78kg/个；共需底座204个，总重量0.78×204＝160kg。

组件压块：388个，总重量0.1×388＝39kg。

支架总重量：1672＋160＋39＝1871kg。

3. 混凝土底座重量

混凝土底座尺寸：1000mm×400mm×100mm。

混凝土底座数量：84。

混凝土底座密度：2500kg/m^3。

混凝土底座总重量：84×1×0.4×0.1×2500＝8400kg。

4. 槽钢重量

6.3号槽钢规格尺寸：63mm×40mm×4.8mm。

槽钢重量：6.635kg/m。

横向槽钢数量：长度6m，72根。

纵向槽钢数量：长度6m，28根。

槽钢总重量：6×(72＋28)×6.635＝3981kg。

5. 屋顶增加重量

3400kg＋1871kg＋8400kg＋3981kg＋500kg（其他）＝18152kg。

6. 光伏发电实验室建设项目屋顶承重计算

光伏阵列安装在西辅楼6楼顶，大楼朝向正南偏东25°，偏西方向有20层的试研院大楼，楼顶长约32m，宽18m，成长方形。

楼顶面积：32×18＝576m^2。

屋顶增加载荷计算：18152÷576＝32kg/m^2。

第8章

分布式微网实验系统并离网检测及调试

8.1 检测及调试参照标准

《晶体硅光伏组件设计鉴定和定型》(IEC 61215)

《光伏组件的安全性构造要求》(IEC 61730.1)

《光伏组件的安全性测试要求》(IEC 61730.2)

《光伏系统并网技术要求》(GB/T 19939—2005)

《光伏组件盐雾腐蚀试验》(EN 61701—1999)

《晶体硅光伏方阵 I-V 特性现场测量》(EN 61829—1998)

《光伏组件对意外碰撞的承受能力(抗撞击试验)》(EN 61721—1999)

《光伏组件紫外试验》(EN 61345—1998)

《光伏器件 第1部分:光伏电流-电压特性的测量》(GB 6495.1—1996)

《光伏器件 第2部分:标准太阳电池的要求》(GB 6495.2—1996)

《光伏器件 第3部分:地面用光伏器件的测量原理及标准光谱辐照度数据》(GB 6495.3—1996)

《晶体硅光伏器件的 I-V 实测特性的温度和辐照度修正方法》(GB 6495.4—1996)

《光伏器件 第5部分:用开路电压法确定光伏(PV)器件的等效电池温度(ECT)》(GB 6495.5—1997)

《光伏器件 第7部分:光伏器件测量过程中引起的光谱失配误差的计算》(GB 6495.7—2006)

《光伏器件 第8部分:光伏器件光谱响应的测量》(GB 6495.8—2002)

《晶体硅光伏(PV)方阵 I-V 特性的现场测量》(GB/T 18210—2000)

《光伏组件盐雾腐蚀试验》(GB/T 18912—2002)

《光伏(PV)组件紫外试验》(GB/T 19394—2003)

《机电产品包装通用技术条件》(GB/T 13384—2008)

《包装储运图示标志》(GB/T 191—2008)

《光伏(PV)组件安全鉴定 第1部分:结构要求》(GB/T 20047.1—2006)

《光伏(PV)组件安全鉴定 第2部分:试验要求》(GB/T 20047.2—2006)

《地面用太阳能电池标定的一般规定》(GB 6497—1986)

《地面用晶体硅光伏组件 设计鉴定和定型》(GB/T 9535—1998)

《光谱标准太阳电池》(GB 11010—1989)
《太阳电池电性能测试设备检验方法》(SJ/T 11061—1996)
《太阳电池组件的测试认证规范》(IEEE 1262—1995)
《光伏(PV)系统电网接口特性》(GB/T 20046—2006)
《光伏发电站接入电力系统技术规定》(GB/T 19964—2012)
《电工电子产品环境试验 第2部分：试验方法 试验A：低温》(GB/T 2423.1—2008)
《电工电子产品环境试验 第2部分：试验方法 试验B：高温》(GB/T 2423.2—2008)
《环境试验 第2部分：试验方法 试验Cab：恒定湿热试验》(GB/T 2423.3—2016)
《外壳防护等级(IP代码)》(GB 4208—2017)
《电能质量 公用电网谐波》(GB/T 14549—1993)
《电能质量 三相电压不平衡度》(GB/T 15543—2008)
《低压配电设计规范》(GB 50054—2011)
《电力工程电缆设计规范》(GB 50217—2018)
《建筑物防雷设计规范》(GB 50057—2010)
《分布式光伏发电系统接入电网技术规范》(Q/CSG 1211001—2014)

8.2 检测项目

检测对象与检测项目详细操作步骤见表8-1。

表8-1　检测对象与检测项目详细操作步骤

检测对象	检 测 项 目
光伏组件	(1) 外观检测是否完好。 (2) 光伏阵列安装(前后间距、安装角度、安装方位)。 (3) 常规电气参数检测(电压、电流),电气连接是否正确、完好。 (4) 光伏阵列接地及防雷。 (5) 光伏阵列机械安装是否牢固
电缆	(1) 电缆规格确定及外观检查(交直流电缆)。 (2) 直流侧电缆连接是否合格。 (3) 交流电缆连接是否合格。 (4) 通信电缆连接是否合格。 (5) 电缆敷设防护
光伏汇流箱	(1) 检查光伏汇流箱外观合格,光伏汇流箱内部接线满足设计要求,电缆标牌标识清晰。 (2) 光伏汇流箱应进行可靠接地,并具有明显的接地标识,设置相应的避雷器。 (3) 光伏汇流箱的防护等级设计应能满足使用环境的要求。 (4) 光伏检测模块检测功能及通信功能是否正常。 (5) 对输出总断路器及熔断器(底座)检测,检查其绝缘性能

续表

检测对象	检 测 项 目
光伏逆变器	(1) 设备表面不应有明显损伤，零部件应牢固无松动。 (2) 线缆安装应牢固、正确，无短路，着重检测输入侧及输出侧断路器。 (3) 接入的直流电缆正负极位置及输出电缆相序是否正确。 (4) 根据逆变器实际运行要求设置相关参数，运行参数功能是否正常。 (5) 逆变器与上位机通信功能。 (6) 柜体的防护等级是否满足实际接线的需求
监控系统	(1) 对于所要监控设备是否完整。 (2) 对于监控数据采集是否准确，是否可以形成报表、曲线。 (3) 是否具备发电量检测功能。 (4) 监控系统与各子系统通信畅通

分布式光伏发电系统试验项目详细内容见表 8-2。

表 8-2　　分布式光伏发电系统试验项目详细内容

序号	项目名称	试验目的	试验方法	所需系统条件	所需测量
1	储能逆变器系统并网试验及电能质量分析仪挂网运行	检验光伏发电系统能否并网运行及电能质量是否满足技术规范		(1) 400V 系统正常运行。 (2) 电能质量分析仪	电能质量指标
2	并网运行方式下				
2.1	光伏电池或储能电池并/退网试验	并网状态下（光伏组件和储能电池都是并网状态），光伏电池或储能电池并/退网功能是否正常，并/退网过程中是否会有系统冲击		400V 系统正常运行	(1) 观察汇流箱电流。 (2) 观察 DC-DC 变换器输出。 (3) 逆变器输出功率
2.2	电网向储能电池充电试验	检验在并网运行情况下，电网对储能电池的充电功能是否正常		400V 系统正常运行	(1) 储能电池电压在逐渐升高，监控显示充电电流。 (2) 用钳流表检测储能电池的电源线，可检测到充电电流
3	并/离网切换				
3.1	手动断开 41413 和 QF1 模拟市电掉电	检验光伏电池+储能电池供电情况下，储能逆变器离网运行功能是否正常	手动从操作相关开关	储能逆变系统能正常运行	电能质量指标
3.2	手动断开 QF1 和 41413 模拟市电掉电	检验调整 QF1 和 41413 动作顺序，确保储能逆变器能转换到离网运行模式	手动从操作相关开关	储能逆变系统能正常运行	电能质量指标

续表

序号	项目名称	试验目的	试验方法	所需系统条件	所需测量
4	离网运行方式下（负荷小于输出功率）				
4.1	光伏电池和储能电池投/切试验	光伏电池或储能电池切后，孤岛能否稳定运行		（1）电能质量分析仪。 （2）离网运行状态。 （3）储能电池充满电。 （4）纯阻性负荷	（1）电能质量参数。 （2）负荷能否正常运行
4.2	负荷的投/切试验	负荷变化后，孤岛系统能否稳定运行		（1）电能质量分析仪。 （2）离网运行状态。 （3）储能电池未达到过放电压。 （4）两组纯阻性负荷	（1）电能质量参数。 （2）负荷能否正常运行
4.3	光伏电池向储能电池充电试验	检验电网对储能电池的充电功能是否正常		离网运行状态	（1）电能质量参数。 （2）储能电池电压在逐渐升高，监控显示充电电流
5	离网运行方式下（负荷大于输出功率）				
5.1	切储能电池试验	孤岛系统电能质量会下降（电压降低），检验储能逆变器是否会保护停机		离网运行状态	
5.2	切光伏电池试验	切光伏电池后，孤岛内的负荷可能大于储能电池最大功率输出，此时孤岛系统会如何		离网运行状态	
6	并网、离网运行工况下逆变器转换效率测试试验	检验逆变器的转换效率是否满足合同技术要求			

8.3　检测细则及方法

8.3.1　光伏组件

（1）外观检测是否完好。

方法：目测。

细则：光伏组件正面有无明显的损坏（重点检测：正面的钢化玻璃是否破裂、金属边框是否变形、内部光伏电池片是否有灼热痕迹）；光伏组件背面有无明显损坏（重点检测：光伏组件背面接线盒、输电电缆及接头）。

（2）光伏阵列安装（前后间距、安装角度、安装方位）。

方法：使用尺子测量。

细则：前后间距1600mm左右（详细情况参阅设计图纸），安装角度26°（左右详细情况参阅设计图纸），安装方位角为正南偏东19°左右，如图8-1所示。

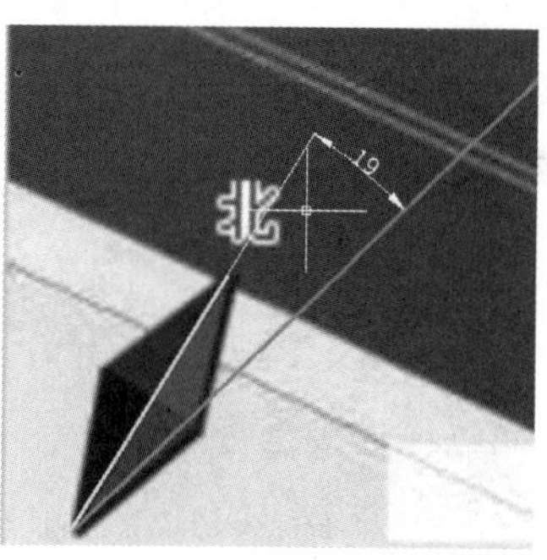

图8-1 光伏阵列安装位置图示

（3）常规电气参数检测（电压、电流），电气连接是否正确、完好。

方法：常规电气参数检测（电压、电流）；电气连接是否正确、完好。

细则：使用万用表测量每块光伏组建及串并联连接后电气参数。单晶硅、多晶硅光伏电池参数见表8-3和表8-4。光伏组件为单晶硅光伏电池，效率为15.85%。

表8-3　　单晶硅光伏电池参数

尺寸 /(mm×mm×mm)	额定功率 /W	额定电压 /V	额定电流 /A	开路电压 /V	短路电流 /A	数量 /块
1638×982×40	255	30.5	8.35	37.7	8.87	84（17串、5并）

表8-4　　多晶硅光伏电池参数

尺寸 /(mm×mm×mm)	额定功率 /W	额定电压 /V	额定电流 /A	开路电压 /V	短路电流 /A	数量 /块
1638×982×40	250	30.1	8.30	37.2	8.87	84（17串、5并）

光伏组件为多晶硅光伏电池，效率为15.54%。

检测图8-2所示的光伏组件背面的接线盒，确认该接线盒上的输出导线正负极正确、完好。

系统的连接方式为：单晶硅阵列为84块组件（每18块首尾串联成一串，其电压为DC549V），多晶硅阵列为84块组件（每18块首尾串联成一串，其电压为DC541.8V）。

最后仔细检查光伏组件连接插头及导线是否完好。

（4）光伏阵列接地及防雷。组件以及组件支架应该确认接地；导电连接中的接点应该固定；导电连接中使用的含铁金属应做防腐处理，以防止生锈。光伏阵列接地网必须与建

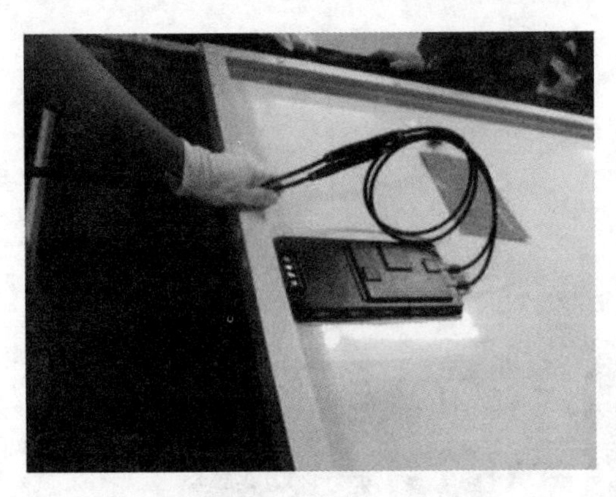

图8-2 光伏组件背面接线盒

筑物接地作为整体（最好连接到防雷带上）。

（5）光伏阵列机械安装是否牢固。着重检查支架固定位置是否松动（螺栓连接处、及焊接处）；光伏支架是否做过防腐处理。

8.3.2 电缆

（1）电缆规格确定及外观检查（交直流电缆）。

方法：目测。

细则：电缆接头及电缆本身无损伤。

（2）直流侧电缆连接是否合格。

方法：核定使用的电缆品牌及规格。

细则：连接电缆应采用耐火、耐紫外辐射、阻燃等抗老化的电缆，并使用1000VDC耐压检测。

（3）交流侧电缆连接是否合格。

方法：核定使用的电缆品牌及规格。

细则：使用500VDC耐压检测。

（4）通信电缆连接是否合格。

方法：核定使用的电缆品牌及规格。

细则：重点对照说明书是否具备抗电磁干扰功能。

（5）电缆敷设防护。

交直流电缆敷设必须注意隔离保护原则，坚决杜绝混接现象；每根交直流电缆必须以颜色及标记区分电缆走向、出处、相序、正负极；连接电缆的线径应满足方阵各自回路通过最大电流的要求，以减少线路的损耗；电缆与接线端应采用连接端头，并且有抗氧化措施，连接紧固无松动。

8.3.3 光伏汇流箱

光伏汇流箱结构如图7-27所示。

（1）检查光伏汇流箱外观合格，光伏汇流箱内部接线满足设计要求，电缆标牌标识清晰。

方法：目测。

细则：箱体及主要元器件无损伤、电缆连接处有连接标识。

（2）光伏汇流箱应进行可靠接地，并具有明显的接地标识，设置相应的避雷器。

方法：目测。

细则：仔细检查光伏汇流箱内的接地标识，以及相应的避雷器。

（3）光伏汇流箱的防护等级设计应能满足使用环境的要求。

方法：目测。

细则：对照说明书仔细核对。

(4) 光伏检测模块检测功能及通信功能是否正常。

方法：与监控软件对接检查。

细则：对照说明书仔细核对。

(5) 对输出总断路器及熔断丝（底座）检测，并检查其绝缘性能。

方法：针对输出总断路器及熔断丝（底座）检测参照说明书及设计图纸核对，并使用1000VDC兆欧表对其进行正负极之间、与箱体之间进行耐压试验。

细则：对输出总断路器规格及熔断丝（底座）检测进行规格核对；使用1000VDC兆欧表对其进行正负极之间、与箱体之间进行耐压试验，观察是否满足200MΩ绝缘要求（必须注意所有电子设备必须断开）。

8.3.4 光伏逆变器

(1) 设备表面不应有明显损伤，零部件应牢固无松动。

方法：目测。

细则：运行前确保机箱内部干净、整洁，无螺钉、螺母、垫片，无工具杂物遗落在机箱内部或其他危及设备正常运行的地方；确定接线准确牢固，无短接等不良状况。

(2) 线缆安装应牢固、正确，无短路，着重检测输入侧及输出侧断路器。

方法：仔细查看。

细则：请电气工程专业的人员进行接线，防止错误的接线造成机器损坏；接地端子一定要可靠接地，错误操作有触电危险；接线时，务必确保接线正确；勿直接触摸端子或电路板，勿短接端子，错误的操作有触电、火灾、设备损害的危险；直流输入正负极不能接反，闭合直流开关前用万用表测量；接线作业时，一定要将拧下的螺母、螺栓、垫片收集好，不能落入机器内部。必要时加防尘罩，以保证安装中无异物进入柜体内。

(3) 接入的直流电缆正负极位置及输出电缆相序是否正确。

方法：仔细查看。

细则：所有线缆从机箱底部的地沟进入并网电源底部的接线孔，接到端子上，确保压紧，否则会有打火现象。

接线方法：直流输入接线与接地线：①断开直流开关，保证直流侧接线不带电，用万用表测量确认；②将线缆直接压在端子上；③确认正负极接线端；④地线必须接到设备的接地端子上，如图8-3所示。

交流电网接线：①断开交流开关，保证交流侧接线不带电，用万用表测量确认；②交流输出的“A、B、C、N”分别对应连到电网的“A、B、C、N”，如图8-4所示。

图8-3 设备接地端子

(4) 根据逆变器实际运行要求设置相关参数，运行参数功能是否正常。

方法：仔细观察运行参数的变化，并参照

图 8-4　交流电网接线

系统设计图核对。

细则：仔细观察逆变器指示灯的变化，绿灯为并网或离网灯，灯亮表示连接到电网或离网且正常工作；红灯为故障或报错提示灯。

（5）逆变器与上位机通信功能。

方法：与监控软件对接检查。

细则：对照说明书及监测运行参数仔细核对。

方法：准备万用表检查每只二次仪表对应的支路，对比两者测量误差。

8.3.5　监控系统

（1）对于所要监控设备是否完整。

方法：针对监控软件查看监测系统监测对象的完整性。

（2）对于监控数据采集是否准确，是否可以形成报表、曲线。

方法：查看监测系统对于监测得到的数据是否可以形成报表及相关曲线。

（3）是否具备发电量检测功能。

方法：查看监测系统是否具备系统整体发电量计算能力。

（4）监控系统与各子系统通信畅通。

方法：启动软件查看、各监控对象的检查。

细则：检查各传感设备接口、通信线路连接是否正常；检查数据采集器和各类传感器的电源线是否接好；检查太阳辐射仪上罩盖是否揭开；检查逆变器和负荷检测电能表的通信接线是否正确；启动监控系统，观察各监测数据是否正常。

8.3.6　BMS 及 PCS 连接电缆

（1）电缆规格确定及外观检查（交直流电缆）。

方法：目测。

细则：电缆接头、及电缆本身无损伤。

（2）直流侧电缆连接是否合格。

方法：核定使用的电缆品牌及规格

细则：连接电缆应采用耐火、耐紫外辐射、阻燃等抗老化的电缆，并使用 1000VDC 耐压检测。

（3）交流电缆连接是否合格。

方法：核定使用的电缆品牌及规格。

细则：使用 500VDC 耐压检测。

（4）通信电缆连接是否合格。

方法：核定使用的电缆品牌及规格。

细则：重点对照说明书是否具备抗电磁干扰功能。

（5）电缆敷设防护。

细则：交直流电缆敷设必须注意隔离保护原则，坚决杜绝混接现象；每根交直流电缆必须以颜色及标记区分电缆走向、出处、相序、正负极；连接电缆的线径应满足方阵各自回路通过最大电流的要求，以减少线路的损耗；电缆与接线端应采用连接端头，并且有抗氧化措施，连接紧固无松动。

8.3.7 逆变器

（1）设备表面不应有明显损伤，零部件应牢固无松动。

方法：目测。

细则：运行前确保机箱内部干净、整洁，无螺钉、螺母、垫片，无工具杂物遗落在机箱内部或其他危及设备正常运行的地方；确定接线准确牢固，无短接等不良状况。

（2）线缆安装应牢固、正确，无短路，着重检测输入侧及输出侧断路器。

方法：目测，使用万用表测量。

细则：请电气工程专业的人员进行接线，防止错误的接线造成机器损坏；接地端子一定要可靠接地，错误操作有触电危险；接线时，务必确保接线正确；勿直接触摸端子或电路板，勿短接端子，错误的操作有触电、火灾、设备损害的危险；直流输入正负极不能接反，闭合直流开关前用万用表测量；接线作业时，一定要将拧下的螺母、螺栓、垫片收集好，不能落入机器内部。必要时加防尘罩，以保证安装中无异物进入柜体内。

（3）接入的直流电缆正负极位置及交流电缆相序是否正确。

方法：仔细查看。

细则：所有线缆从机箱底部的地沟进入电源底部的接线孔，接到端子上，确保压紧，否则会有打火现象。

（4）根据逆变器实际运行要求设置相关参数，运行参数功能是否正常。

方法：仔细观察运行参数的变化，并参照系统设计图核对。

细则：仔细观察逆变器的指示灯的变化，POWER灯为电源灯，灯亮表示储能变流器处于带电状态；RUN灯为运行灯，灯亮表示逆变器处于工作状态；FAULT灯为故障灯，灯亮表示逆变器有故障。

（5）储能变流器与上位机通信功能。

方法：与监控软件对接检查。

细则：对照说明书及监测运行参数仔细核对。

8.3.8 BMS电池管理模块

（1）检查箱体外观合格，箱体内部接线满足设计要求，电缆标牌标识清晰。

方法：目测。

细则：箱体及主要元器件无损伤、电缆连接处有连接标识；根据设计要求使用，具体参数详见说明书。

（2）箱体应进行可靠接地

方法：目测。

细则：仔细检查箱体“系统供电”端子处接地线是否与箱体可靠连接。

(3) 电缆规格确定及外观检查。

方法：目测。

细则：电缆接头及电缆本身无损伤；连接电缆应采用耐火、耐紫外辐射、阻燃等抗老化的电缆；通信电缆是否具备抗电磁干扰功能；电缆与接线端应采用连接端头，并且有抗氧化措施，连接紧固无松动。

(4) 通信功能是否正常。

方法：与监控软件对接检查。

细则：对照说明书仔细核对。

(5) 触摸屏显示是否正常。

方法：通电，目测。

细则：对照说明书仔细核对。

8.4 系统启动调试

储能逆变器系统及电能质量分析仪并网步骤如下：

(1) 按系统接线图完成接线工作。

(2) 检查4211、4232、QF1、Q1、Q2、Q3、Q4处于断开状态。

(3) 接电能质量分析仪。

(4) 闭合4211，再闭合QF1，再闭合4232。

(5) 检查负荷交流母线电压，Q1、Q2、Q3电压。

(6) 在直流电压和交流电压正常情况下，闭合Q1、闭合Q2、闭合Q3、闭合Q4，系统自动并网。

8.5 并网运行方式下调试

8.5.1 光伏电池和储能电池并/退网试验

1. 试验目的

并网状态下（光伏组件和储能电池都是并网状态），光伏电池并/退网功能是否正常，并/退网过程中是否会有系统冲击。

2. 试验条件

储能逆变器正常并网运行、试验电机（3kW）正常、小太阳烤火器（1kW）正常。

3. 试验仪器

电能质量分析仪。

4. 试验风险分析与应对措施

风险分析：风险小。

5. 试验参数

读取逆变器控制柜数据。

6．数据记录

后台监控显示拷屏、储能逆变器监控拷屏。

7．试验判据

（1）储能逆变器正常运行条件下，光伏电池退网过程中，储能逆变器应正常运行。

（2）光伏电池和储能电池并网或退网，电能质量指标在允许波动或变化范围内。

8．试验初始状态

储能逆变器正常运行，4211、QF1、Q1、Q2、Q3、Q4、4232 处于合上位置。

9．试验步骤

（1）断开储能电池在储能逆变器中的 Q3，检查储能电池电流输出是否为 0，检查电能质量指标。

（2）断开光伏电池在储能逆变器中的 Q1、检查交流电压偏差指标和电能质量指标。

（3）合上光伏电池在储能逆变器中的 Q1。

（4）断开光伏电池在储能逆变器中的 Q2，检查交流电压偏差指标和电能质量指标。

（5）合上光伏电池在储能逆变器中的 Q2。

（6）闭合储能电池在储能逆变器中的 Q3，恢复光伏发电系统并网状态。

（7）试验完毕。

10．试验数据

图 8－5 为光伏电池和储能电池共同对电网输电；图 8－6 为储能电池柜监视屏，储能电池的充放电可以人为设定。

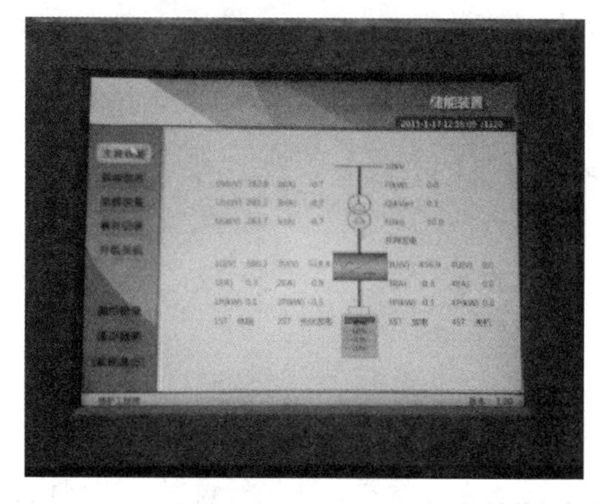

图 8－5　光伏电池和储能电池共同对电网输电

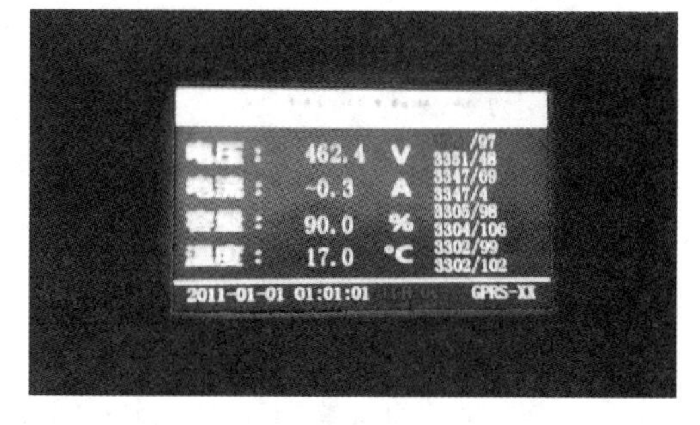

图 8－6　储能电池柜监视屏

图 8－7 为光伏电池单独对电网输电模式。

8.5.2　电网向储能电池充电试验

1．试验目的

检验在并网运行情况下，电网对储能电池的充电功能是否正常。

2．试验条件

储能逆变器正常运行。

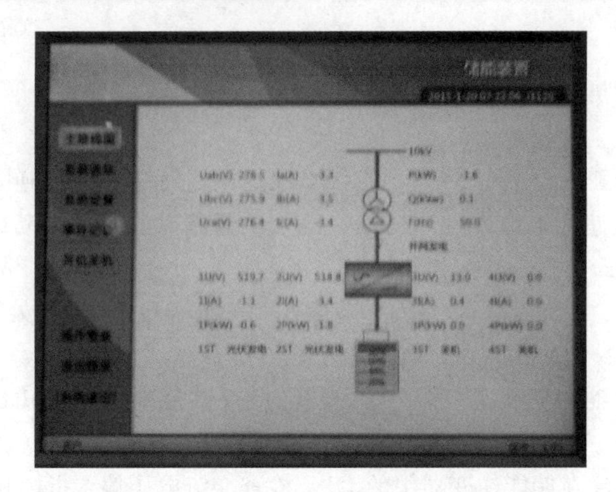

图 8 - 7　光伏电池单独对电网输电

3. 试验仪器

钳流表。

4. 试验风险分析与应对措施

风险分析：风险小。

5. 试验参数

读取逆变器柜数据：

6. 数据记录

后台监控显示拷屏、储能逆变器监控拷屏、钳流表数据。

7. 试验判据

(1) 储能电池电压在逐渐升高，监控显示充电电流。

(2) 用钳流表检测储能电池的电源线，可检测到充电电流。

8. 试验初始状态

储能逆变器正常运行，负荷正常运行，4211、QF1、Q1、Q2、Q3、Q4、4232 处于合上位置。

9. 试验步骤

(1) 断开光伏电池在储能逆变器中的 Q1 及 Q2。

(2) 在监控屏的设置功能中，把 DC3 的充电功率进行设置，并执行设置；功率设置为负值则表示电池放电，功率设置为正值则表示电池充电，能量来源是电网。

(3) 恢复原始设置，电网停止对储能电池进行充电。

(4) 闭合光伏电池在储能逆变器中的 Q1 及 Q2。

(5) 试验完毕。

注：(1) 如保持光伏电池在储能逆变器中的 Q1 及 Q2 闭合，则储能电池充电的能量来源可能是光伏或者电网。断开光伏电池开关，保证本次试验由电网给储能电池充电。

(2) 储能逆变器对储能电池的自动充电的控制策略为：并网运行情况下，光伏电池和电网共同给蓄电池充电，当蓄电池充电容量到达 99%时，储能电池开始浮充；光伏电池多余的电能并网送出。

10. 试验数据

图 8-8 为并网情况下，光伏电池单独对储能电池充电（储能电池的充放电功率可以人为设定，此时充电设定为 0.3kW），并把多余的电能送到公共电网上；图 8-9 为并网情况下，光伏电池和电网共同对储能电池充电。

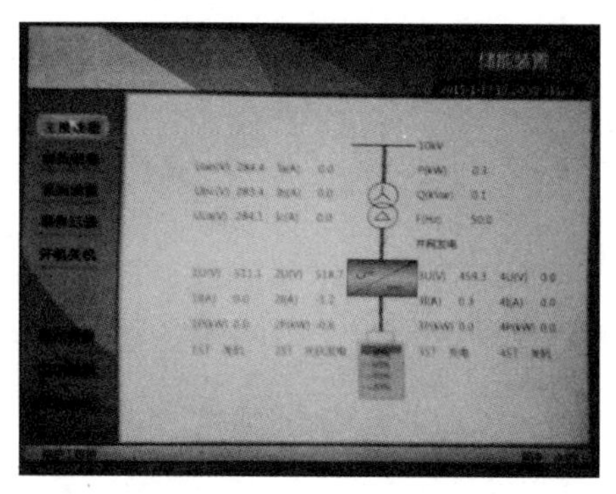

图 8-8 光伏电池给储能电池充电

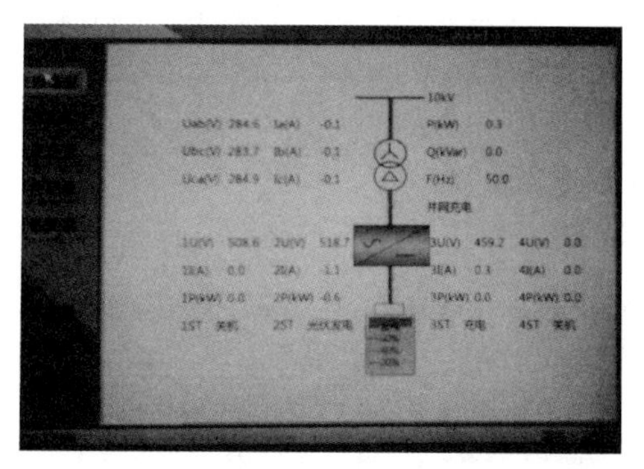

图 8-9 电网和光伏电池共同给蓄电池充电

8.6 并/离网切换调试

8.6.1 模拟市电掉电

1. 试验目的

在负荷小于光伏功率的情况下，检验光伏电池+储能电池供电情况下，储能逆变器离网运行功能是否正常。

2. 试验条件

储能逆变系统正常运行，试验电机（3kW）正常、小太阳烤火器（1kW）正常。

3. 试验仪器

电能质量分析仪、模拟市电掉电设备。

4. 试验风险分析与应对措施

风险分析：离网工作时电网不能突然加入。

应对措施：逆变器柜 Q4 需有人看守，不能随便动作。

5. 试验参数

读取逆变器柜数据。

6. 数据记录

后台监控显示拷屏、储能逆变器监控拷屏。

7. 试验判据

（1）储能逆变器在模拟市电掉电的情况下，从并网模式转至待机模式，再转为离网工作模式。逆变器经历正常交流输出—停止输出—恢复输出。

（2）储能逆变器在模拟市电恢复的情况下，从离网模式转至待机模式，再转为并网工作模式。逆变器经历正常交流输出—停止输出—恢复输出。

8. 试验初始状态

储能逆变器正常运行，Q1、Q2、Q3、Q4 处于合上位置，模拟市电掉电设备正常。

9. 试验步骤

（1）断开逆变器控制柜 Q4 开关，交流 400V 系统掉电（负荷掉电）。

（2）检查储能逆变器从并网进入待机模式，如图 8－10 所示。

（3）断开模拟市电掉电设备断路器（白色空开），如图 8－11 所示。

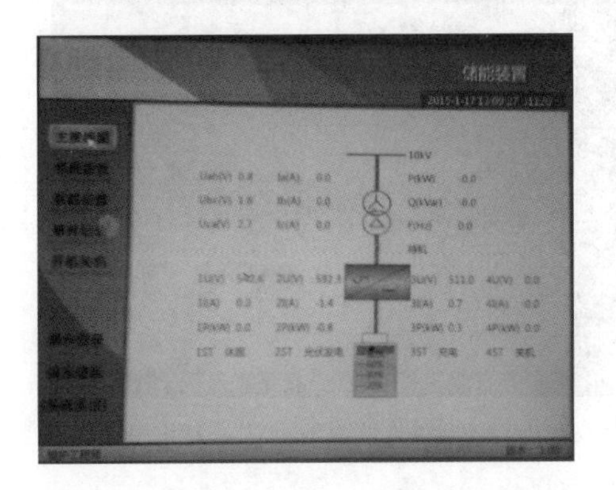

图 8－10　储能逆变器从并网进入待机模式

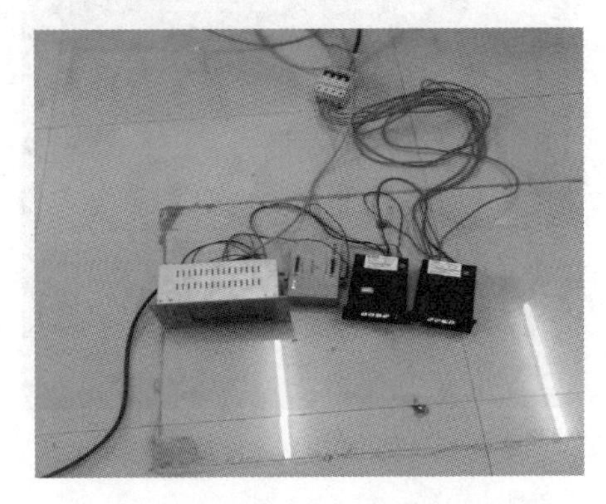

图 8－11　断开模拟市电掉电设备断路器（白色空开）

（4）检查储能逆变器是否从待机模式自动开机进入离网模式，如图 8－12 所示。

（5）检查负荷工作是否正常，检查电能质量指标，如图 8－13 和图 8－14 所示。

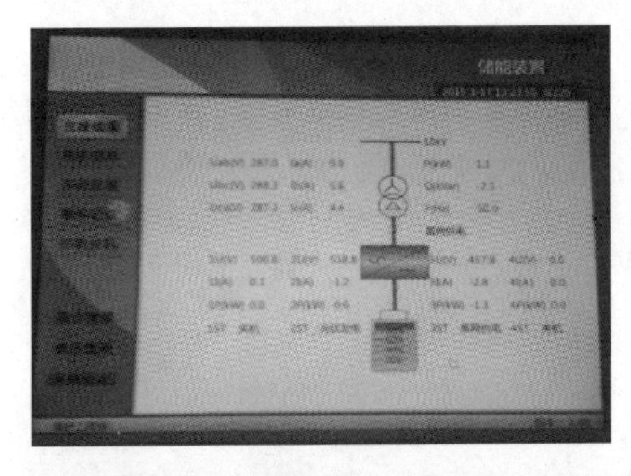

图 8－12　储能逆变器从待机模式自动开机进入离网模式

图 8－13　实验室负荷

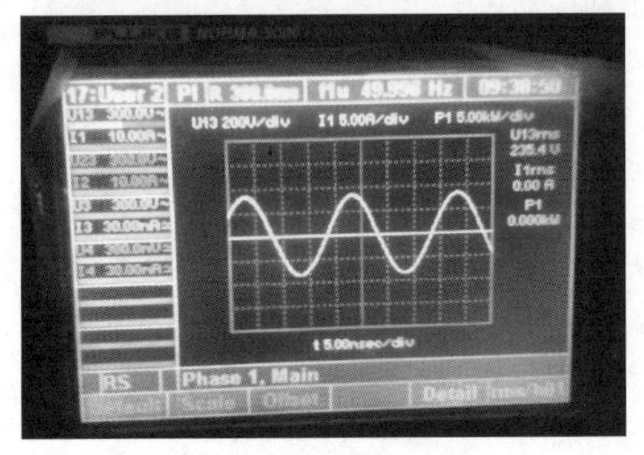

图 8－14　负荷电能质量指标

（6）试验完毕。

10. 恢复并网状态

试验完毕后，系统从离网状态恢复到并网状态的步骤：

（1）初始状态：Q1、Q2、Q3、Q4 开关处合上位置，模拟市电掉电设备白色断路器断开位置。

（2）闭合模拟市电掉电设备白色断路器断开位置。

（3）检查储能逆变器从离网进入待机模式，负荷是否掉电。

（4）闭合配电柜Q4。

（5）检查储能逆变器从待机模式，自动开机进入并网模式。

（6）试验结束。

8.6.2 并网切换到离网

1. 试验目的

检验光伏电池＋储能电池供电情况下，储能逆变器离网运行功能是否正常。

2. 试验条件

储能逆变系统正常运行。

3. 试验仪器

电能质量分析仪。

4. 试验风险分析与应对措施

风险分析：离网工作时电网不能突然加入。

应对措施：一楼4211和QF1需有人看守，不能随便动作。

5. 试验参数

无。

6. 数据记录

后台监控显示拷屏、储能逆变器监控拷屏。

7. 试验判据

（1）储能逆变器在模拟市电掉电的情况下，从并网模式转至待机模式，再转为离网工作模式。逆变器经历正常交流输出—停止输出—恢复输出。

（2）储能逆变器在模拟市电恢复的情况下，从离网模式转至待机模式，再转为并网工作模式。逆变器经历正常交流输出—停止输出—恢复输出。

8. 试验初始状态

储能逆变器正常运行，4211、QF1、Q1、Q2、Q3、Q4、4232处于合上位置。

9. 试验步骤

（1）断开总配电柜4211，交流400V系统掉电（负荷掉电）。

（2）检查储能逆变器从并网进入待机模式（从检测失电到待机需要多长时间时间），并检查QF1是否在合闸位置。

（3）断开配电柜QF1。

（4）检查储能逆变器是否从待机模式自动开机进入离网模式。

（5）检查负荷工作是否正常，电能质量指标。

（6）试验完毕。

10. 恢复并网状态

本试验完毕后，系统从离网状态恢复到并网状态的步骤：

（1）开关初始状态：4211、QF1断开，Q1、Q2、Q3、Q4、4232处于合上位置。

（2）闭合总配电柜4211开。

（3）检查交流系统是否有电。

（4）检查储能逆变器从离网进入待机模式，负荷是否掉电。

（5）闭合配电柜 QF1。

（6）检查储能逆变器从待机模式，自动开机进入并网模式。

（7）试验结束。

8.6.3　4211 开关断开 QF1 未断开

1. 试验目的

检验在远方掉电但 4211 和 QF1 未断开的情况下，确保储能逆变器不能转换到离网运行模式。

2. 试验条件

（1）储能逆变系统并网运行。

（2）需明确远方掉电位置。

3. 试验仪器

电能质量分析仪，万用表。

4. 试验风险分析与应对措施

风险分析：远方掉电但 4211 和 QF1 断开，远方有突然来电的风险。

应对措施：远方掉电操作开关需有人看守，不能随便动作。

5. 试验参数

无。

6. 数据记录

后台监控显示拷屏、储能逆变器监控拷屏。

7. 试验判据

储能逆变器在远方模拟市电掉电的情况下，应从并网模式转至待机模式，但不能再转为离网工作模式。逆变器经历正常交流输出—停止输出。

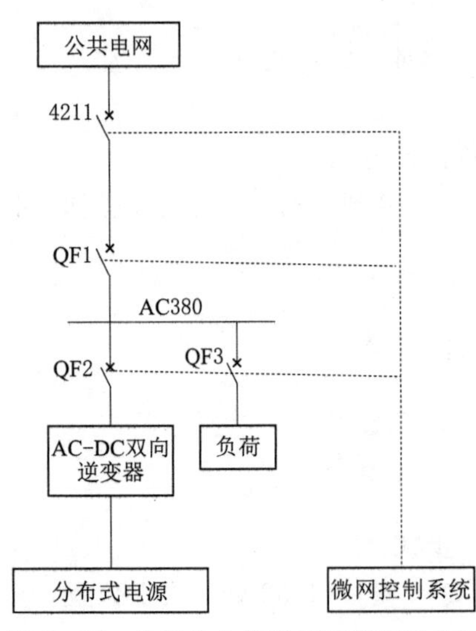

图 8-15　光伏发电实验系统并网示意图

8. 试验初始状态

储能逆变器正常运行，4211、QF1、Q1、Q2、Q3、Q4、4232 处于合上位置。

9. 试验步骤

光伏发电实验系统并网示意图如图 8-15 所示。

（1）断开远方开关 4211，交流 400V 系统掉电（负荷掉电）。

（2）检查储能逆变器从并网进入待机模式。

（3）确认 QF1 在合闸位置。

（4）确认储能逆变器没有从待机模式进入离网模式。

(5) 试验完毕。

10. 恢复到并网状态

此时储能逆变器待机状态，4211、QF1、Q1、Q2、Q3、Q4、4232处于合上位置。

(1) 断开4211。

(2) 检查4211是否在分闸位置。

(3) 断开QF1。

(4) 检查QF1是否在分闸位置。

(5) 检查储能逆变器从待机模式进入离网模式。

(6) 闭合远方掉电开关。

(7) 检查远方掉电开关是在合闸位置。

(8) 闭合4211。

(9) 检查4211是否在合闸位置。

(10) 检查储能逆变器从离网模式进入待机模式。

(11) 闭合QF1。

(12) 检查QF1是否在合闸位置。

(13) 检查储能逆变器从待机模式进入并网模式。

(14) 恢复完毕。

8.6.4 远方掉电但4211和QF1未断开

1. 试验目的

检验在远方掉电但4211和QF1未断开的情况下，确保储能逆变器不能转换到离网运行模式。

2. 试验条件

(1) 储能逆变系统并网运行。

(2) 需明确远方掉电位置。

3. 试验仪器

电能质量分析仪，万能表。

4. 试验风险分析与应对措施

风险分析：远方掉电但4211和QF1为断开，远方有突然来电的风险。

应对措施：远方掉电操作开关需有人看守，不能随便动作。

5. 试验参数

无。

6. 数据记录

后台监控显示拷屏、储能逆变器监控拷屏。

7. 试验判据

储能逆变器在远方模拟市电掉电的情况下，应从并网模式转至待机模式，但不能再转为离网工作模式。逆变器经历正常交流输出—停止输出。

8. 试验初始状态

储能逆变器正常运行，4211、QF1、Q1、Q2、Q3、Q4、4232处于合上位置。

9. 试验步骤

(1) 断开远方开关，交流400V系统掉电（负荷掉电）。

(2) 检查储能逆变器从并网进入待机模式。

(3) 检查4211、QF1是否在合闸位置。

(4) 确认储能逆变器没有从待机模式进入离网模式。

(5) 试验完毕。

10. 恢复到并网状态

此时储能逆变器待机状态，4211、QF1、Q1、Q2、Q3、Q4、4232处于合上位置。

(1) 断开4211。

(2) 检查4211是否在分闸位置。

(3) 断开QF1。

(4) 检查QF1是否在分闸位置。

(5) 检查储能逆变器从待机模式进入离网模式。

(6) 闭合远方掉电开关。

(7) 检查远方掉电开关是在合闸位置。

(8) 闭合4211。

(9) 检查4211是否在合闸位置。

(10) 检查储能逆变器从离网模式进入待机模式。

(11) 闭合QF1。

(12) 检查QF1是否在合闸位置。

(13) 检查储能逆变器从待机模式进入并网模式。

(14) 恢复完毕。

8.7 负荷小于输出功率离网调试

8.7.1 光伏电池和储能电池投/切试验

1. 试验目的

负荷小于输出功率的情况下，光伏电池或储能电池切后，孤岛能否稳定运行。

2. 试验条件

储能逆变器正常运行，储能电池充满电。

3. 试验仪器

电能质量分析仪、万用表、试验电机、试验烤火器。

4. 试验风险分析与应对措施

风险分析：离网工作时电网不能突然加入。

应对措施：一楼4211和QF1需有人看守，不能随便动作。

5. 试验参数

无。

6. 数据记录

后台监控显示拷屏、储能逆变器监控拷屏。

7. 试验判据

（1）离网运行情况下，光伏电池或储能电池投或切时负荷能正常运行。

（2）电能质量指标满足要求。

8. 试验初始状态

储能逆变器离网模式下运行，4211 及 QF1 断开、Q1、Q2、Q3、Q4、4232 处于合闸位置。

9. 试验步骤

（1）断开光伏电池在储能逆变器中的 Q1（多晶硅回路），查看负荷是否正常运行（负荷小于输出功率即只有小太阳一个），电能质量指标如图 8-16 所示。

（2）断开光伏电池在储能逆变器中的 Q2（单晶硅回路），查看负荷是否正常运行，电能质量指标如图 8-17 所示。

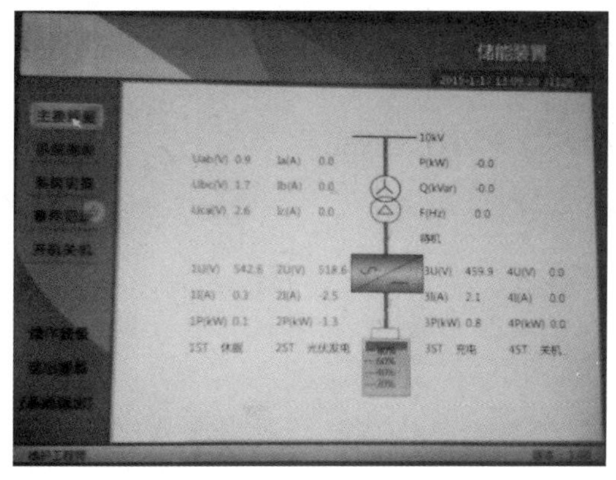
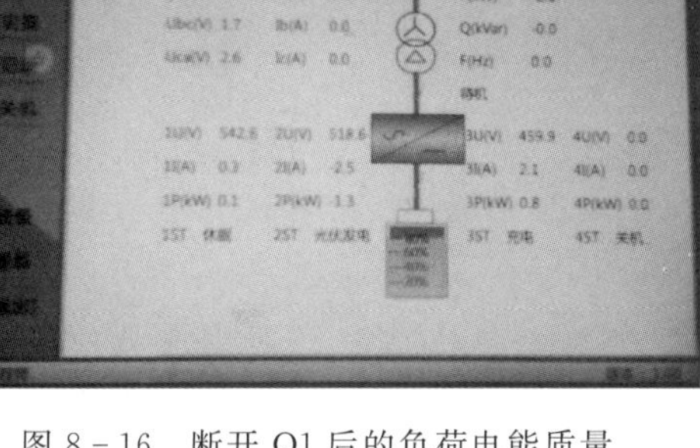

图 8-16　断开 Q1 后的负荷电能质量

图 8-17　断开 Q2 后的负荷电能质量

（3）闭合光伏电池在储能逆变器中的 Q2，恢复光伏电池运行。

（4）闭合光伏电池在储能逆变器中的 Q1，恢复光伏电池运行。

（5）断开储能电池在储能逆变器中的 Q3，查看负荷是否正常运行、电能质量指标。

（6）闭合储能电池在储能逆变器中的 Q3，恢复储能电池离网运行。

（7）试验完毕。

8.7.2　负荷投/切试验

1. 试验目的

负荷变化后，孤岛系统能否稳定运行。

2. 试验条件

储能逆变器正常运行，有两组纯阻性负荷。

3. 试验仪器

电能质量分析仪，万用表。

4. 试验风险分析

风险分析：总负荷功率不能超过光伏电池和储能电池的总输出功率。

5. 试验参数

无。

6. 数据记录

后台监控显示拷屏、储能逆变器监控拷屏、钳流表数据。

7. 试验判据

(1) 储能逆变器正常运行，增加或减少负荷功率，孤岛都能稳定运行。

(2) 光伏功率大于负荷功率时，多余电能流向储能电池。

8. 试验初始状态

储能逆变器离网工况下运行，4211 及 QF1 断开，Q1、Q2、Q3、Q4、4232 处于合闸位置。

9. 试验步骤

(1) 投入一组负荷开关。

(2) 检查负荷运行是否正常，电能质量指标，孤岛运行是否正常。

(3) 再投入一组负荷开关。

(4) 检查负荷运行是否正常，电能质量指标，孤岛运行是否正常。

(5) 试验完毕。

8.7.3　光伏电池向储能电池充电试验

1. 试验目的

检验电网对储能电池的充电功能是否正常。

2. 试验条件

储能逆变器正常运行。

3. 试验仪器

钳流表。

4. 试验风险分析

风险分析：无风险。

5. 试验参数

无。

6. 数据记录

后台监控显示拷屏、储能逆变器监控拷屏、钳流表数据。

7. 试验判据

(1) 储能逆变器正常运行，减少负荷功率，在比光伏电池输入功率低的条件下，储能电池电压在逐渐升高，监控显示充电电流。

(2) 用钳流表检测储能电池的电源线，可检测到充电电流。

8. 试验初始状态

储能逆变器离网工况下运行，4211 及 QF1 断开，Q1、Q2、Q3、Q4、4232 处于合闸位置，负荷开关处于合闸位置。

9. 试验步骤

（1）断开负荷开关，检查负荷开关在分闸位置。

（2）在监控屏观察，其中功率为负值表示电池放电；功率为正值则表示电池充电，此时能量来源是光伏组件，如图 8－18 和图 8－19 所示。

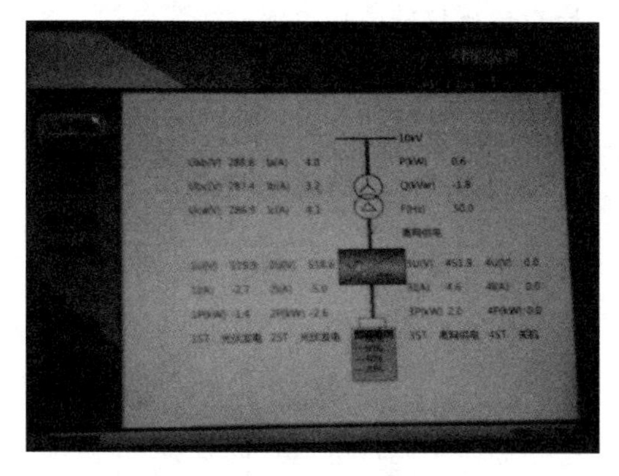

图 8－18 后台显示监控拷屏

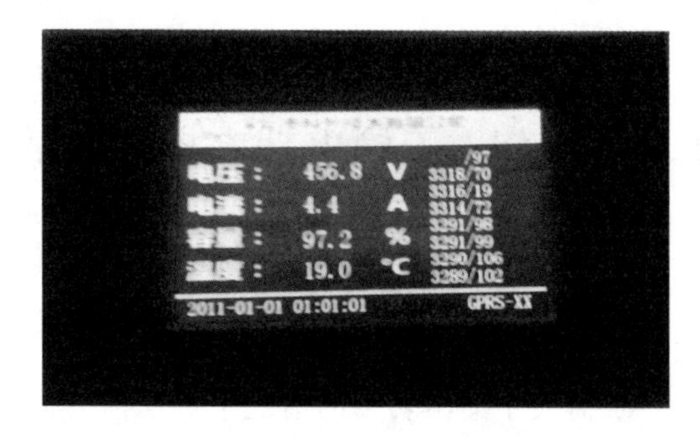

图 8－19 储能逆变器监控拷屏

（3）恢复原始设置，光伏电池停止对储能电池进行充电。

（4）试验完毕。

8.7.4 电能质量测试试验

1. 试验目的

检验储能逆变器的输出交流电能质量。

2. 试验条件

储能逆变器正常运行。

3. 试验仪器

电能质量测试仪。

4. 试验风险分析与应对措施

风险分析：离网工作时电网不能突然加入。

应对措施：一楼 4211 和 QF1 需有人看守，不能随便操作。

5. 试验参数

无。

6. 数据记录

电能质量数据。

7. 试验判据

储能逆变器正常运行条件下，输出纯正交流正弦波，电压电流畸变率在协议范围内。

8. 试验初始状态

储能逆变器正常运行。

9. 试验步骤

(1) 确认储能逆变器处于离网工作状态，断开储能逆变器的交流输出开关。

(2) 接上电能质量分析仪的电压电流检测线。

(3) 闭合储能逆变器的交流输出开关。

(4) 检测数据，记录数据。

(5) 断开储能逆变器的交流输出开关，拆除质量分析仪的电压电流检测线。

(6) 闭合储能逆变器的交流输出开关。

(7) 试验完毕。

8.8　负荷大于输出功率离网调试

8.8.1　切光伏电池试验

1. 试验目的

负荷大于输出功率的情况下，当前的运行状态为储能+光伏电池给负荷供电，切储能电池后，孤岛内的负荷大于输出功率，孤岛系统电能质量会下降（电压降低），检验储能逆变器是否会保护停机。

2. 试验条件

储能逆变器正常运行。

3. 试验仪器

无。

4. 试验风险分析与应对措施

风险分析：离网工作时电网不能突然加入。

应对措施：一楼4211和QF1需有人看守，不能随便操作。

5. 试验参数

无。

6. 数据记录

后台监控显示拷屏、储能逆变器监控拷屏。

7. 试验判据

(1) 储能逆变器正常运行条件下，储能电池退网过程中，储能逆变器关机。

(2) 储能电池重新并网，储能逆变器自动重启。

8. 试验初始状态

储能逆变器正常运行，4211及QF1断开，Q1、Q2、Q3、Q4、4232处于合闸位置。

9. 试验步骤

(1) 断开光伏电池在储能逆变器中的Q1、Q2。

(2) 储能逆变器过载后会告警停机，5min后自动重启，如还是过载，则再次报过载停机，50min之内重复3次后不再重启；必须手动降低负荷并手动启动，才能开机（补充一个手动启动过程）。

（3）试验完毕。

8.8.2 切储能电池试验

1. 试验目的

当前的运行状态为储能＋光伏电池给负荷供电，切光伏电池后，孤岛内的负荷可能大于储能电池最大功率输出，此时孤岛系统会如何运行。

2. 试验条件

储能逆变器正常运行。

3. 试验仪器

无。

4. 试验风险分析与应对措施

风险分析：离网工作时电网不能突然加入。

应对措施：一楼4211和QF1需有人看守，不能随便操作。

5. 试验参数

无。

6. 数据记录

后台监控显示拷屏、储能逆变器监控拷屏。

7. 试验判据

（1）储能逆变器正常运行条件下，光伏电池退出过程中，储能逆变器关机。

（2）光伏电池重新并网，储能逆变器自动重启。

8. 试验初始状态

储能逆变器正常运行。

9. 试验步骤

（1）断开储能电池在储能逆变器中的Q3。

（2）储能逆变器过载后会告警停机，5min后自动重启，如还是过载，则再次报过载停机，50min之内重复3次后不再重启；必须手动降低负荷并手动启动，才能开机。

（3）试验完毕。

参 考 文 献

[1] 闫立伟. 微电网中光伏发电动态特性研 [D]. 重庆：重庆大学，2010.

[2] 张利. 光伏电池特性研究 [D]. 北京：华北电力大学，2008.

[3] 赵杰. 光伏发电并网系统的相关技术研究 [D]. 天津：天津大学，2012.

[4] Sidrach - de - Cardona M，Lopez L M. A simple model for sizing stand alone photovoltaic systems [J]. Solar Energy Materials and Solar Cells，1998，55 (3)：199 - 214.

[5] Chowdhury B H，Rahman S. Forecasting sub - hourly solar irradiance for prediction of photovoltaic output [C]. New Orleans，LA：IEEE Photovoltaic Specialists Conference，19th，1987.

[6] Hassanzadeh M，Etezadi - Amoli M，Fadali M S. Practical approach for sub - hourly and hourly prediction of PV power output [C]. North American Power Symposium，2010.

[7] 李光明，刘祖明，何京鸿，等. 基于多元线性回归模型的并网光伏发电系统发电量预测研究 [J]. 现代电力，2011，28 (2)：43 - 48.

[8] 兰华，廖志民，赵阳. 基于 ARMA 模型的光伏电站出力预测 [J]. 电测与仪表，2011 (2)：31 - 35.

[9] 陈有根，危韧勇，钟雪平. 小波神经网络在短期电力负荷预测中的应用 [J]. 中南工业大学学报（自然科学版），2003，34 (4)：402 - 405.

[10] Hiyama T. Neural network based estimation of maximum power generation from PV module using environmental information [J]. IEEE Transactions on Energy Conversion，1997，12 (3)：241 - 247.

[11] Yona A，Senjyu T，Saber A Y，et al. Application of neural network to 24 - hour - ahead generating power forecasting for PV system [C]. IEEE Power and Energy Society General Meeting - Conversion and Delivery of Electrical Energy in the 21st Century，2008.

[12] Chaouachi A，Kamel R M，Ichikawa R，et al. Neural network ensemble - based solar power generation short - term forecasting [J]. World Academy of Science，Engineering and Technology，2009，54：54 - 59.

[13] Almonacid F，Rus C，Perez P J，et al. Estimation of the energy of a PV generator using artificial neural network [J]. Renewable Energy，2009，34 (12)：2743 - 2750.

[14] Almonacid F，Rus C，Higueras P P，et al. Calculation of the energy provided by a PV generator comparative study：Conver - tional methods vs artificial neural networks [J]. Energy，2011，36 (1)：375 - 384.

[15] Cao S H，Cao J C. Forecast of solar irradiance using recurrent neural networks combined with wavelet analysis [J]. Applied Ther - mal Engineering，2005，25 (2 - 3)：161 - 172.

[16] Cao J C，Cao S H. Study of forecasting solar irradiance using neural networks with preprocessing sample data by wavelet analysis [J]. Energy，2006，31 (15)：3435 - 3445.

[17] Chakraborty S，Weiss M D，Simoes M G. Distributed intelligent energy management system for a single - phase high - frequency AC microgrid [J]. IEEE Transactions on Industrial Electronics，2007，54 (1)：97 - 109.

[18] Yona A，Senjyu T，Funabashi T. Application of recurrent neural network to short - term - ahead generating power forecasting for photovoltaic system [C]. IEEE Power Engineering Society General

Meeting, 2007.

[19] 陈昌松，段善旭，殷进军. 基于神经网络的光伏阵列发电预测模型的设计 [J]. 电工技术学报，2009，24（9）：153-158.

[20] Chen C S, Duan S X, Cai T, et al. Online 24-h solar power forecasting based on weather type classification using artificial neural network [J]. Solar Energy, 2011, 85 (11): 2856-2870.

[21] 陈昌松，段善旭，蔡涛，等. 基于模糊识别的光伏发电短期预测系统 [J]. 电工技术学报，2011，26（7），83-89.

[22] Aznarte J L, Girard R, Kariniotakis G, et al. Short Term Forecasting of Photovoltaic Power Production [R]. DB2: Fore-casting Functions with focus to PV prediction for Microgrids, 2008.

[23] Bracale A, Caramia P, Martinis U D, et al. An improved bayesian-based approach for short term photovoltaic power forecasting in smart grids [C]. Santiago de Compostela, Spain: International Conference on Renewable Energies and Power Quality, 2012.

[24] 栗然，李广敏. 基于支持向量机回归的光伏发电出力预测 [J]. 中国电力，2008，41（2）：74-78.

[25] 朱永强，田军. 最小二乘支持向量机在光伏功率预测中的应用 [J]. 电网技术，2011，35（7）：54-59.

[26] 傅美平，马红伟，毛建容. 基于相似日和最小二乘支持新浪良机的光伏发电量短期预测 [J]. 电力系统保护与控制，2012，40（16）：65-69.

[27] 张华彬，杨明玉. 基于最小二乘支持向量机的光伏出力超短期预测 [J]. 现代电力，2015，32（1）：70-75.

[28] 茆美琴，龚文剑，张榴晨，等. 基于 EEMD-SVM 方法的光伏电站短期出力预测 [J]. 中国电机工程学报，2013，33（34）：17-24.

[29] 吴江，卫志农，李慧杰，等. 基于 NMF-SVM 的光伏系统发电功率短期预测模型 [J]. 华东电力. 2014，42（2）：330-336.

[30] 王飞，杨奇逊，赵洪山. 基于神经网络与关联数据的光伏电站发电功率预测方法 [J]. 太阳能学报，2012，33（7）：1171-1176.

[31] Hammer A, Heinemann D, Lorenz E, et al. Short-term forecasting of solar radiation: a statistical approach using satellite data [J]. Solar Energy, 1999, 67 (1-3): 139-150.

[32] Yona A, Senjyu T, Funabashi T. Application of recurrent neural network to short-term-ahead generating power forecasting for photovoltaic system [C]. IEEE Power and Energy Society General Meeting, 2007.

[33] Mayer D, Wald L, Poissant Y, et al. Performance Prediction of Grid-Connected Photovoltaic Systems Using Remote Sensing [EB/OL]. http//halshs. archives-ouvertes. fr/docs/00/46/68/25/PDF/7BAE 9F5Bd01. pdf, 2013-01-09.

[34] Bacher P, Madsen H, Nielsen H A. Online short-term solar power forecasting [J]. Solar Energy, 2009, 83 (10): 1772-1783.

[35] 白永清，陈正洪，王明欢，等. 基于 WRF 模式输出统计的逐时太阳总辐射预报初探 [J]. 大气科学学报，2011，34（3）：363-369.

[36] 徐静，陈正洪，唐俊，等. 太阳能光伏发电预报网站系统设计与实现 [J]. 水电能源科学，2011，29（12）：193-195.

[37] Lorenz E, Hurka J, Heinemann D, et al. Irradiance forecasting for the power prediction of grid connected photovoltaic systems [J]. IEEE Journal of Selected Topics in Applied Earth Observations and Remote Sensing, 2009, 2 (1): 2-10.

[38] Lorenz E, Scheidsteger T, Hurka J, et al. Regional PV power prediction for improved grid integra-

tion [J]. Progress in Photo - voltaic: Research and Applications, 2011, 19 (7): 757 - 771.
[39] 冯兰兰. 非隔离光伏并网逆变器研究 [D]. 南京：南京航空航天大学，2012.
[40] 李雪城. 高频隔离型光伏并网逆变器的研究 [D]. 北京：北京交通大学，2010.
[41] 李磊. 分布式光伏电源的并网控制及调度研究 [D]. 武汉：武汉大学，2015.
[42] 赵方平. 光伏并网逆变器关键问题研究 [D]. 上海：上海大学，2015.
[43] 马亮. 大功率光伏并网逆变系统研究 [D]. 北京：北京交通大学，2012.
[44] 李腾飞. 复杂光照条件下光伏发电系统输出特性及最大功率点跟踪研究 [D]. 太原：太原理工大学，2014.
[45] 郑燕. 基于虚拟同步发电机的光伏逆变器并网控制的研究 [D]. 合肥：安徽理工大学，2015.
[46] 王川川. 两级三相式光伏并网发电系统控制策略的研究 [D]. 合肥：安徽理工大学，2017.
[47] 陈科. 基于电压闭环控制和模糊控制的 MPPT 算法研究与硬件实现 [D]. 成都：西南交通大学，2017.
[48] 杨祝涛.局部阴影遮挡下光伏阵列功率跟踪及故障在线诊断方法研究 [D]. 重庆：重庆大学，2017.
[49] 张海洲. 光伏发电系统改进型最大功率跟踪算法的研究与应用 [D]. 温州：温州大学，2017.
[50] 梁适春. 混合储能光伏发电系统的控制器研究 [D]. 北京：北京交通大学，2014.
[51] 王中昂. 钠硫储能电池管理系统研究 [D]. 武汉：武汉理工大学，2012.
[52] 左雪纯. 不均匀光照下光伏系统建模仿真与控制研究 [D]. 济南：山东大学，2018.
[53] 齐园园. 光伏储能系统的协调控制策略研究 [D]. 北京：北方工业大学，2015.
[54] 聂志强. 光伏储能系统并/离网无缝切换技术研究 [D]. 北京：北京交通大学，2016.
[55] 李安定. 太阳能光伏发电系统工程 [M]. 北京：北京工业大学出版社，2001.
[56] 赵争鸣，刘建政，孙晓瑛，等. 太阳能光伏发电及其应用 [M]. 北京：科学出版社，2005.
[57] 王长贵. 太阳能光伏发电实用技术 [M]. 北京：化学工业出版社，2009.
[58] 王立乔，孙孝峰. 分布式发电系统中的光伏发电技术 [M]. 北京：机械工业出版社，2014.
[59] DanChiras，RobertAram，KurtNelson. 太阳能光伏发电系统 [M]. 北京：机械工业出版社，2011.
[60] 王东. 太阳能光伏发电技术与系统集成 [M]. 北京：化学工业出版社，2011.